의류의 평가

· 의류 시험법 ·

김은애 · 박명자 · 신혜원 · 오경화

T E S T I N G

教文社

책 머리에

의류산업의 중요성이 날로 더해짐에 따라 의류를 만드는 소재에 대한 올바른 이해가 절실하게 요구되고 있다. 특히 의복의 종류가 평상복, 작업복, 기능복뿐 아니라 레저, 스포츠웨어 등으로 다양해지면서 그 종류만큼이나 다양한 성능이 요구되고 있으며, 더불어 용도에 적합한 소재인지를 평가하는 능력 또한 필요하게 되었다.

특히, 앞으로 우리나라의 의류산업이 고부가가치를 창출하고, 좀더 경쟁력을 갖추기 위해서 소재에 대한 올바른 이해가 요구되며, 이러한 소재에 대한 올바른 이해와 활용을 토대로 소재를 올바로 평가하는 훈련이 필요하다. 그러나 지금까지 의류소재를 평가하기 위한 실험지침서가 없었던 것이 많은 의류학도들에게 아쉬운 부분이었다. 그래서 이 책에서는 일반대학 및 전문대학의 의류관련 학과와 섬유공학과 등에서 필요로 하는 의류소재의 성능평가에 대한 기초적인 지식들을 지침서로 만들어 쉽게 평가해볼 수 있도록 하였다. 경우에 따라서는 실험설비가 충분하지 않아도 실험이 가능하도록 제시하기도 하였다.

이 책의 가장 큰 특징은 학생들이 얻어진 실험결과를 쉽게 이해하고 올바로 평가할 수 있도록 관련 이론들을 포함했으며, 의류소재의 활용을 고려해 실험을 성능별로 구분해 지침서를 작성했다는 것이다. 실험의 내용은 옷감의 구조와 성분, 내구성, 외관, 쾌적성, 관리성 및 안전성으로 나누어 분석하게끔 되어 있으며, 또한 실험 종류별로 목적, 준비물, 실험방법, 결과 표기 등을 구체적으로 서술하였으므로 지침대로 따라하면 결과를 쉽게 얻고, 올바로 표기할 수 있을 것이다. 특히 관련 이론과 토의문제는 실험결과를 올바로 이해하는 데 크게 도움이 될 것으로 기대된다. 실험의 종류에 따라서는 두 가지 이상의 성능과 관련 사항들이 있을 수 있으나 이러한 경우에는 좀 더 관련이 크다고 생각되는 부분에 포함시켰다. 따라서 독자들의 견해에 따라 선별하여 실험할 수도 있다.

저자들 나름대로 새로운 구성으로 쉽게 실험할 수 있는 지침서로 만들었으나 처음 의도와는 달리 부족한 점이 많다. 실험을 하면서 느낀 점이나 보충되어야 할 사항 등, 보다 나은 내용이 되도록 아낌없는 조언과 도움을 바란다.

이 책의 원고 정리를 도와준 유화숙 선생, 자료수집에 도움을 주신 KOTITI와 한국표준협회, 사진촬영에 도움을 준 박길자님, 그리고 이 책을 출판해주신 교문사 여러분께 감사드린다.

1997년 8월　저자 씀

차 례

제1장 서 론

I NTRODUCTION

제1장 서 론

의류 소재를 올바로 개발하고 활용하기 위해서는 각 소재에 대한 성능을 올바로 평가하고 이해할 수 있어야 한다. 본 장에서는 평가의 목적을 살펴보고, 여러 가지 측정을 통하여 얻어진 데이터를 취급하고 분석하는 방법을 기술하였다.

1. 의류소재 평가의 목적

의류소재 평가란 적절한 도구나 기기를 이용해 섬유, 실 및 직물의 성능을 시험해 보는 것으로, 그 목적은 다양하다. 예를 들어서 단순한 연구와 개발의 목적일 수도 있고, 섬유, 실 또는 직물의 제조를 위해, 또는 품질관리를 위해 필요할 수도 있다. 그리고 이들 소재로 의복을 제작하는 의류 생산업자, 제작된 제품의 판매를 담당하는 유통업자, 이외에도 의류제품을 실제로 활용·관리·착용하는 소비자에게 필요하다. 이러한 실험을 올바로 하기 위해서는 성능을 잘 측정할 수 있는 좋은 도구나 기기, 그리고 이를 다룰 수 있는 기술도 필수적이지만 무엇을, 누가, 왜 실험하는지에 대한 뚜렷한 목적과 얻어진 결과를 바로 해석할 수 있는 충분한 과학적 지식도 갖추고 있어야 한다. 특히 도구나 기기를 이용한 실험 단순한 기기의 반응일 뿐이지 기기나 도구가 어떤 판별능력이 있거나 방향을 제시할 수 있는 것은 결코 아니기 때문이다. 의류소재에 대한 이해와 평가의 필요성을 최종 목적에 따라 구분하여 구체적으로 살펴보기로 하자.

소재선택목적   소재라는 개념은 매우 상대적인 것이어서 실 제조업자에게는 섬유가, 직물제조업자에게는 실이 그리고 의류업자에게는 직물이 된다. 아무리 강한 섬유라 해도 실이나 직물은 만드는 방법에 따라 그 내구성은 얼마든지 달라질 수 있기 때문에 소재의 선택에 있어서 바로 전단계의 성능은 최종제품의 성능에 가장 큰 영향을 미치게 된다. 이런 의미에서 소재선택의 기본요건으로 용도의 적합성을 판별하는 시험이 필요하며, 또 적합성의 여부를 판정할 수 있는 과학적, 통계적 지식이 필요하다.

특히 이 책에서 다루고자 하는 의류소재는 주로 직물과 실을 의미하고 있으며, 용도에 맞는 소재선택의 기본요건으로서는 의류소재에 대한 이해와 지식이 필수적이라 하겠다. 섬유산업이 고부가가치를 창출하고, 생활환경에 적극적으로 대처해 나가는 미래산업형으로 탈바꿈하기 위해서는 정보화 사회 속에서 많은 정보를 어떻게 선별하고, 어떻게 활용하여 어떠한 새로움을 창출하느냐를 먼저 알아야 할 것이다. 정보를 선별하고 활용하는 능력은 어느 분야나 마찬가지지만, 가장 기초적인 원리를 알고 있을 때만이 최대로 발휘될 수 있다. 기초원리에 입각한 실험계획이나 실험방법은 용도에 알맞는 소재선택을 정확하고 빠르게 할 수 있는 능력을 갖게 한다.

품질관리   올바른 소재를 선택하고, 원하는 종류의 제품이 만들어졌는지를 확인하는 데 있어서 성능시험은 필수요건이다. 소재 자체만의 성능과 제품의 성능은 크게 다를 수 있다. 품질관리는 최상품을 만드는 것이 아니라 가격과 용도에 맞는 제품을 만드는 것이기 때문에, 얻어진 결과를 판별하는 능력 또한 크게 요구된다. 예를 들어 일회용품을 만드는 데 있어서는 내구성보다는 가격이 더 중요할 수도 있으므로 가격에 적합하면서도 최소한의 유용성이 있는지를 판단하여야 할 것이다. 또한 모든 제품이 획일적으로 복사품같이 될 수 없는 경우도 있기 때문에 기준과 허용범위를 선정하는 것도 실험의 매우 중요한 측면이라고 볼 수 있다.

프로세스콘트롤   제품의 생산과정은 그 제품의 성능을 크게 좌우할 뿐 아니라 생산시간, 생산가격 등을 좌우하게 된다. 예를 들어 가공제의 처리시간에 따라서 물성은 크게 달라지며, 생산원가나 생산속도도 달라지게 된다. 따라서 성능의 변화를 고찰함으로써 최적 처리조건을 찾을 수 있어야 한다. 이러한 과정에서 중요한 것은 어느 요인이 어떤 물성을 변화시키는가를 정확히 파악하고, 그 요인을 변화시킨 새로운 제품에 대한 반복적인 확인이 이루어져야 한다. 한 조건의 변화는 다른 성능을 복합적으로 변화시킬 수 있기 때문에 이러한 과정을 거치면서 보다 나은 품질, 보다 저렴한 원가로 보다 빠르게 생산할 수 있는 요건을 규명하여야 한다. 때로는 생산라인의 변동이나 새로운 생산기기의 도입을 제시할 수도 있다.

제품의 관리   제품의 유통을 담당하는 경우나 소비자의 입장에서는 그 제품의 전반적인 성능을 이해하는 것도 중요하지만 얻어진 제품을 올바로 사후관리하는 것도 제품의 수명을 연장하고 항상 새로운 제품과 같은 성능을 유지할 수 있는 필수 요건이다. 따라서 사용조건이나 관리조건을 규명하기 위한 실험은 유통과정에서 소비자에게 바른 정보를 제공할 뿐 아니라, 소비자들의 제품에 대한 올바른 관리로 제품의 유용성을 향상시킬 수 있을 것이다. 예를 들어 세탁기로 세탁을 할 때 어떤 종류의 표백제로 얼마 만큼의 농도로 하면 세탁효과는 어느 정도이며, 어느 정도 색상의 변화가 있을 것인지, 또 강도의 손상은 어느 정도나 될 것인지 등에 관한 실험을 통하여 제품의 올바른 관리를 도모할 수 있다.

연구와 개 발의 목적

원리를 이해하기 위한 연구 등 어느 경우에나 기구, 기기 및 도구를 이용한 실험을 하게 된다. 이 때 연구자는 얻어진 결과를 바탕으로 다음 단계의 개발 가능성이나 활용방법을 제시할 뿐 아니라, 새로운 연구 개발의 방향을 제시할 수 있게 된다. 연구자는 단순한 의류 과학만의 지식이 아니라 인접분야의 기초지식을 활용하여 의류관련 이론을 적립하고, 나아가 이를 활용할 수 있는 토대를 만들 수 있다. 이러한 실험은 연구실이나 실험실뿐 아니라 파일럿 플랜트나 공장 등 목적에 따라 다양한 장소에서 이루어질 수 있다.

이상과 같이 여러 목적으로 의류소재에 대한 평가를 하게 되지만 여기서는 소재의 성능을 이해하고 평가하며 관리하는 데 주안점을 두고 각 성능의 평가방법을 구체적으로 제시하였다. 의류소재의 성능을 구분하는 방법은 여러 가지가 있지만 여기서는 형태 안전성, 내구성, 외관, 쾌적성, 관리성 및 안전성으로 구분하였다.

2. 섬유제품의 품질관리

섬유제품의 생산자는 생산품의 품질관리를 통해 우수한 제품을 생산하여야 할 뿐만 아니라, 상품이 안전하게 판매되고 소비자가 믿고 사용할 수 있도록 필요한 상품정보를 제공해야 한다. 이 때 상품에 대한 신뢰도를 높이고 소비자가 불이익을 당하지 않도록 섬유제품에 대해 품질과 취급표시가 요구되는데, 우리 나라에서는 소비자보호법, 품질경영촉진법 등의 법령으로 규제하고 있다. 또한, 점차 소비자의 의식수준이 높아지면서 판매점이나 소비자 단체 등 관계기관에 불만을 제기하는 사례가 늘고 있어 이들 분쟁을 해결하기 위해서도 섬유제품의 품질기준과 이를 평가할 표준시험 방법에 대해 알아둘 필요가 있다. 현재 품질기준과 시험방법은 그 제정기관에 따라 국가가 정하는 국가 규격과 사적 규격인 단체 규격과 사내 규격으로 규제되고 있다. 이들은 각기 조금씩 다를 수 있으므로 수출·입 또는 일반 상거래시에 섬유제품의 품질기준과 평가방법에 대한 사전 검토와 합의가 이루어져야 한다. 품질표시제도와 관련된 섬유제품의 품질표시사항, 품질 검사기준 및 표준시험규격에 대하여 살펴보면 다음과 같다.

품질표시 제도 정부에서는 공산품의 품질향상과 소비자 보호를 위해 품질경영촉진법(1993. 12. 27 법률 제 4622호)으로 공산품에 대한 품질표시제도를 규정하였다. 품질표시제도는 일반 소비자가 제품의 품질을 식별하기 곤란한 상품에 대해 상품의 성분·성능·규격·용도·취급 등 품질에 관한 제반 사항과 사용상 주의를 상품별 표시기준에 따라 제조자 또는 수입자로 하여금 표시케 해 소비자의 상품에 대한 이해도를 높이고 상품선택을 용이하도록 하기 위한 제도이다. 그러나 품질경영촉진법이 1999년 2월에 개정되면서 일부 조항(13~14조)이 삭제되어 의무사항이던 품질표시제도가 권장사항으로 바뀌었다.

품질경영촉진법 제 13조 규정에 의해 품질표시 상품으로 지정, 고시되었던 상품은 섬유제품 15, 화학제품 17, 생활용품 18, 귀금속가공상품 4, 기계제품 3, 전기전자 제품 3 등 모두 60개 품목이다. 이 중 섬유제품 분야는 실, 원단, 솜, 남성의류, 여성의류, 셔츠류, 유아복, 양말류, 브레지어, 모포, 다운의류, 이불과 요, 한복, 침낭, 기타 섬유제품 등 15종이다. 이들 섬유제품의 상품별 품질표시 기준과 표시사항은 표 1-1에 나타난 바와 같으며, 국내와 국제적으로 통용되는 취급상 주의표시를 부록 1에 제시하였다.

표시방법은 상품의 사용에 불편을 주거나 미관을 심하게 해치지 않는 한 소비자가 쉽게 식별할 수 있는 위치에 선명한 문자를 사용하여, 낱개의 제품으로부터

표 1-1.
섬유제품
상품별
품질표시
사항

섬 유 상 품		품 질 표 시 사 항									
		혼용율	번수데니어	길이중량	폭	치수	가공여부	제조자명상표	수입자명원산지	주소전화번호	취급주의
실		○	○	○				○	○	○	
원단		○		○	○		○	○	○	○	
솜		○		○				○	○	○	
실 및 원단을 사용하여 제조 또는 가공한 섬유제품	남성복, 여성복, 유아복, 셔츠류, 양말류, 모포, 브래지어, 다운 의류, 침구류 등	○					○	○	○	○	○
	한복, 기타섬유 제품(장갑, 스카프, 넥타이, 타월, 파운데이션, 란제리, 모자, 중·고학생복 등)	○						○	○	○	○

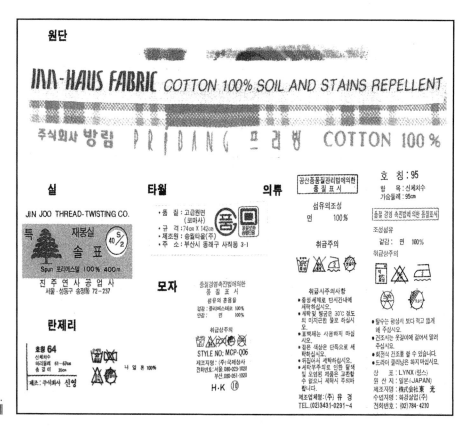

그림 1-1.
품질표시의 예

표 1-2. 표준화 기구와 규격	표 준 화 기 구	규 격
	국제표준화기구 (International Standard Organization)	ISO
	국제양모사무국 (International Wool Secretariat)	IWS
	한국표준협회 (Korean Standard Association)	KS
	미국국가표준원 (American National Standards Institute)	ANSI
	미국재료시험협회 (American Society for Testing and Materials)	ASTM
	미국섬유염색화학협회 (American Association of Textile Chemists and Colorists)	AATCC
	미국봉제협회 (American Apparel Manufacturers Association)	AAMA
	일본규격협회 (Japanese Standards Association)	JIS
	영국국가표준원 (British Standard Institution)	BS
	독일국가표준원 (Deutsche Norman)	DIN
	프랑스규격협회 (Association Francaise de Normalisation)	NF
	중국국가표준국 (China State Bureau of Technical Supervision Guojia Biaozhum)	GB
	호주국가표준협의회 (Australian Standards Association)	AS

떨어지거나 지워지지 않도록 부착해야 한다. 원단의 경우, 직물 양변이나 직물의 필 단위 끝부분, 또는 말대에 제직, 날염, 금은박, 프린트 등으로 표시한다. 속옷류나 양말류, 스카프, 장갑류 등은 종이상표, 꼬리표, 또는 스티커를 사용하여 표시할 수 있도록 한다(그림 1-1).

섬유제품의 품질기준과 표준시험규격

섬유제품의 특성, 즉 디자인·재료·공정·안전성 및 기능과 관련된 품질기준과 이들의 평가방법은 표준화되어야 공정성을 띠게 된다. 이들 기준은 국제 표준화기구(ISO)뿐만 아니라 각 나라의 공인된 표준협회에서 제정하는 산업규격에 의해 마련된다. 표준화는 상호간 기술정보교환, 품질보증, 용어통일 및 객관적 평가방법의 개발에 중요한 의의를 지닌다. 표준시험규격을 제정하고 상품의 품질기준을 마련하는 대표적인 국내외 공인 표준화 기구와 규격을 살펴보면 표 1-2와 같다. 한국산업규격(KS)에 의한 직물류의 품질기준의 예는 부록 2에 나타나 있다.

섬유제품의 품질보증

국내 섬유제품의 품질기준은 한국산업규격(KS)에 따르며, KS 마크 표시제도는 공산품에 대한 품질과 가공기술을 정부가 보증하는 제도로 중소기업청 산하 국립기술품질원에서 KS 마크를 심사, 관리하고 있다. 이는 소비자로 하여금 제품에 대한 신뢰성을 갖게 해 소비생활의 질을 높이고, 생산업체에게는 품질관리와 생산유

그림 1-2.
국가 및 단체 규격

통의 효율성을 높일 수 있도록 한다. 이 밖에 산업표준화법, 수출품 품질향상법, 품질경영촉진법, 계량과 계측에 관한 법률 등에 의해 정부에서 지정한 섬유 및 의류 관련 공인시험 연구기관으로 한국원사직물시험연구원(FITI), 한국의류시험연구원(KATRI)과 한국섬유기술연구소(KOTITI)가 있다. 이곳에서는 표준시험규격에 따라 정밀한 품질분석으로 품질관리를 보다 과학화하고, 축적된 기술을 바탕으로 섬유산업 현장에서 발생하는 기술적인 문제점을 해결하는 등, 품질향상을 위한 기술지도를 할 뿐만 아니라 국내외 법령의 규제 및 각 나라의 품목별 품질기준을 보유하고 있어 제조자와 수출·입업자에게 중요한 정보를 제공하고 있다. 또한 품질보증 제도를 운영하며 섬유제품의 품질향상과 소비자보호에 기여하고 있는데, 한국원사직물시험연구원(FITI)에서는 현재 Q 마크와 SF 마크를, 한국의류시험연구원(KATRI)에서는 Q 마크, 골드 다운 마크, 위생 마크와 FF 마크를 운영하고 있다.

① KS 마크 : 공산품에 대한 품질과 가공기술을 정부가 보증하는 제도로, 생산업체에서 KS 표시허가를 신청할 경우 정부에서 해당제품이 한국산업규격(KS)에 적합한지의 여부를 심사하여 관리하고 있다.

② 울(wool) 마크 : 재생되지 않은 신모 99.7% 이상을 사용해 만든 양모제품의 품질보증을 위하여 국제양모사무국(IWS)에서 도입한 품질보증 마크이다. 울 마크의 대상품목은 의류 봉제품, 직물류, 수편모사, 담요와 카펫 등으로 물리·화학적 검사에 합격한 제품이다.

그림 1-3.
섬유제품의
품질보증마크

③ 울 브랜드(wool blend) 마크 : 신모가 60% 이상 사용된 울 혼방제품의 품질
보증을 위한 것으로 국제양모사무국에서 도입한 품질보증 마크이다.

④ 코튼(cotton) 마크 : 대한방직협회가 시행하고 있는 순면제품에 대한 품질보
증 마크이다.

⑤ 실크(silk) 마크 : 우수한 순견제품의 품질보증을 위해 국제견업협회(ISA)가
제정한 것으로 의류봉제품 및 직물류와 넥타이, 스카프 등이 대상품목이다.

⑥ Q(quality) 마크 : 섬유제품의 품질향상과 소비자보호 및 건전한 유통질서
확립을 위하여 우수생산업체를 선정하고 원·부자재의 특성시험과 완제품의 정
밀 외관심사를 실시해 합격한 제품에 부착하는 품질보증 표시이다.

⑦ SF(sanitary finished) 마크 : 위생가공의 품질과 안전성을 보증하는 표시
이다.

⑧ 골드 다운(gold down) 마크 : 섬유제품의 충전물인 오리털과 거위털이 대상
이며 최고급 다운이 사용된 우수 제품임을 보증하는 표시이다.

⑨ 위생(good health) 마크 : 내의, 양말 등의 섬유제품에 위생가공이 되어
항균성 및 방취성과 내구성이 있어 품질과 안전성이 우수함을 보증하는
표시이다.

⑩ FF(free formalin) 마크 : 유아복, 내의, 양말 등 피부와 직접 접촉하는 섬유
제품에 비포르말린 및 저포르말린 가공이 되어 인체에 무해함을 보증하는
표시이다.

3. 실험의 오차와 신뢰성

수치, 등급 또는 평어로 표시한 섬유제품의 물리·화학적 특성이 객관성있는 평가가 되기 위해서는 그 실험결과는 반드시 타당하고 정확하며 재현성을 지녀야 한다. 따라서 표준화된 실험방법에 따라 평가해야 하며, 만일 실험방법이 규격화되어 있지 않을 경우에는 적용한 실험방법과 환경조건을 반드시 명시해야 한다. 또한 실험에서 발생할 수 있는 오차를 최소화하여 신뢰도가 높은 결과를 얻기 위해서는 오차를 가져오는 변인을 최대한 통제해야 한다. 일반적으로 실험오차는 관찰자, 측정기기 및 환경조건과 시료상태에 따라 빈번히 발생하게 된다.

관찰자 실험기구를 조작하거나 기기를 작동할 때, 또는 실험결과를 평가하는 과정에서 관찰자에 의한 실험오차가 생기기 쉽다. 예를 들어 측정장치의 눈금을 읽을 때 읽는 위치에 따라 오차가 생기기도 하며, 측정치의 근사값을 반올림 또는 버리는 개인의 습관에 따라서 일어나기도 한다. 이 밖에 구김이나 필링, 또는 색차판정과 같이 표준등급표와 비교해 판단할 때, 또는 쾌적감 평가와 같이 주관적으로 평가할 때 관찰자들 사이에서 판정오차가 발생할 수도 있다.

이런 관찰자에 의한 오차는 일반적으로 관찰자의 연령이나 직업 및 측정기술의 숙련 정도와 피로감에 따라 발생하기 쉬운데, 제품의 품질이나 성능을 평가할 때, 관찰자간의 측정오차를 줄이기 위해서는 관찰자를 위한 지침서를 세밀히 작성해야 하며, 관찰자 자신도 평가방법을 정확히 습득해 이에 따라 시행토록 해야 한다.

측정기기 섬유계측이나 화학분석 등 물리적 측정에 사용되는 각종 기구나 기기에 의해서도 실험오차가 발생하게 된다. 예를 들어 계측에 사용된 자나 저울 또는 기기에 표시된 눈금이 잘못되어 있는 경우와 같이 기기의 불량에 의해서 발생될 뿐만 아니라, 기기를 사용하는 도중 부속품의 마모나 청결상태의 불량에 의해서도 오차가 발생하게 된다. 따라서 기기나 기구는 규격품을 구입해야 하며, 사용하는 중에도 지속적인 점검을 통해 정확성이 유지되도록 세심한 주의와 노력을 기울여야 한다.

기기를 사용하지 않을 때에는 먼지가 들어가지 않도록 덮개를 덮어주고, 일정 기간마다 윤활유를 재공급해주도록 하며, 수시로 점검해 수명이 다된 부속품은 대체해주도록 한다. 또한 기기는 항상 직사광선을 피해 서늘한 곳에 수평상태로 보관하는 것이 바람직하다.

측정기기에 의한 오차를 줄여 결과의 신뢰도를 높이기 위해서는 아무리 잘 관리된 좋은 기기라도 반드시 보정과정을 거친 후에 사용하도록 한다. 이 때 보정이란 측정기기나 기구를 표준규격과 일치하도록 조정하는 절차를 말한다. 예를 들어 화학저울은 표준규격의 보정추로 측정단위를 보정할 수 있으며, 온도계의 경우는 얼음물과 끓는 물에 번갈아 담궈 0℃와 100℃를 측정해 표시된 눈금의 단위를 보정할 수 있다. 측정기기의 경우에는 대부분 자체 보정을 할 수 있도록 되어 있는데, 사용 직전뿐만 아니라 사용 도중에도 일정 시간마다 재보정을 해주어야만 보다 신뢰도 높은 결과를 얻을 수 있다. 예를 들어 분광광도기의 경우 실험에 사용할 용매로 투과도를 0과 100으로 조절하여 기기를 보정하고, 색차계의 경우에는 백색 표준타일로 Y값을 100으로 보정하여 측정의 재현성을 높일 수 있다.

환경조건   측정환경이란 시료나 측정기구를 둘러싼 매체를 의미하며, 환경요인으로는 기압, 온도, 습도, 오염도와 광원 등이 있다. 일반적으로 섬유와 섬유제품의 성질은 환경조건에 크게 영향을 받으므로 그 성질을 측정할 때, 미리 측정조건을 명확히 해야 측정의 신뢰성과 재현성을 높일 수 있다. 또한 계측용 기기의 특성도 외적 조건에 따라 영향을 받는 경우가 많으므로, 한국산업규격(KS K 0901)에서는 섬유 시험실의 표준상태를 온도 20±2℃, 상대습도 65±2%로 규정하고 있으며, 모든 섬유의 시험과 측정은 이 조건에서 실시함을 원칙으로 한다. 특히 여러 환경요인 중 온도와 습도는 섬유의 성질에 크게 영향을 미치므로 이에 관해서는 본 장 5절에서 더 자세히 다루기로 한다.

측정시료   섬유는 그 자체가 불균일하기 때문에 그로부터 만들어진 섬유제품 또한 여러 품질특성이 불균일하므로, 상당히 통제된 실험조건에서 숙련된 측정자에 의해 측정되더라도 측정하는 시료의 채취된 위치나 크기에 따라 측정오차가 발생하게 된다. 따라서 가능한 한 전제품에 대한 정확한 정보를 얻기 위해서는 수많은 측정시료를 필요로 하게 된다. 요구되는 신뢰도가 높을수록 측정해야 하는 시료의 수는 많아지며 통계적 분석에 의한 결과해석을 필요로 하게 된다. 그리고 채취한 시료가 전제품을 대표할 수 있어야 하므로 그 수뿐만 아니라 채취방법 또한 측정의 정확성과 신뢰성을 높이는 중요한 요인이 된다. 시료 채취법은 본 장 6절에서 더 자세히 다루기로 한다.

토의문제

1. 실험실에서 흔히 발생할 수 있는 관찰자에 의한 오차발생의 예를 드시오

2. 온도계를 보정하기 위해 얼음물에 넣었더니 -1.5℃이고 끓는 물에 넣었더니 102℃였다. 그럼 실제 이 온도계에 표시된 하나의 눈금은 실제 몇 도를 가리키는가? 그리고 이 온도계의 25℃는 실제 몇 도인가?

3. 섬유의 물리적 특성을 여러 날에 걸쳐 측정하였다. 이 때 발생할 수 있는 실험오차의 원인을 아는 대로 기술하시오

4. 실험실의 관리상태를 조사하고 실험오차를 줄이기 위한 개선방법에 대해 토의해 보자.

4. 측정결과의 분석

섬유물질은 그 자체가 불균일하므로 가능한 한 정확한 정보를 얻기 위해서는 많은 수의 측정을 필요로 하며, 각 측정에서 얻어진 정보는 타당하고 정확해야 한다. 따라서 측정결과로부터 얼마나 정확한 정보를 얻을 수 있는지, 또 실제로 각 변인에 따라 측정치의 평균간에는 어느 정도의 유의한 차이와 상관관계가 있는지를 알아보기 위해서는 통계적 분석이 불가피하다.

측정치 맺음법   섬유계측으로 얻어진 측정치는 측정치의 크기와 사용기기의 정확도에 따라 여러 자리로 표시될 수 있는데, 타당성있는 정보를 얻기 위해서는 규정에 따른 유효숫자로 수치를 맺을 필요가 있다. 한국산업규격(KS A 0021)에서 정한 십진법에 따른 수치의 맺음법에 의하면, 어떤 수치를 유효숫자 n자리(0이 아닌 최고의 자리 수치의 자리에서부터 센다), 또는 소수점 이하 n자리의 수치로 맺을 때 (n+1)째 자리 이하의 수치를 다음과 같이 정리한다.

① (n+1)째 자리의 수치가 4 이하이면 버린다.
  예) 1.2344를 소수점 이하 3자리로 맺으면 1.234이고, 유효숫자 3자리로 맺으면 1.23이다.
② (n+1)째 자리의 수치가 6 이상이면 올린다.
  예) 1.2967을 소수점 이하 3자리로 맺으면 1.297이고, 유효숫자 3자리로 맺으면 1.30이다.
③ (n+1)째 자리의 수치가 5이고 그 이하의 수가 없을 때 n자리의 수가 짝수면 버리고 홀수면 올린다.
  예) 0.105를 유효숫자 2자리로 맺으면 0.10이고 0.0955를 유효숫자 2자리로 맺으면 0.096이다.
④ (n+1)째 자리의 수가 5이고 그 수가 (n+2)자리의 수를 올려서 된 것이면 5를 버리고, 버려서 된 것이면 5를 올린다.
  예) 2.35(2.347에서 올려진 것)를 유효숫자 2자리로 맺으면 2.3이다.
    2.45(2.452에서 버려진 것)를 유효숫자 2자리로 맺으면 2.5이다.

집중 경향치   다수의 실험 결과로부터 얻어진 측정치는 동일하지 않으나, 어떠한 경향을 지니며 서로 근접하여 분포되어 있다. 따라서 주어진 자료의 특징을 대표하는 전체적인 경향을 수치로 표시하기 위해 중앙치(median), 최빈치(mode), 또는 산술평균(mean, average)을 이용한다. 정하는 방법과 계산의 예는 표 1-5를 참고한다.

1) 중앙치

한 분포 안의 모든 사례를 양등분하는 점으로 측정치를 크기 순으로 배열했을 때, 측정수 n이 홀수이면 (n+1)/2번째의 값으로, 짝수이면 (n/2)와 (n/2+1)값의 평균으로 중앙치를 표시한다. 일반적으로 서열 척도에서 많이 쓰이는데, 극단치의 영향을 배제할 수 있는 장점이 있으나 수학적 취급을 할 수 없는 것이 단점이다.

2) 최빈치

통계도수가 가장 높은 변량의 값으로, 명명척도나 빈도분포의 양극단에 개방급간이 있을 때 쓰인다.

3) 산술평균

가장 안정되고 신뢰도 높은 집중경향치로 측정치가 정규분포를 이루거나 좌우대칭일 때 사용한다. $X_1, X_2, X_3, \cdots, X_4$를 n개의 측정치라 하면 평균 A는

$$A = \frac{\sum X_i}{n}$$

이고, 자료가 급간으로 묶여 있을 때는

$$A = \frac{\sum m_i f_i}{n}$$

로 표시한다. 이 때 m_i는 계급의 중앙치이고 f_i는 도수이다. 산술평균은 계산이 쉽고 해석이 간단하며 수학적 취급이 용이해서 가장 많이 사용된다. 때로는 극단치의 영향을 받기 쉬운데 이 때는 다음에 소개되는 극단치 처리법에 따라 결과를 보정할 수 있다.

① 측정치를 크기 순으로 놓았을 때, (a) $X_{.25}$ 이하와 $X_{.75}$ 이상의 측정치를 버리고 평균을 낸다. 또는 (b) $X_{.25}$ 이하의 측정치를 $X_{.25}$의 값으로 대치하고, $X_{.75}$ 이상의 측정치는 $X_{.75}$의 값으로 대치하여 평균을 낸다.
   예) 측정치 : 22, 25, 30, 31, 32, 33, 33, 35, 42, 50
   평균=(22+25+30+31+32+33+33+35+42+50)/10=33.3
   보정후 평균(a)=(30+31+32+33+33+35)/6=32.3
   보정후 평균(b)=(30+30+30+31+32+33+33+35+35+35)/10=32.4
② 극단치와 그 인접한 수와의 차이(a)와 양극단치간의 범위(b)로부터 구한 R=

관찰수	3	4	5	6	7	8	9	10
$R._{05}$	.941	.765	.642	.560	.507	.554	.512	.477

표 1-3.
극단치의 처리

a/b을, 표 1−3으로부터 5% 유의도 수준에서의 $R._{05}$와 비교하여 $R<R._{05}$이면 그 극단치를 평균계산에 포함시키고, $R>R._{05}$이면 그 값을 버리고 평균을 계산한다.

예) 측정치 : 50, 65, 68, 70, 71,

평균 = 64.8

관찰수 : 5

$$R = \frac{a}{b} = \frac{65-50}{71-50} = 0.714, \quad R._{05} = 0.642$$

$R>R._{05}$이므로 측정치 50은 버리고 평균을 계산한다. 보정된 평균은 68.5이다.

산포도

측정치들이 집중경향치를 중심으로 어느 정도 산포되어 있는가를 표시하는 방법으로 범위(range), 평균편차(mean deviation), 또는 표준편차(standard deviation)가 있다. 산포도는 각 측정치의 분포상태뿐만 아니라 대표치의 타당성과 각 집단간의 비교를 가능하게 하므로 일반적으로 많이 사용하는 통계량이다.

1) 범위(R)

측정결과의 최대치(X_{max})와 최소치(X_{min}) 간의 차이로 쉽게 구할 수 있어, 품질관리에 많이 이용되나 신뢰성이 부족하고 극단치의 영향을 많이 받는다.

$$R = X_{max} - X_{min}$$

2) 평균편차

각 측정치와 평균(A)간의 차이의 평균값으로, 범위보다는 정확하나 수학적 취급이 곤란하다. 때로는 평균편차(mean deviation)를 평균치로 나눈 백분율값인 평균편차 백분율(percent mean deviation)로 여러 표본의 균제성을 비교하기도 한다.

$$MD = \frac{\sum |X_i - A|}{n}, \quad PMD(\%) = \frac{MD}{A} \times 100$$

3) 표준편차, 분산, 변동계수

표준편차(standard deviation; s)는 측정치의 분포가 정상분포를 따를 때 사용할 수 있으며, 계산은 복잡하나 수학적 처리가 용이해 가장 많이 사용하는 산포도이다. 분산(variance; s^2)은 측정치와 평균치의 차의 제곱을 평균한 것이며 표준편차는 분산의 제곱근값이다. 이 밖에도 여러 집단의 표준편차를 서로 비교하고자 할 때, 표준편차의 평균에 대한 백분율인 변동계수((coefficient of variation; CV)를 사용하기도 한다.

이 때, 대부분의 자료는 표본이므로 n 대신 n−1을 쓴다. 만일 자료가 모집단일 경우에는 n을 쓴다. 표 1−4와 표 1−5의 예로 계산방법을 살펴본다.

(1) 주어진 자료의 형태가 개개의 자료값일 때

$$s^2 = \frac{1}{n-1}\sum(X_i - A)^2 = \frac{1}{n-1}\left\{\sum X_i^2 - n(A)^2\right\}$$

$$s = \sqrt{(X_i - A)^2/(n-1)}$$

$$CV(\%) = \frac{s}{A} \times 100$$

이 때 A는 평균, X_i는 측정치이고 n은 측정수이다.

표 1-4.
표준편차 계산의 예

측정치(Kg) X_i	평균과의 차 $X_i - A$	편차의 제곱 $(X_i - A)^2$
42	+0.2	0.04
39	−2.8	7.84
45	+3.2	10.24
47	+5.2	27.04
38	−3.8	14.44
39	−2.8	7.84
46	+4.2	17.64
44	+2.2	4.84
41	−0.8	0.64
37	−4.8	23.04
계 418		113.60

$$평균(A) \,=\, 418 \,/\, 10 \,=\, 41.8$$

$$n - 1 = 10 - 1 = 9$$

$$\sum(X_i - A)^2 = 113.60$$

$$분산(s^2) = 113.60/9 = 12.62$$

$$표준편차(s) = \sqrt{12.62} = 3.55(Kg)$$

$$변동계수(CV) = (3.55 \times 100)/41.8 = 8.5(\%)$$

(2) 주어진 자료의 형태가 집단화된 자료값일 때(급간으로 묶여진 경우)

$$s^2 = \frac{1}{n-1} \sum(m_i - A)^2 f_i$$

$$s = \sqrt{\sum(m_i - A)^2 f_i / n - 1}$$

$$CV(\%) = \frac{s}{A} \times 100$$

이 때 A는 평균, m_i는 계급의 중앙치이고 f_i는 도수이다.

표 1-5.
표준편차
계산의 예

계급의 중앙치 (m_i)	도수 (f_i)	$(m_i \times f_i)$	편차 $(m_i\text{-}A)$	편차x도수 $(m_i\text{-}A)f_i$	편차의제곱 $(m_i\text{-}A)^2$	편차^{2}x도수 $(m_i\text{-}A)^2 f_i$
59.5	2	119.0	-11.84	-23.68	140.19	280.37
61.5	0	0.0	-9.84	0.00	96.83	0.00
63.5	3	190.5	-7.84	-23.52	61.47	184.41
65.5	6	393.0	-5.84	-35.04	34.11	204.66
67.5	11	742.5	-3.84	-42.24	14.75	162.25
69.5	18	1251.0	-1.84	-33.12	3.39	61.02
71.5	23	1644.5	0.16	3.68	0.03	0.69
73.5	16	1176.0	2.16	34.56	4.67	74.72
75.5	12	906.0	4.16	49.92	17.31	207.52
77.5	4	310.0	6.16	24.64	37.95	151.80
79.5	3	238.5	8.16	24.48	66.59	199.77
81.5	2	163.0	10.16	20.32	103.23	206.46
		계 7134.0				계 1733.87

최빈치 $= 71.5$

중앙치 $= 71.5$

측정수$(n) = 100$

평균$(A) = 7134.0/100 = 71.34$

분산$(s^2) = \dfrac{1}{n-1} \sum (m_i - A)^2 f_i = 1733.87/99 = 17.51$

표준편차$(s) = \sqrt{17.51} = 4.16$

변동계수$(CV) = \dfrac{s}{A} \times 100 = 4.16/71.34 \times 100 = 5.8(\%)$

상 관

상관도란 둘 또는 그 이상의 변인들의 자료에서 한 변인이 변동함에 따라 다른 변인이 어떻게 변동하는지 그 관계를 표시해주는 통계치이다.

1) 수치로 표시된 측정치인 경우

두 변인간의 상관도는, 두 변수가 직선적 상관관계가 있을 때 상관의 정도와 방향을 표시하는 지수인 상관계수(coefficient of correlation, r)로 표시하며, -1에서 1까지의 값을 갖는다. 상관도는 표 $1-6$에 나타나 있으며 r은 다음식에 의해서 계산한다. 이 때 X와 Y는 두 집단의 측정치이다.

$$\gamma = \frac{n \sum XY - (\sum X)(\sum Y)}{\sqrt{[n \sum X^2 - (\sum X)^2][n \sum Y^2 - (\sum Y)^2]}}$$

2) 등급으로 표시된 결과의 경우(순위 상관)

여러 방법으로 등급(순위)이 결정되었을 때 각 방법간의 평가의 일치성에 대한 검정방법으로 주관적 평가에 많이 이용된다. 가장 많이 이용되는 Spearman의 순

표 1-6.
상관도 r

γ	평 어
1	(+) 상관
0.8 - 1.0	상관성이 우수함
0.6 - 0.8	상관성이 좋음
0.3 - 0.6	상관성이 보통임
0.0 - 0.3	상관성이 의심할 정도임
-1	(-) 상관

표 1-7.
순위 상관계수 계산

시료	등급		등급의 차 (d)	d^2
	관찰자 1	관찰자 2		
A	2	3	1	1
B	4	5	1	1
C	1	1	0	0
D	3	2	1	1
E	5	4	1	1
F	6	7	1	1
G	7	6	1	1

위 상관계수(R)의 측정방법의 예가 표 1-7에 나타나 있다. 각 등급의 차가 d이고 시료의 수가 n일 때 다음 식에 의해 계산된 R은 −1과 1 사이의 값을 가지며 R이 1에 가까워지면 두 방법은 서로 일치한다고 할 수 있다.

$$R = 1 - \frac{6 \sum d^2}{n(n^2 - 1)}$$

$$R = 1 - \frac{6 \times (1+1+1+1+1+1)}{7 \times (49-1)} = 0.89$$

**단순선형
회귀분석**

한 변수의 값에 대응하는 다른 변수의 값을 예측하고자 할 경우에, 그 관계를 함수관계로 나타내어 분석하는 것을 회귀분석이라 한다. 특히 직선관계를 설명하여 분석하는 모형을 직선회귀모형(linear regression)이라 하고, 곡선관계를 설정하는 모형을 곡선회귀모형(curvilinear regression)이라 한다. 이 때 영향을 주는 변수를 독립변수라 하고 영향을 받는 변수를 종속변수라 하는데, 회귀분석은 독립변수의 값으로부터 종속변수의 값을 예측하는 것이 목적이다. 독립변수가 하나일 때의 회귀분석은 단순회귀분석(simple regression)이라 하고, 두 개 이상의 독립변수를 고려하는 회귀분석을 중회귀분석(multiple regression)이라 한다. 특히 단순선형회귀분석(simple linear regression)은 섬유의 화학분석에서 검량선 작성에 많이 이용되는 방법이므로, 본 단원에서는 최소제곱법(method of least square)에 의한 회귀식 추정법만을 다루도록 한다.

회귀식의 첫 단계에서 할 일은 그림 1-4와 같이 산점도를 그려보고, 독립변수와 종속변수와의 관계를 대략 파악하여 적절한 모형을 설정하는 것이다. 두 변수를 각각 X, Y라 하고 측정수를 n이라 하면, 산점도에서 두 변수가 직선관계를 위

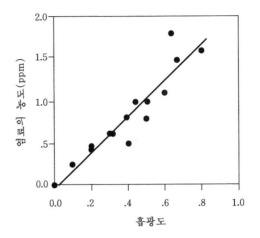

그림 1-4.
산점도와
추정회귀선

주로 흩어져 나타나 있을 때, 직선관계 회귀식을 $Y = \alpha + \beta X$ 라 하면, 최소제곱
추정법에 의하여 α , β 는 다음 식에 의해 구할 수 있다.

$$\alpha = \frac{(\sum X^2)(\sum Y) - (\sum X)(\sum XY)}{n\sum X^2 - (\sum X)^2}$$

$$\beta = \frac{n\sum XY - (\sum X)(\sum Y)}{n\sum X^2 - (\sum X)^2}$$

예) 용액 내 염료의 농도를 흡광도를 측정하여 추정하고자 할 때, 검량선 작성을
위한 측정치가 표 1-8에 나타나 있다. X는 흡광도이고 Y는 염료의 농도이
다. 이로부터 회귀식을 구하고, 미지용액의 흡광도로부터 염료의 농도를 추정
해보자.

표 1-8.
회귀식의 계산

No.	X	Y	X^2	Y^2	XY
1	0.002	0	0.0000	0	0
2	0.102	0.2	0.0104	0.04	0.0204
3	0.198	0.4	0.0392	0.16	0.0792
4	0.314	0.6	0.0986	0.36	0.1884
5	0.390	0.8	0.1521	0.64	0.3120
6	0.510	1.0	0.2601	1.00	0.5100
7	0.810	1.6	0.6561	2.56	1.2960
계	2.326	4.6	1.2165	4.76	2.4060

$$\alpha = \frac{(\sum X^2)(\sum Y) - (\sum X)(\sum XY)}{n\sum X^2 - (\sum X)^2}$$

$$= \frac{1.2185 \times 4.6 - 2.334 \times 2.406}{7 \times 1.2185 - 2.326^2}$$

$$= -0.0034$$

$$\beta = \frac{n\sum XY - (\sum X)(\sum Y)}{n\sum X^2 - (\sum X)^2}$$

$$= \frac{7 \times 2.406 - 2.326 \times 4.6}{7 \times 1.2185 - 2.326^2}$$

$$= 1.969$$

회귀식은 $Y = -0.0034 + 1.969X$이다. 만일 미지용액의 흡광도가 0.42면 염료의 농도는 0.824ppm이다.

유의도 검증　　섬유계측에서 측정결과를 비교할 때, 변인간의 차이가 실질적인 차이에 의한 것인지 또는 표집오차에 의한 것인지를 밝혀내는 과정을 검증이라 한다. 예를 들어 두 표본의 평균간에 실제 차이가 있는지, 또는 품질 평가치가 규격과 일치하는지를 알아보고자 하는 것으로, 이들 집단의 평균치간의 차이에 관한 검증에는 t-검증법이 이용되고, 분산의 차를 검증할 때는 F-검증법을 이용한다.

1) t-검증법

(1) 단일 평균치에 대한 검증

예를 들어 어떤 제품의 품질특성을 대표하는 평균(A)이 규격에서 정한 어느 공칭치(μ)와 차이가 있는지를 검증하고자 할 때 아래 식에서 t값을 계산해 부록 4의 t분포표에서 자유도(n-1)와 유의도 수준(α)으로부터 구해진 임계치(t_α)와 비교해서 결론을 내린다.

$$t = \frac{|A - \mu|}{s}\sqrt{n-1}$$

이 때 자유도(df)는 측정수가 n일 때 n-1이고, A는 표본집단의 평균, μ는 공칭치인 비교값이고, s는 표본집단의 표준편차이다. 유의도 수준(α)이란 표본에서 얻어진 결과가 우연일 확률, 즉 주어진 가설을 기각하는 최소한의 확률을 의미하며 결론은 다음과 같이 내린다.

$t < t_\alpha$: 표본집단의 평균치와 공칭치와는 유의도수준 α에서 통계적으로 유의한 차이가 없다(다르지 않다, 즉 규격과 일치한다).

$t > t_\alpha$: 표본집단의 평균치와 공칭치는 유의도수준 α에서 통계적으로 차이가 있다.

예) 직물의 세탁 수축율 검사를 10회 실시한 결과, 평균이 4.1%이고 표준편차가 0.18%였다. 한국산업규격에서 정한 수축 허용치가 4%라면 5% 유의도 수준에서 이 직물이 의류용으로 적합하다고 할 수 있는가?

$$t = (4.1 - 4)/0.18 \times \sqrt{9} = 1.67, \qquad t_{.05} = 2.26$$

$t < t_{.05}$ 이므로 수축 허용치와 다르지 않아 의류용으로 적합하다고 할 수 있다.

(2) 두 집단간의 평균치 비교

이 때에는 표본이 대표본인 경우($n > 30$)와 소표본($n < 30$)인 경우로 나누어 t값을 계산한다. 두 집단의 시료 수가 n_1, n_2, 평균이 A_1, A_2이고 표준편차가 s_1, s_2이면, 자유도는 $(n_1 - 1) + (n_2 - 1) = n_1 + n_2 - 2$가 된다. t값은 다음 식에 의해 계산하고, 판정은 유의도 수준 α에서 t_α를 구한 후 $t < t_\alpha$이면 두 집단간의 차이가 없고, $t > t_\alpha$이면 두 집단간에 유의한 차이가 있다고 결론을 내린다.

대표본의 경우 :
$$t = \frac{|A_1 - A_2|}{\sqrt{(s_1^2/n_1) + (s_2^2/n_2)}}$$

소표본의 경우 :
$$t = \frac{|A_1 - A_2|}{S\sqrt{(1/n_1) + (1/n_2)}}, \quad S = \sqrt{\frac{(n_1 - 1)s_1^2 + (n_2 - 1)s_2^2}{n_1 + n_2 - 2}}$$

예) 수지가공 후 직물의 인장강도를 가공제의 종류에 따라 측정한 결과를 표 1-9에 나타내었다. 5% 유의도 수준에서 가공제의 종류에 따라 인장강도에 차이가 있는지를 검증하려고 한다.

가공제	인장 강도 (Kg)										측정수
a	12	14	10	8	16	5	9	11	9		9
b	21	18	14	20	11	19	8	12	13	15	10

표 1-9.
가공제 처리에 의한 면직물의 인장강도

자유도＝9 ＋ 10 － 2＝17

평균 : A_a＝10.44, A_b＝15.1

분산 : S_a^2＝10.77, S_b^2＝18.32

$$S=\sqrt{\frac{(9-1)\times10.77+(10-1)\times18.32}{9+10-2}}$$

$$t=\frac{10.44-15.1}{2.34\sqrt{(1/9+1/10)}}=4.33, \qquad t_{.05}=2.110$$

$t>t_{.05}$이므로 $a=0.05$ 수준에서 두 가공제간에는 유의한 차이가 있다.

2) F － 검증법

두 집단의 표준편차간의 통계적 유의성을 검증하는 방법이다. 예를 들어 앞의 각 가공제 처리의 균일성을 알아보고자 할 때 이용될 수 있는데, F값은 각 표본의 분산값으로부터 다음 식에 의해 구하고, 두 집단의 자유도 n_a-1, n_b-1로부터 부록 5에서 F의 임계치(F_a)를 구해서 $F>F_a$이면 두 집단의 편차간에 유의한 차이가 있고, 그 반대일 경우에는 유의한 차이가 없다고 결론을 내린다.

$$F=\frac{두\ 집단\ 중\ 큰\ 분산}{두\ 집단\ 중\ 작은\ 분산}$$

예) 표 1－9의 예로부터 두 방법의 균일성간의 차이가 있는지 검증하려고 한다. F값을 위의 식으로부터 구하면 다음과 같다.

$$F=\frac{18.32}{10.77}=1.701$$

이 때 분자의 자유도는 $10-1=9$이고, 분모의 자유도는 $9-1=8$이므로 부록 5에서 F의 임계치를 구하면 $F_{.05}=3.39$가 된다. 위에서 계산한 F값이 1.7이므로 $F<F_{.05}$가 되어, 5% 유의도 수준에서 두 처리방법의 균일성에는 유의한 차이가 없다고 판정할 수 있다.

토의문제   1. 다음의 수치를 제시된 소수자리 수로 고쳐 쓰시오.

　　1) 45.35765 : ① 4자리   ② 3자리   ③ 2자리

　　2) 0.08573 : ① 4자리   ② 2자리   ③ 1자리

　　3) 0.2783 : ① 3자리   ② 1자리

2. 다음의 수치를 제시된 유효숫자를 갖도록 고쳐 쓰시오.

　　1) 3.1416 : ① 4자리   ② 3자리

　　2) 527.847 : ① 4자리   ② 3자리

　　3) 8.40464 : ① 5자리   ② 3자리

3. 다음은 직물의 인열강도 측정치이다. 평균을 구하고 극단치를 처리하여 평균을 보정하시오. 두 평균간에는 차이가 있는가? 어느 것이 더 신뢰성이 큰가?

　　측정치 :   5   15   17   16   18   19   14   16   19

4. 다음은 캔틸레버법으로 측정한 강연도의 값(cm)이다.
　　측정치로부터 평균, 표준편차, 분산, 변동계수를 계산하시오.

　　측정치 :   1.9   2.1   2.2   2.0   1.9   2.3   1.9

5. 다음의 집단화된 자료를 이용해서 계급의 중앙치를 구해 표를 채우고, 평균, 표준편차, 분산, 및 변동계수를 계산하시오.

계 급 구 간	계 급 의 중 앙 치	도 　 수
0.5 － 1.0	0.75	1
1.0 － 1.5	1.25	2
1.5 － 2.0	－	4
2.0 － 2.5	－	8
2.5 － 3.0	－	5
3.0 － 3.5	－	2

6. 다음은 세제의 농도별 세척률을 측정한 결과이다. x가 세제의 농도(g/l)이고 y가 세척률(%)일 때, 두 변수간의 상관도를 구하고 상관정도를 판정하시오.

x	0.1	0.2	0.3	0.4	0.5	0.6	0.7
y	42	44	50	55	60	69	66

7. 다음은 7가지 직물을 촉감이 부드러운 순으로 등급을 매긴 자료이다. 이들간의 순위상관을 측정하여 두 관찰자의 평가가 일치하는지 알아보시오.

시 료	등 급		d	d^2
	관찰자 1	관찰자 2		
A	3	4		
B	4	5		
C	6	7		
D	7	6		
E	1	2		
F	2	1		
G	5	3		

8. A, B 두 방법으로 만든 밧줄의 장점을 비교하고자 한다. A방법이 B방법보다 신공법이므로 A의 장력이 B의 장력보다 세기를 기대한다. 이를 확인하려고 다음의 자료를 얻었다. A의 장력이 B의 장력보다 세다고 할 수 있는지를 유의수준 5%에서 검증하시오.

A	17	14	19	19	17	15	20
B	15	18	19	18	17	16	17

5. 실험의 환경조건

환경이란 섬유 또는 섬유제품의 이화학적 및 역학적 특성을 시험할 때 적용되는 시험실 내의 시료나 측정기구를 둘러싼 매체를 의미한다. 매체는 시험방법에 따라 물이나 특정한 기체일 수도 있으나 대부분 공기이며, 섬유계측 중에는 밀폐된 시험실 내의 기후조건이 일정하게 유지되어야 한다. 본 단원에서는 여러 환경요인 중 섬유제품의 특성을 변화시키는 주요 기후조건인 온도와 습도에 대하여 알아보고자 한다.

온 도

열은 에너지의 일종이며 물질은 그 에너지를 분자의 운동으로서 내부에 저장한다. 섬유를 포함한 모든 물질들은 온도가 상승하면 이를 이루는 원자와 분자의 운동이 빨라지게 되며 온도가 하강하면 분자운동이 느려지게 된다. 즉 분자의 운동에너지는 온도에 의해 영향을 받고 궁극적으로 물질의 물리적 상태와 관계한다. 예를 들어 물이 온도가 상승함에 따라 고체에서 액체상태, 기체상태로 변화하는 것도 분자의 운동에너지의 변화에 따른 상태의 변화이다.

섬유는 수백, 수천 개의 원자로 이루어진 고분자 물질이며, 가늘고 긴 선상중합체이다. 이들 고분자들의 배열상태와 분자간의 인력에 따라 섬유구조 내에는 결정영역과 비결정영역이 혼재하며, 비결정영역은 결정영역보다 분자간의 인력이 적고 분자운동이 자유로운 부분이다. 섬유는 매우 낮은 온도에서는 원자간 결합에너지에 의해 분자운동이 제약을 받아 뻣뻣하나 온도가 상승하면 비결정영역 내의 분자운동이 활발해져 약한 분자간의 인력이 끊어지면서 섬유가 점점 부드러워진다. 이때의 온도를 유리전이온도라 하며, 이 이상의 온도에서 물질은 탄성을 가지며 유연해진다. 여기서 온도를 더 상승시키면 결정영역 내의 분자의 운동도 활발해지기 시작해 결국 섬유는 형태를 잃고 액체상태로 되는데, 이 온도를 융점이라 한다. 대부분의 합성섬유는 융점을 가지나 천연섬유와 같이 결정구조 내의 분자간의 인력이 강한 경우에는 융점에 이르기 전에 분자의 분해가 먼저 일어나 탄화하게 된다.

결국 분자간 인력의 양에 의해 결정되는 섬유의 특성은 온도변화에 민감하게 반응한다고 할 수 있으며, 섬유의 강도와 신도, 강연도와 탄성이 이에 속한다. 섬유의 강연도는 특히 온도의 영향을 많이 받는데, 그림 1-5는 그 예를 보여준다.

이와 같이 섬유의 물성은 온도의 변화에 민감하므로 모든 시험은 일정한 온도조건에서 이루어져야 하는데 한국산업규격(KS K0901)에서는 시험실의 표준온도를 20±2℃로 규정하고 있다. 그러나 때로는 섬유제품의 사용 기후조건에 맞도록

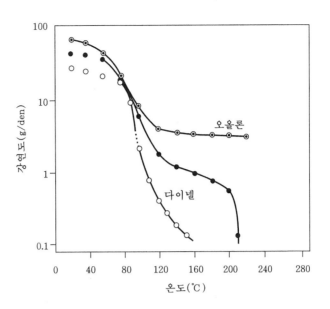

그림 1-5.
온도상승에 따른
섬유의 강연도 변화

특수 환경에서 시험하는 경우가 있으며, 이 때에는 시험실의 온도를 반드시 기록
해야 한다.

**습도와 섬유
의 성질**

대부분의 섬유는 섬유 내의 증기압과 대기 중의 증기압이 동등해지는 수분평형
이 이루어질 때까지 습한 대기에서는 수분을 흡수하고 건조한 대기에서는 방습하
는 흡습성(hygroscopicity)을 가지고 있다. 따라서 섬유 내의 수분의 양은 일정 온
도에서 대기 중의 수분의 양과 섬유의 화학적 구조에 의해 결정된다. 이 밖에도
수분은 섬유 내부뿐만 아니라 섬유와 섬유 사이, 또는 실과 실 사이에 존재할 수
도 있으므로 직물의 구조도 직물이 함유할 수 있는 수분의 양에 영향을 주게 된
다.

섬유 내로 흡수된 물 분자는 섬유를 구성하는 분자간의 인력(즉, 수소결합)을
끊게 해 인장강도를 저하시킬 뿐 아니라 탄성회복률을 저하시켜 섬유를 유연하게
하는 등 섬유의 물리적 성질을 변화시킨다. 그림 1-6은 흡습에 의한 섬유의 인장
강도와 신도의 변화를 보여준다. 또한 흡습에 의해 실이 팽윤하여 직물이 수축하
기도 하는데, 모직물의 경우에는 습윤팽창이 일어나서 제품치수의 변화를 가져오
기도 한다. 이 밖에도 섬유는 흡습할 때 흡습열을 발생시켜 급변하는 외부조건으
로부터 인체를 보호하는 작용을 하기도 한다. 또한 흡수된 수분이 섬유의 전기전
도도를 증가시켜 정전기 현상을 방지하는 등 수분은 섬유의 위생적인 성질에도 큰

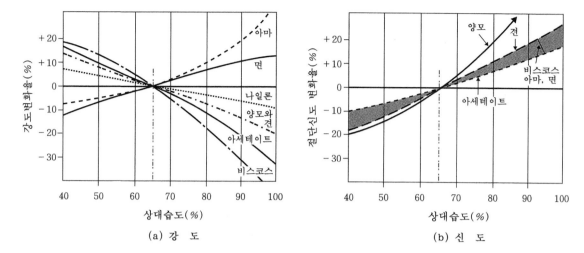

그림 1-6.
섬유의성질에
미치는 수분의 영향

영향을 미친다. 따라서 섬유 계측의 중요한 인자인 섬유의 수분율과 대기 중의 습도에 대하여 알아보면 다음과 같다.

1) 습도

습도(Humidity)란 대기 중의 수분의 양을 의미하며 증기압, 절대습도 또는 상대습도로 표시한다. 이 중 섬유의 수분율에 영향을 주는 것은 실제 수분의 양보다는 그 온도에서의 상대습도이기 때문에 섬유계측 때 상대습도를 측정하여 기록하는 것이 중요하다.

(1) 증기압(P)

대기압 중의 수증기 분압으로 수은주 높이의 cmHg 또는 mmHg로 표시한다.

(2) 절대습도(h)

습윤공기의 단위부피 당 수증기의 질량으로 단위는 g/㎥로 나타낸다.

(3) 상대습도(R.H.)

동일 온도에서 포화수증기압에 대한 실제 수증기압의 비를 %로 표시한다.

$$R.H.(\%) = \frac{P_o}{P_{sat}} \times 100 = \frac{h}{H} \times 100$$

R.H. : 상대습도,　P_0 : 실제증기압(mmHg),
P_{sat} : 포화증기압(mmHg),　h : 실제절대습도(g/㎥),
H : 최대절대습도(g/㎥)

　　상대습도를 측정하는 방법에는 이슬점온도를 측정하여 습도를 정하는 **노점법**, 모섬유가 습도에 따라 길이가 변화하는 성질을 이용한 **모발습도계법**, 건구온도계와 습구온도계의 온도의 차이로부터 구하는 **건습구습도계법**, 그리고 흡습성 화학약품의 전기저항을 측정하여 습도를 측정하는 **전기적 방법**이 있다. 이 중 실험실에서 손쉽게 측정할 수 있고 정확도가 높은 노점법과 건습구습도계법에 의한 습도 측정방법은 다음과 같다.

표 1-10.
여러 온도에서의
최대절대습도
H(g/m³)

온도(℃)	H(g/㎥)	온도(℃)	H(g/㎥)	온도(℃)	H(g/㎥)
-30	0.33	-6	2.99	18	15.4
-29	0.37	-5	3.24	19	16.3
-28	0.41	-4	3.51	20	17.3
-27	0.46	-3	3.81	21	18.3
-26	0.51	-2	4.13	22	19.4
-25	0.55	-1	4.47	23	20.6
-24	0.60	0	4.84	24	21.8
-23	0.66	1	5.2	25	23.0
-22	0.73	2	5.6	26	24.4
-21	0.80	3	6.0	27	25.8
-20	0.88	4	6.4	28	27.2
-19	0.96	5	6.8	29	28.7
-18	1.05	6	7.3	30	30.4
-17	1.15	7	7.8	31	32.1
-16	1.27	8	8.3	32	33.8
-15	1.38	9	8.8	33	35.7
-14	1.51	10	9.4	34	37.5
-13	1.65	11	10.0	35	39.6
-12	1.80	12	10.7	36	41.7
-11	1.96	13	11.4	37	43.9
-10	2.14	14	12.1	38	46.2
-9	2.33	15	12.8	39	48.6
-8	2.54	16	13.6	40	51.1
-7	2.76	17	14.5		

① 노점법

　전기 저항형 노점습도계를 사용해 감온체로 노점(dew point)을 측정하고, 이 온도에서의 포화증기압 또는 절대습도에 대한 실험실 온도에서의 포화수증기압을 표 1-10으로부터 구하여 상대습도를 계산한다. 예를 들어 섬유 시험실의 온도가 25℃이고 노점을 측정한 결과 15℃라면 표로부터 h는 12.8g/㎥이고 H는 23.0g/㎥이므로 상대습도(R.H.)는 (12.8/23.0)×100 = 55.7(%)이다.

② 건습구습도계법

　건·습 2개의 온도계로 구성되어 있는 건습구습도계를 이용하는 방법이다. 습구

표 1-11.
건습구습도계에
의한 상대습도(%)

건구온도 (℃)	건습구의 온도차																				
	0.5	1.0	1.5	2.0	2.5	3.0	3.5	4.0	4.5	5.0	5.5	6.0	6.5	7.0	7.5	8.0	8.5	9.0	9.5	10.0	10.5
10	94	88	82	77	71	66	60	55	50	44	39	34	29	24	20	15	10	6	–	–	–
11	94	89	84	78	72	67	61	56	51	46	41	36	32	27	22	18	13	9	5	–	–
12	94	89	84	78	73	68	63	58	53	48	43	39	34	29	25	21	16	12	8	–	–
13	95	89	84	79	74	69	64	59	54	50	45	41	36	32	28	23	19	15	11	7	–
14	95	90	85	79	75	70	65	60	56	51	47	42	38	34	30	26	22	18	14	10	6
15	95	90	85	80	75	71	66	61	57	53	48	44	40	36	32	27	24	20	16	13	9
16	95	90	85	81	76	71	67	63	58	54	50	46	42	38	34	30	26	23	19	15	12
17	95	90	86	81	76	72	68	64	60	55	51	47	43	40	36	32	28	25	21	18	14
18	95	91	86	82	77	73	69	65	61	57	53	49	45	41	38	34	30	27	23	20	17
19	95	91	87	82	78	74	70	65	62	58	54	50	46	43	39	36	32	29	26	22	19
20	96	91	87	83	78	74	70	66	63	59	55	51	48	44	41	37	34	31	28	24	21
21	96	91	87	83	79	75	71	67	64	60	56	53	49	46	42	39	36	32	29	26	23
22	96	92	87	83	80	76	72	68	64	61	57	54	50	47	44	40	37	34	31	28	25
23	96	92	88	84	80	76	72	69	65	62	58	55	52	48	45	42	39	36	33	30	27
24	96	92	88	84	80	77	73	69	66	62	59	56	53	49	46	43	40	37	34	31	29
25	96	92	88	84	81	77	74	70	67	63	60	57	54	50	47	44	41	39	36	33	30
26	96	92	88	85	81	78	74	71	67	64	61	58	54	51	49	46	43	40	37	34	32
27	96	92	89	85	82	78	75	71	68	65	62	58	56	52	50	47	44	41	38	36	33
28	96	93	89	85	82	78	75	72	69	65	62	59	56	53	51	48	45	42	40	37	34
29	96	93	89	86	82	79	76	72	69	66	63	60	57	54	52	49	46	43	41	38	36
30	96	93	89	86	83	79	76	73	70	67	64	61	58	55	52	50	47	44	42	39	37
31	96	93	90	86	83	80	77	73	70	67	64	61	59	56	53	51	48	45	43	40	38
32	96	93	90	86	83	80	77	74	71	68	65	62	60	57	54	51	49	46	44	41	39
33	96	93	90	87	83	80	77	74	71	68	65	63	60	57	55	52	50	47	45	42	40
34	96	93	90	87	84	81	78	75	72	69	66	63	61	58	56	53	51	48	46	43	41

온도계의 구부는 습포로 싸여져 있으며, 대기 중의 습도에 따라 습구에서 수분의 증발이 일어나 기화열을 빼앗겨 습구의 온도가 건구보다 낮아지게 된다. 대기가 건조할수록 기화속도가 빨라져 건구와 습구 온도계간의 온도의 차이가 커지는 원리를 이용한 것이다. 따라서 건구의 온도와 건습구간의 온도의 차이를 측정하여 표 1-11로부터 습도를 판정한다. 예를 들어 건구온도가 21℃, 습구온도가 16.5℃ 일때 기압이 760㎜Hg이라면 상대습도는 64%이다.

2) 수분율

대부분의 섬유는 일정량의 수분을 분자구조 내에 함유하는데 이 수분의 양을 수분율(regain)이라 하고, 함유수분율(moisture content) 또는 수분회복률(moisture regain)로 나타낸다.

$$함유수분율(M) = \frac{습윤시료의무게 - 건조시료의무게}{습윤시료의무게} \times 100(\%)$$

$$수분회복률(R) = \frac{습윤시료의무게 - 건조시료의무게}{건조시료의무게} \times 100(\%)$$

섬유의 수분율은 상대습도에 따라 달라지는데, 건조상태로부터 표준상태로 방치했을 때의 수분율을 표준수분율(standard regain)이라 하고, 상거래 시의 가격안정을 위해 국가에서 표준규격으로 정한 수분율을 공정수분율(commercial regain)이라 한다. 수분율은 섬유마다 고유치를 가지며 표 1-12에 나타난 바와 같다.

수분율의 측정은 화학약품을 이용한 **용량적정법**과 **적외선건조법** 및 **전기적 방법**에 의해 측정이 가능하나 가장 보편적이고 정확한 방법은 **오븐밸런스법**이며, 시험실에서 가장 많이 이용되고 있다. 오븐밸런스법은 시료를 약 110℃의 건조기에서 건조시키는 것으로, 공기온도의 상승이 상대습도를 하강시키는 원리를 응용

표 1-12.
각 섬유의 표준
수분율과 공정수분율

섬유	표준수분율	공정수분율	섬유	표준수분율	공정수분율
면	8.5	8.5	아크릴	1.3~2.5	1.5
아마	12.0	12.0	나일론	4.0~4.5	4.5
모	13.0~16.0	13.6	올레핀	0.0~0.1	0.0
아세테이트	6.0	6.5	폴리에스테르	0.4~0.8	0.4
레이온	11.5~16.0	11.0	유리	0.0~0.3	0.0

한 것이다. 이 때 건조기 내의 온도는 110℃로, 상대습도가 0%가 아니고 0.8%이므로 잔류수분율이 존재하게 된다. 그러나 건조하면서 물 외의 유분과 같은 불순물이 탄화되어 생기는 영구손실이 일어나므로 이 둘의 상쇄효과로 실제 발생하는 오차는 0.2% 이내이다. 자세한 실험방법은 실험 1-2에 제시하였다.

3) 상대습도와 수분율

섬유의 수분율은 그 섬유가 존재하는 대기의 온도와 상대습도에 따라 다르며, 일반적으로 온도보다는 상대습도의 영향이 더 크다. 일정한 온도에서 상대습도와 수분율과의 관계를 살펴보면 건조한 섬유와 습윤한 섬유를 동일한 온도 상태에 방치했을 때, 같은 섬유물질이라도 원래 습윤된 섬유물질이 도달하는 평형수분율은 건조상태의 섬유물질이 도달하는 평형수분율보다 더 큰 값을 가지게 되는데, 이것을 흡습의 이력현상(regain hysteresis)이라 한다.

이를 분자적으로 설명하면 건조 상태에서는 섬유 내에 분자간의 가교가 많이 존재하지만, 습윤 상태에서는 물분자에 의해 가교의 일부분이 절단되어 분자간 가교가 적은 구조로 된다. 이 두 구조를 일정한 상대습도 상태에 두면 두 구조 모두 수분흡수 기회는 동일하나 섬유에 가교가 형성되는 기회는 건조섬유가 습윤섬유보다 훨씬 크므로 습윤섬유의 평형수분율이 건조시료보다 커지게 되어 이력현상이 생겨난다.

이런 흡습의 이력현상은 소수성 섬유에는 거의 나타나지 않으나 친수성 섬유의 경우에는 이력의 정도가 커서 표준상태로 컨디셔닝시킬 때 시료는 전환경 조건에

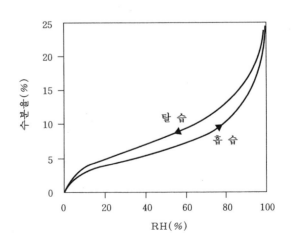

그림 1-7.
수분흡습의 이력현상

표 1-13.
황산용액 위의
상대습도

RH(%)	H_2SO_4의 농도 (% wt/vol.)	RH(%)	H_2SO_4의 농도 (% wt/vol.)
5	69.0	55	41.5
10	64.0	60	38.6
15	61.0	65	35.9
20	57.7	70	33.7
25	55.2	75	30.8
30	50.3	80	27.1
35	50.3	85	22.5
40	48.0	90	16.4
45	46.0	95	9.8
50	43.9	100	0.0

따라 실제 수분율이 달라질 수 있다. 따라서 KS K0901에서는 표준수분율을 건조상태에서 표준상태로 수분평형에 도달하는 것을 원칙으로 하며, 흡습의 이력현상이 많이 나타나는 시료의 경우에는 건조상태로 프리컨디셔닝을 한 후 컨디셔닝하도록 규정하고 있다.

**표준상태와
실험실의
온·습도조절**

　앞에서 설명한 바와 같이 온도와 습도는 섬유의 물리적 성질에 큰 영향을 미치므로 섬유 물리실험실의 온·습도는 일정하게 유지되어야 한다. KS K0901에서는 시험실의 표준상태를 온도 20±2℃, 상대습도 65±2%로 규정하고 있는데, 이 조건을 유지하기 위해서는 온·습도 조절장치가 있는 항온항습실을 필요로 한다. 그러나 이런 설비가 없는 경우나 컨디셔닝하려는 시료가 적은 경우에는 항온캐비넷을 이용할 수도 있다. 항온캐비넷을 사용할 경우에는 산의 용액이나 염의 포화용액의 증기압을 이용해 일정한 용기를 항온캐비넷 내에 보관하고 일정한 습도와 온도를 유지하도록 해야 한다. 이것은, 물이 표면과 접촉하고 있는 공기와 평형을 이룰 때까지 증발해 밀폐된 용기 안의 습도가 100%가 되면 물에 염을 용해시켜 평형치를 달리해 상대습도를 낮추는 원리를 이용한 것이다. 이 때, 일반적으로 소정의 상대습도를 유지하기 위해 염의 포화용액이나 여러 농도의 황산용액을 사용하는데, 표 1-13은 황산용액 위의 상대습도를 나타낸다.

실험 1-1   실험실의 상대습도 측정(건습구습도계법)

목 적   대부분의 섬유는 흡습성을 가지므로 대기 중의 수분을 흡수하면 섬유의 물리적 성질이 변하게 된다. 이 때, 섬유 내에 흡수된 수분의 양은 일정온도에서 대기 중의 수분의 양, 즉 습도에 의하여 결정되기 때문에 섬유를 계측할 때에는 습도를 측정하여 기록하는 것이 중요하다. 따라서 여러 습도측정법 중 본 실험에서는 건습구 습도계법을 통해 대기 중의 상대습도 측정법을 익히도록 한다.

기기와 기구   건습계(psychrometer)
건습계 제작 : 온도계 2개, 탈지면 또는 가제, 100ml 비커 1개,
　　　　　　　뷰렛스텐드, 작은 선풍기나 부채

실험방법   ① 온도계 2개를 뷰렛스텐드 양쪽에 끼운다.
② 그 중 1개의 구부에 탈지면을 싸고 한쪽 끝은 물이 담긴 100ml 비커에 침지시켜 구부가 젖도록 한다.
③ 습구 주위의 공기는 실내의 다른 곳보다 상대습도가 크므로 온도를 읽기 전에 온도계를 부채질해준다.
④ 습구온도가 더 이상 내려가지 않을 때 건구와 습구 온도계의 온도를 읽는다.
⑤ 표 1-11로부터 실험실의 상대습도를 결정한다.

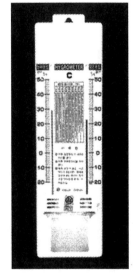

그림 1-8. 건습계

결 과   습구온도 : ＿＿＿＿＿＿＿＿＿＿＿
건구온도 : ＿＿＿＿＿＿＿＿＿＿＿
건습구 온도의 차 : ＿＿＿＿＿＿＿
상대습도 : ＿＿＿＿＿＿＿＿＿＿＿

토의문제   1. 건습구 습도계의 습도측정 원리를 설명하시오
2. 어느 실험실의 온도가 22℃이고 절대습도가 15.0g/m^3일 때, 상대습도는 얼마인가?
3. 건습구 습도법으로 시험실 내의 습도를 측정하고자 한다. 건구온도가 25℃이고 습구온도가 20℃이면, 이 시험실 내의 습도는 얼마인가?

실험 1-2   섬유의 수분율 측정(오븐밸런스법)

목 적   섬유의 수분율은 상대습도에 따라 변하는데, 건조상태로부터 표준상태로 방치했을 때의 수분율을 표준수분율이라 한다. 이는 각 섬유마다 화학적 구조에 따라 차이가 나기 때문에 섬유의 고유 특성치가 될 수 있으므로, 중량보정이나 섬유의 위생적인 특성을 예측하는 데 도움을 준다. 따라서 섬유의 표준수분율을 측정하는 것은 중요한 의미를 지닌다.

시 료   3종류 이상의 섬유 또는 직물 각각 25g,
면, 모, 레이온, 폴리에스테르, 아크릴 등

기기와 기구   건조기, 칭량병, 데시케이터, 화학저울

실험방법   오븐밸런스법(KS K 0221)

① 시험편을 약 10g 정도씩 2회 측정분을 준비한다.

② 시험편을 KS K 0901에 의거한 표준상태에서 최소한 24시간 방치하여 수분평형에 도달시킨다. 항온항습실 또는 항온캐비넷을 사용하는데, 항온캐비넷을 사용할 경우에는 35.9%의 황산이 담긴 데시케이터 위에 시료를 두고 온도 20℃로 맞춘 항온캐비넷에 보관한다.

③ 표준상태에 있던 시료를 칭량병에 넣어 0.01g 단위까지 무게를 잰다. 여기서 알고 있는 칭량병의 무게를 뺀다. (O)

④ 시험편을 칭량병의 뚜껑을 덮지 않은 채로 105℃~110℃의 온도로 맞춰 놓은 건조기에서 1시간 반 동안 건조시킨 후 칭량병의 뚜껑을 닫아 데시케이터에 옮기고 냉각시켜 무게를 잰다. 여기서 알고 있는 칭량병의 무게를 뺀다. (D)

⑤ ④의 과정을 항량(항량치의 공차는 ± 0.02g)이 될 때까지 되풀이한다.

⑥ 2회 측정하여 표준수분율을 계산하고 평균한다.

결   과   다음 식에 의하여 표준수분율을 계산한다.

$$수분율 = \frac{O - D}{D} \times 100$$

수분율은 2회 측정하여 평균치로 하고 소수점 이하 둘째자리까지 표시한다.

섬유번호	측정번호	표준상태의 무게	건조시료의 무게	수분율	평균
A	1				
	2				
B	1				
	2				
C	1				
	2				

토의문제   1. 위의 실험 결과로부터 함수율도 구하시오.

2. 수분율 측정에 쓰인 섬유의 화학적 구조를 보이고 물분자와 수소결합이 가능한 관능기를 찾아 보시오.

3. 같은 화학구조를 가진 면과 레이온의 수분율이 차이나는 이유를 생각해보시오.

4. 흡습의 이력현상이 생기는 원인은 무엇인가?

5. 어떤 시료의 함수율이 12%였다면 이 시료의 수분율은 얼마인가?

6. 모의 공정수분율은 13.6%이다. 이에 준하여 150Kg의 모를 1Kg당 4000원에 샀다. 그런데 이 때가 습한 여름철이라 그 당시 모의 실제 수분율이 18%였다면 모 1kg 구매할 때 발생한 손해는 얼마인가?

6. 시료 준비

시료 채취법   섬유제품의 품질평가는 전제품에 걸쳐 실시할 수 없으므로 그 중 일부분을 채취하여 측정한 뒤 통계적 처리로 결과를 분석해야 한다. 실험실 측정의 주요 목적 중의 하나가 추출된 소집단의 실험결과로부터 전체적인 성향을 추측함으로써 시간을 절약하고자 함에 있으므로 정확한 평가를 위해서는 어떻게 표본을 채취하는가가 중요하다. 측정할 시료는 표본추출(sampling)로 얻는데, 이는 전체를 대표함과 동시에 측정목적에 맞아야 하므로 섬유재료의 특성에 따라 그 채취방법이 표준규격에 명시되어 있다. 다음은 직물과 의류제품의 시료 채취방법의 예이다.

1) 직 물

① 직물은 제직 중에 장력을 받고 그 영향을 얼마간 유지한다. 그러므로 제직 후 일주일 간 방치하여 잔류응력 효과를 충분히 완화하여 제거한 후에 채취한다.

② 전제품 로트로부터 섬유특성이 균일한 하나를 정한다.

③ 각 로트로부터 석당량의 롤을 선택한다.

④ 각 롤로부터, 직물 변으로부터 전폭의 1/10, 직물 끝에서 1m 이상을 제거한 후 적당한 크기의 시료를 채취한다(그림 1-9 참고).

⑤ 각 시료는 경·위사 방향이 직각이 되도록 올을 바로 잡고 경사방향을 표시한다.

⑥ 시험방법에 따라 필요한 크기와 수만큼 채취하되 각 시험편이 동일한 경위사를 포함하지 않도록 배치하고 각각 경사방향과 번호를 표시하여 둔다.

⑦ 규격에 따라 시험편을 정확하게 자른다. 물리적 측정에 사용될 시료의 크기와 수는 표 1-14에 제시하였다.

2) 제 품

① 제품의 경우 별도로 규정되어 있지 않는 한 접히거나 봉제된 곳을 제외하고 넓은 부분에서 채취하도록 한다.

② 제품의 경사방향을 확인하고 시험편은 각각 다른 경·위사를 포함하도록 여러 부분에서 채취한다.

표 1-14.
물리적 섬유 계측에
필요한 시료의 준비

시 험	시료 수	시료크기(cm)	KS 규격
직물의 두께측정	5	5×5	K 0506
직물의 중량측정	3	5×5	K 0514
직물의 밀도측정	5	5×5	K 0511
직물의 인장강도시험			
(그래브법)	10 (5W, 5F)	10×15	K 0520
(래블스트립법)	10 (5W, 5F)	3.8×15	K 0520
직물의 인열강도시험			
(펜들럼법)	10 (5W, 5F)	7.5×10.2	K 0535
(텅법)	10 (5W, 5F)	7.6×20.3	K 0536
(트래피조이드법)	10 (5W, 5F)	7.6×15.3	K 0537
파열강도시험			
(볼버스팅법)	5	13×13	K 0350
(수압법)	5	13×13	K 0351
직물의 마모강도시험			
(평면마찰)	5	지름 12cm원	K 0540
(굴곡마찰)	10 (5W, 5F)	3×20	K 0820
(단마찰)	10 (5W, 5F)	3×20	
필링시험			
(브러시 스펀지법)	3	22.9×25.4	K 0501
(ICI빅스법)	4	11.4×11.4	K 0503
직물의 강연도시험			
(캔틸레버법)	20 (10W, 10F)	2.5×15	K 0539
(하트루프법)	10 (5S, 5B)	2.5×25	K 0538
직물의 방추도시험(개각도법)	12 (6W, 6F)	1.5×4	K 0550
직물의 공기투과도시험			
(프레지어법)	5	17×17	K 0570
직물의 내수도시험(저수압법)	5	20×20	K 0591
직물의 발수도시험(스프레이법)	3	20×20	K 0590
직물의 방염도시험(45° 경사법)	5	5×5	K 0580
직물의 연소도시험			
(수직법)	5	7×30	K 0585
(수평법)	5	11.4×31.8	K 0582
염색물의 마찰견뢰도시험	4	20×10	K 0650
염색물의 땀견뢰도시험	2	6.4×6.4	K 0715
염색물의 일광견뢰도시험	1	6.5×7.5	K 0700
직물의 수축률시험			
(상온수침지법)	3	25×25	K 0601
(비누액법)	3	25×25	K 0603
직물의 세탁수축률시험			
(워시휠법)	3	55×55	K 0600
(가정용 자동세탁기법)	3	38×38	K 0465
드라이 클리닝수축률시험	3	30×30	K 0471

* S=표면, B=이면, W=경사방향, F=위사 방향, B=바이어스 방향

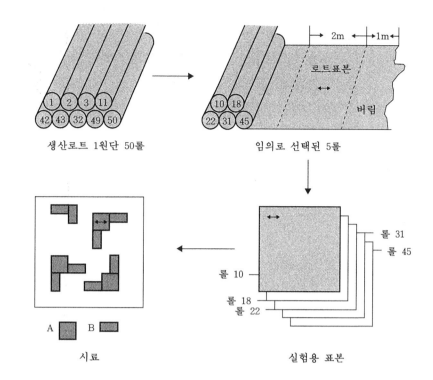

생산로트 1원단 50롤

임의로 선택된 5롤

실험용 표본

롤 31
롤 45
롤 10
롤 18
롤 22

2m 1m

로트표본

버림

시료

A B

그림 1-9.
시료채취의 예

시료 컨디셔닝   전단원에서 설명한 바와 같이 섬유제품은 온습도와 같은 환경조건에 따라 그 성질이 크게 변하기 때문에, 신뢰성있는 실험결과를 얻기 위해서는 측정 또는 시험하기 전에 시료를 표준 온습도하에서 컨디셔닝해야 한다.

1) 프리컨디셔닝

시료의 흡습이력이 큰 경우, 컨디셔닝하기 전에 건조상태로 프리컨디셔닝을 하여야 하며 그 과정은 다음과 같다.

① 프리컨디셔닝실의 온도와 습도를 측정한다.

표 1-15.
섬유별 최소
컨디셔닝 시간

섬유	최소 컨디셔닝 시간(hrs.)
동물성 섬유	8
식물성 섬유	6
비스코스 레이온	8
아세테이트	4
표준수분율이 5% 이하인 섬유	2

② 온도를 50℃로, 상대습도가 65%가 되도록 조절한다.

③ 측정할 시료를 공기가 잘 통하도록 펴서 놓는다. 실의 경우에는 타래상태로 방치한다.

④ 무게의 차이가 시료 무게의 0.2% 내외가 될 때까지 방치한다.

2) 컨디셔닝

섬유제품의 계측 전에 시험편이 실험실의 표준상태와 평형을 이룰 때까지 두는 과정을 컨디셔닝이라 하며 그 과정은 다음과 같다.

① 컨디셔닝 실의 온도와 습도를 측정한다.

② 온도를 20 ± 2℃, 상대습도는 65 ± 2%로 조절한다.

③ 시료를 표준상태에서 잘 펼쳐 놓는다.

④ 무게의 차이가 시료 무게의 0.25% 이하가 될 때까지 방치한다.

시료의 흡습성 정도에 따라 컨디셔닝에 필요한 시간이 달라져야 하는데 각 섬유별 최소 컨디셔닝 시간을 표 1-15에 제시하였다.

시료의 수 시험의 타당도와 요구되는 정확도가 클수록 측정에 필요한 시료의 수는 많아져야 한다. 특히, 섬유는 물리적 성질이 이질적이기 때문에 물리적 성질을 측정할 때에는 화학분석에 사용하는 시료의 수보다 훨씬 많은 횟수의 측정을 필요로 한다. 일반적으로 평균의 정확도를 E라 할 때 필요한 시료의 수 N은, 측정 결과가 정규분포를 이룬다고 가정하고 규정한 유의도 수준 α에서 다음의 식으로 구한다.

$$N = (T \times S/E)^2$$

이 때 N은 시료의 수, T는 정규분포의 유의도 수준 α에서의 위험률 계수이고, S는 표준편차, E는 평균의 정확도(허용오차)이다.

표준편차 대신 변동계수 CV를 사용할 경우에는 정확도를 평균에 대한 백분율로 표시한 D%를 사용하며, 이 때 N은 다음과 같이 표시한다.

$$N = (CV \times T/D)^2$$

표 1-16. 정규분포표	α (%)	31.73	10	5	1	0.1
	t	1.000	1.645	1.960	2.576	3.291

예를 들어 5% 유의도 수준에서 허용오차가 측정치 평균값의 +5%이고 변동계수가 12%일 때, 다음과 같이 계산한다.

$$N = (12 \times 1.96/5)^2 \times CV^2 = 22.13$$

일반적으로 대부분의 직물의 물성 측정이 고도의 정확도를 요구하지 않는다면 유의도 수준 10%에서 5회 측정을 기준으로 하므로 본 지의 실험에서도 5회 측정을 기본으로 한다.

토의문제

1. 직물의 두께(mm)를 ±0.05mm 수준에서 정확히 추정하려면 5% 유의도 수준에서 소요 시험횟수 N은 S가 0.15 mm의 경우 얼마인가?

2. 직물의 중량을 평균치의 +5% 수준에서 정확하게 추정하려면 10% 유의도 수준에서 소요 시험횟수 N은 CV가 6%일 때 얼마인가?

3. 프리컨디셔닝은 왜 해야 하는가?

4. 실험실에 실 1타래가 배달되었다. 이 실의 강도를 측정하고자 할 때 시료를 준비하는 과정을 설명하시오.

5. 길이가 54인치이고 폭이 44인치인 직물이 있다. 이 직물로부터 섬유계측에 사용할 수 있는 면적은 얼마인가?

참고문헌

1. 김경환·조현혹, 《섬유시험법》, 형설출판사, 1993.

2. 김노수·김상용, 《섬유계측과 분석》, 문운당, 1992.

3. 김상용, 《섬유물리학》, 이우출판사, 1982.

4. 김우철 외 7인, 《통계학 개론》, 영지문화사, 1992.

5. 성수광·권오경, 《섬유제품 소비과학》, 교문사, 1996.

6. KOTITI(역서), 《섬유수학》, 범률사, 1987.

7. 〈해외규격 종합안내서〉, 한국표준협회, 1997

8. Allen C. Cohen, *Beyond Basic Textiles*, Fairchild Pub., New York, 1982.

9. J. E. Booth, *Principles of Textile Testing,* Butterworths. London, 1983.

10. Robert S. *Textile Product Serviceability*, Macmillan Pub. Co. New York, 1991.

11. W. J. Dixon. "Analysis of Extreme Values", *The Annals of Mathematical Statistics,* vol. 21, no. 4, pp. 488~506, 1950.

제 2 장
옷감의 구조와 성분

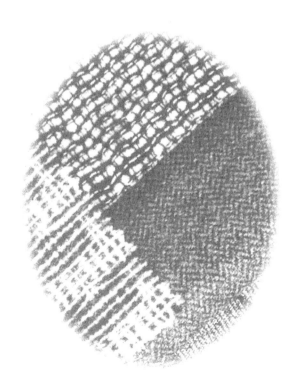

CHARACTERISTICS

제2장 옷감의 구조와 성분

섬유의 성질은 옷감의 성질에 기여하며, 옷감의 구조적 특성은 의복의 내구성, 형태안정성, 외관 및 쾌적성과 관계있는 중요한 요소이므로 본 장에서는 옷감을 이루는 섬유의 성분을 밝혀내고 구조적 특징을 분석하는 방법을 소개하였다.

1. 옷감의 구조

옷감이란 유연하며 얇고 평평하여 의복을 만들기에 적합한 재료를 말한다. 옷감은 섬유나 실 상태에서 또는 고분자 용액으로부터 직접 형성할 수 있는데, 현재 생산되고 있는 옷감을 원료의 형태에 따라 분류하면 표 2-1과 같다. 이들 중에서 직물과 편성물이 가장 널리 쓰이며, 종류도 다양하므로, 본 단원에서는 이들의 대표적인 구조적 특성과 분석방법에 내하여 기술하였다.

조 직   직물과 편성물은 실을 일정한 규칙으로 교차시키거나 연결하여 만드는데, 이러한 일정한 규칙을 조직이라 한다. 직물의 조직은 외관, 질감, 내구성 및 기타 여러 성능에 중요한 영향을 주므로, 직물의 조직을 파악하는 것이 성능을 이해하고 예측하는 데 도움을 줄 수 있다. 대표적인 직물의 조직과 특징 및 해당 직물명을 요약하면 부록 6에 나타낸 바와 같다.

직물은 경사와 위사가 일정한 방식에 따라 교차하여 형성되는데, 이 때 규칙적인 교차방식을 직물조직이라 하며, 이것을 그림으로 나타낸 것을 조직도라 한다.

표 2-1.
옷감의 종류

원　료	제　품
섬　유	펠트(felt), 부직포(nonwovens)
실	직물(woven fabrics)
	편성물(knitted fabrics)
	망물(net fabrics)
	조물(braided fabrics)
고분자 용액	필름(film), 폼(foam)

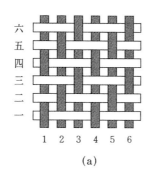
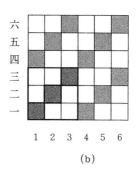

六
五
四
三
二
一

1 2 3 4 5 6

(a)

六
五
四
三
二
一

1 2 3 4 5 6

(b)

그림 2-1.
직물의 조직도

직물조직의 기본단위는 일완전조직이라 하며 이것이 반복되어 전체 직물조직을 만든다. 조직도는 의장지에 표시하는데, 경사가 위사 위에 있을 때에는 업(up)이라 하고 검정기호(■, ▨, ▧, ▣)로 나타내며, 그 반대의 경우는 다운(down)이라 하여 흰 색(□)으로 나타낸다(그림 2-1(b)).

편성물은 실을 서로 교차시키지 않고 고리를 계속 연결하여 만든 옷감으로 고리가 얽히는 방향과 방법에 따라 여러 편조직이 얻어진다. 이 때 고리의 길이방향을 웨일(wale)이라 하고, 폭방향을 코스(course)라 하며, 구성방법에 따라 크게 위편성물과 경편성물로 나뉜다. 위편성의 기본조직은 니트 표면(X), 니트 이면(○), 턱(■), 미스(□)이며, 편성물의 단면상태를 의장지에 그림 2-2(a)와 같이 표시하여 나타낸다. 대표적인 위편성물로 평편(jersey), 고무편(rib), 펄편(purl)이 있고 그 변화조직과 이중편성편인 양면편(interlock)이 있다. 경편의 조직을 나타내는 데는 포인트 페이퍼라는 의장지를 사용하는데, 작은 점은 침을 나타내고 편성되는 실의 모습을 침을 감싸면서 선을 그어 표시한다. 기본편환에는 그림 2-2(b)에 나타낸 바와 같이 개편환(open loop), 폐편환(closed loop)과 무편환(no loop)이 있다. 경편성물은 편성기의 종류에 따라 트리코(tricot), 밀러니즈(milanese), 라셀(raschel) 심플렉스(simplex) 등으로 분류된다.

길이와 폭

직물의 길이는 무장력상태에서 자 또는 테이프로 측정하거나 기계장치를 이용하여 드럼에 감아서 측정한다. 두꺼운 직물이나 신축성이 큰 직물일 경우에는 기계장치를 이용하는 것보다 종이 테이프나 자를 이용하여 측정하는 것이 바람직하다. 직물의 폭은 직기에 따라 결정되는데, 습관상 인치 단위로 표시한다. 면직물의 폭은 36인치 또는 45인치 폭으로 제직되며, 견직물은 40~45인치, 모직물은 54~60인치로 생산된다. 직물의 폭은 직물의 변을 포함하여 직물의 변에 수직이 되도록 측정하고, 5회 이상 측정하여 평균한다.

직물의 길이와 폭을 알아두면 의복구성시 디자인과 패턴 배치를 결정하는 데

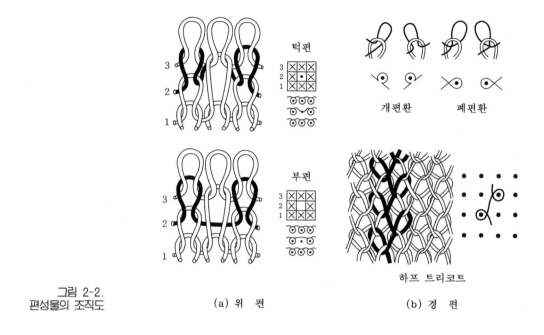

턱편

개편환   폐편환

부편

하프 트리코트

그림 2-2.
편성물의 조직도

(a) 위 편   (b) 경 편

편리히며, 필요한 지물의 긷이를 산츌할 수 있어 합리적이고 계획적인 직물구입이
가능하다. 또한 단위면적당 가격을 산출하여 직물간의 가격을 비교할 수 있다.

무 게
직물의 무게는 의복의 착용감과 활동성에 영향을 미칠 뿐만 아니라 드레이프성
과도 관계가 깊다. 무게는 단위면적당의 무게(g/m^2)와 실제 직물의 폭에 대한 단
위길이당의 무게(g/m)로 표시하며, 양자간에는 다음과 같은 관계가 있다.

$$S = 100R/B$$

이 때, S는 단위면적당 무게(g/m^2), R은 단위길이당 무게(g/m)이고 B는 피륙의
폭(cm)이다.

밀 도
직물의 짜임새는 밀도로 나타내며 경사의 수×위사의 수/5cm로 표기한다. 같
은 성분과 조직으로 이루어진 직물이라도 이들의 밀도가 다르면 형태적, 물리적
성질이 달라지게 된다. 일반적으로 밀도가 높은 직물은 내구성, 피복성, 방수성 및
치수안정성이 높고 인열강도는 낮은 반면에, 밀도가 낮은 직물은 우수한 유연성과
투습성 및 드레이프성을 갖는다. 그러나 세탁시 수축가능성이 크고 솔기가 잘 풀
리는 단점이 있다.

경사와 위사의 단위간 밀도가 같으면 균형직물(예: 140×140/5cm)이라 부르고,

직물의 종류	압 력(g/cm^2)
편물, 부직포, 소모직, 플리세, 담요	0.35 ~ 35
방모직, 카펫	1.4 ~ 144
덕, 석면직, 펠트	7 ~ 700

표 2-2.
직물의 두께측정시
적절한 압력
(ASTM D1777,D418)

밀도가 다르면 불균형 직물(예:140×80/5cm)이라 한다. 균형직물은 경·위사방향으로 비슷한 성질을 가지나, 불균형 직물은 일반적으로 의복의 형태가 불안정해지기 쉽고, 봉제품의 심 퍼커링이 발생하기 쉽다. 따라서 직물의 용도와 디자인에 따라 적절한 밀도의 직물을 선택해야 한다.

편성물의 밀도는 게이지로 표시하며, 편성기의 편침 밀도로 정의할 수 있는데, 게이지 값이 높을수록 편성물의 밀도는 조밀해진다.

두 께

직물의 두께는 폭이나 무게와 같은 직물의 기본적 특성이지만 이는 때때로 그 용노에 따라 직물의 성능을 결정짓는 중요한 평가요인이 된다. 예를 들어, 카펫의 경우 두께의 변화는 마모와 마찰효과 및 내구성의 평가기준이 되며, 직물이나 편성물의 경우 실의 벌키성과 구조적 요인을 비교하는 기준이 되기도 한다. 또한, 압축탄성이나 내구성과 같은 역학적 성질뿐만 아니라 강연성과 방추성과 같은 직물의 외관 및, 보온성과 함기성 같은 위생적 특성에 영향을 주는 중요한 요소이기도 하다.

직물의 두께측정은 대부분의 직물이 압축성을 가졌으므로 신중을 요하는 동작이다. 일반적으로 두 개의 판 사이에 직물을 끼우고 일정한 시간과 일정한 압력하에서 직물의 두께를 측정하는데, 일반적인 후도계로는 펠트나 덕과 같이 견고한 직물을 측정하기에는 알맞으나 편성물과 파일직, 또는 유연한 직물의 경우에는 직물단면을 현미경으로 측정하거나 표 2-2에 준하는 압력을 가할 수 있는 측정기를 사용해야 한다.

실험 2-1   옷감의 계측

목 적   옷감의 외관뿐 아니라 성능은 구조적 특성에 의하여 결정되므로 각 소재의 구조적 특성을 밝힘으로써 그 성능을 예측할 수 있다. 특히 조직, 밀도, 중량 및 두께는 일차적으로 직물의 성능을 결정짓는 중요한 요소이므로 본 실험을 통해 옷감을 바르게 계측하여 이들의 성능 평가에 기초자료를 제시하는 데 그 의의를 둔다.

시 료   조직이 상이한 여러 옷감을 선택한다(부록 6 참고).
예) 직물 : 깅엄 또는 소창, 옥스포드, 대님, 서지, 목공단 또는 공단,
　　편성물 : 저지, 고무편, 트리코

기기와 기구   조 직 : 분해경(pick glass) 또는 확대경, 자, 가위
밀 도 : 분해경, 분해침(teasing needle), 의장지 또는 모눈종이
두 께 : 후도계(thickness gauge)
무 게 : 화학 저울(0.01g까지 측정 가능한 것), 칭량병(weighing bottle),
　　항온항습기 또는 오븐과 데시케이터

실험방법   A. 조 직

A-1. 직물의 조직

① 직물은 직물 너비 양변에서 너비의 1/10 이상 떨어지고, 길이의 양 끝에서 300cm 이상 떨어진 곳에서 시료를 채취한다.

② 각 시료의 크기는 5cm당 50올 이상인 경우는 5cm×5cm로, 50올 이하인 경우에는 15cm×15cm로 준비하고 경사방향을 표시하여 나누어 준다.

③ 직물의 경사 방향을 확인하여 세로방향으로 놓는다.

④ 분해경 또는 확대경 밑에 직물을 놓고 좌측 상단에서 하단 방향으로 경사를 풀어가면서 의장지에 경사가 위사 위로 부상하는 부분은 검게 표시하고, 위사가 부상하는 경우에는 그대로 남겨 둔다.

⑤ 의장지에 조직도를 그린 후, 동일 조직의 기본단위가 상하 좌우로 반복됨이 확인되면 일완전조직 단위를 의장지에 붉은 선으로 표시해 직물조직을 판단한다.

A-2. 편성물의 조직

① 직물과 같은 방법으로 시험편을 준비한다.

② 편성물의 코스와 웨일 방향을 확인한다.

③ 코스와 웨일 방향으로 잡아당겨 신축성을 확인한 후 올을 풀어보아 위편성물과 경편성물을 구분한다(신축성이 크고 올이 계속 풀리면 위편성물인데, 양면편인 인터록의 경우 위편성물임에도 신축성이 적으므로 표리를 관찰하여 판단한다).

④ 편성물의 코스방향을 세로방향으로 하여 확대경 아래에서 편성물의 표리특성을 관찰한다.

⑤ 실을 풀어가면서 실이 얽히는 방향을 관찰해 그림 2-2를 참고해서 의장지에 기록하고 조직을 판단한다.

B. 밀도(직물 또는 편성물, KS K 0511, K 0512)

① 시험편을 평편한 대 위에 놓고 구김이나 장력이 없도록 한 다음 분해경(또는 확대경과 자) 밑에 놓고 5cm 사이에 있는 경·위사의 수(편성물의 경우에 코스와 웨일의 수)를 센다.

② 5개 이상의 시료로부터 측정하여 평균하고, 5cm당 올(코)수로 소수점 이하 한 자리까지 표시한다.

C. 무게(직물 또는 편성물, KS K 0514)

C-1. 항온항습기를 이용한 측정

① 준비한 칭량병의 무게를 단다.

② 5cm×5cm 시료 3매를 무게를 알고 있는 칭량병에 각각 넣어 뚜껑을 닫지 않은 채로 표준상태(RH 65%, 20℃)의 항온항습기 내에 24시간 방치한다.

③ 평형상태가 되면 칭량병의 뚜껑을 닫고 0.01g까지 읽을 수 있는 저울에서 시료와 칭량병의 무게를 잰 후 칭량병의 무게를 빼고 시료 무게를 측정한다.

④ 무게측정에 이용된 시험포의 면적을 계산한다.

⑤ 다음 식으로부터 단위면적당 직물의 무게를 산출한다.

$$평방미터당 \ 무게 \ (g/m^2) = \frac{시험편의 \ 무게(g)}{시험편의 \ 면적(cm^2)} \times 10000$$

⑥ 결과는 각 측정치의 평균치로 하며 소수점 이하 한자리까지 표시한다.

C-2. 항온기를 이용한 측정

① 데시케이터 속에 39.5%의 황산을 넣고, 받침대 위에 시료를 넣은 칭량병을 뚜껑을 덮지 않은 채로 올려 놓고 데시케이터의 뚜껑을 닫아 20℃로 조절된 항온기에 24시간 방치한다.

② C-1의 ③에서 ⑥까지의 과정을 따른다.

C-3. 건조기를 이용한 측정

① 건조중량을 측정하여 표준수분율로 보정한다. 단, 섬유성분과 혼용율을 알아야 한다.

② 칭량병에 시료 3매를 각각 넣어 105℃의 전기오븐에서 무게가 항량이 될 때까지 2시간 이상 건조시킨 후 칭량병의 뚜껑을 닫아 데시케이터에 냉각시켜 무게를 측정한다.

③ 건조중량을 다음 식에 의하여 표준상태로 보정한다(각 섬유의 표준수분율은 표 1-12를 참고한다).

$$W = W' (1 + r/100)$$

이 때, W는 표준상태의 무게, W′는 건조상태의 무게이고, r은 표준수분율이다. 단, 시료가 혼용 직물일 경우 그 조성이 수분율 r_1의 섬유 a%, r_2인 섬유 b%····일 경우 r_n은 $(r_1 \times a + r_2 \times b + \cdots)/100$이고, 다음의 일반식에 대입하여 보정한다(혼용률 측정법 참고).

$$W = W' (1 + r_n/100)$$

④ C-1의 ④에서 ⑥까지의 과정을 따른다.

D. 두께(직물 또는 편성물, KS K 0506)

① 시료는 두께측정기의 프레서 푸트(presser foot)보다 직경이 20% 이상 크도록 준비한다.

② 두께측정기로 직물에 일정한 하중을 가한 후 5초가 지나면 다이알의 눈금을 읽어 두께를 측정한다(KS K 0506에 의하면 푸트의 직경이 9.25±0.025 mm이고 압력은 3.4psi이다).

③ 각 시료당 5회 이상 측정하여 평균치로 기록한다.

결 과　　　**시료명 :**

A. 조 직

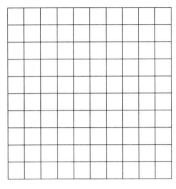

조직도　　　　　　　　　　　시료부착

B. 밀 도

경 사 방 향				위 사 방 향			
측정번호	올수/5cm	평균편차(d)	d^2	측정번호	올수/5cm	평균편차(d)	d^2
1				1			
2				2			
3				3			
4				4			
5				5			
계	Σ_1		Σ_2		Σ_1		Σ_2

측정수(N)＝
평균(A)＝Σ_1/N＝
표준편차(S)＝$\sqrt{\Sigma_2/(N-1)}$＝
변동계수(CV)＝S/A×100

측정수(N)＝
평균(A)＝Σ_1/N＝
표준편차(S)＝$\sqrt{\Sigma_2/(N-1)}$＝
변동계수(CV)＝S/A×100＝

직물밀도(경사의 수×위사의 수/5cm)＝

C. 무 게

측정번호	무게(g)	면적(cm^2)	단위 면적당 무게 (g/cm^2)	평균편차 (d)	d^2
1					
2					
3					
계			Σ_1		Σ_2

측정수(N)=

평균(A)=Σ_1/N=

표준편차(S)=$\sqrt{\Sigma_2/(N-1)}$=

변동계수(CV)=$S/A \times 100$=

D. 두 께

측정번호	두께(mm)	평균편차(d)	d^2
1			
2			
3			
4			
5			
계	Σ_1		Σ_2

측정수(N)=

평균(A)=Σ_1/N=

표준편차(S)=$\sqrt{\Sigma_2/(N-1)}$=

변동계수(CV)=$S/A \times 100$=

토의문제

1. 동일한 실로 짜여진 직물의 밀도와 무게와의 관계를 설명하시오

2. 동일한 실로 구성되어 있으며 동일한 경·위사 밀도를 가진 1/1 평직물과 4/4의 바스켓 직물의 단위면적당 무게와 두께를 비교하시오.

3. 길이가 180cm이고 폭이 148cm인 직물의 무게가 426g 이었다. 이 직물의 무게는 평방미터당 몇 그램인가?

4. 밀도에 따라 변화하는 직물의 성능에 대하여 생각해보시오.

2. 의류소재의 성분

현재 의류소재로 쓰이는 섬유는 수십 종에 달하고 있는데, 그 화학적 조성과 형태에 따라 소재의 특성이 달라지므로 의류소재를 올바르게 구입하고 관리하여 합리적인 의복생활을 영위하기 위해서는 그 성분을 정확히 알 필요가 있다. 섬유는 크게 천연섬유와 인조섬유로 나뉘어지지만, 그 화학적 조성과 제조공정에 따라 더 세분화되어진다. 섬유의 명칭과 분류방법은 시대나 국가에 따라 다소 다를 수 있는데 우리 나라에서는 한국산업규격(KS K 0904)에서 다음과 같이 분류한다.

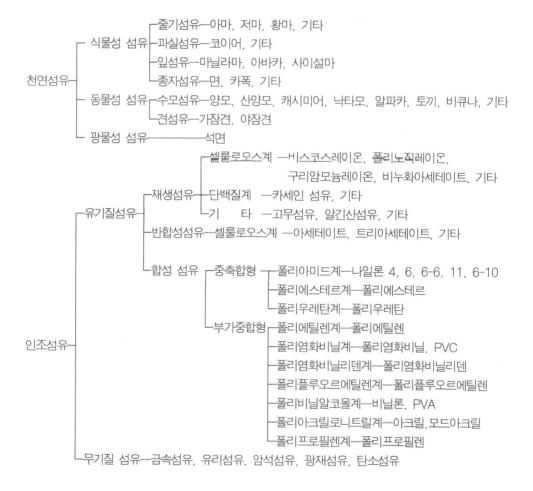

섬유감별법   직물의 정련, 표백, 염색 및 가공과 같은 생산공정뿐 아니라 제품의 매매 또는 세탁이나 보관과 같이 일상생활에서 섬유제품을 취급할 때, 제품의 정확한 성분을 알아야 공정하고 합리적인 처리를 할 수 있게 된다. 섬유는 일차적으로 외관과 촉

감에 의해 어느 정도 판별할 수 있으나, 점차 직물의 종류가 다양해지고 공정기술이 발달해 감에 따라 육안이나 촉감만으로 감별하기가 어려워지고 있다. 따라서 정확한 감별을 위해, KS뿐만 아니라 ASTM이나 AATCC 등에서 정성적 또는 정량적으로 섬유제품의 성분을 측정하는 방법을 규정하고 있다. 정성적 분석은 주로 성분섬유의 종류를 구별해내기 위한 것이고, 정량적 분석은 섬유제품 중에 혼용되어 있는 섬유의 혼용률을 측정하는 데 이용된다.

손쉬운 **정성적 섬유감별법**으로 연소시험법, 현미경법, 용해도법, 착색법 및 비중법이 있으며, 이외에도 편광현미경을 이용해 섬유의 굴절률을 측정하거나, 적외선 분광분석을 통해 섬유 내의 화학적 구조를 예측하거나, 열분석으로 결정화도 및 연화점과 융점을 측정해 섬유를 감별하기도 한다. 일반적인 섬유제품은 이와 같은 방법으로 성분분석이 가능하지만, 염색가공된 직물의 경우에는 가공제나 염료를 미리 제거해야 하며, 직물의 종류에 따라 때로는 경·위사를 별도로 분리하여 시험해야 한다.

정량적 섬유감별법으로는 기계적 분리법, 용해도법, 비중법 및 현미경법이 이용되며, 성분섬유를 분리해 전섬유에 대한 무게의 백분율로 나타낸다. 일반적으로 교직 또는 교편된 것은 기계적 분리법을 사용하고, 이 방법을 적용시킬 수 없는 시료는 용해도법이나 비중법을 사용한다. 그러나 화학적 구조가 유사해 이 방법으로도 감별이 어려운 경우는 현미경법을 이용한다. 이와 같은 정량적 섬유감별법은 시험편의 특성, 분석자의 경험 및 이용할 수 있는 시설에 영향을 받으므로 세심한 주의를 기울여야 좋은 결과를 얻을 수 있다. 용해도법에 의한 혼용률 평가에 사용되는 대표적인 시약과 각 섬유의 용해도를 부록 7에 나타내었다.

실험 2-2   연소법에 의한 섬유감별

목 적   연소실험의 목적은, 섬유를 불꽃 가까이 가져갔을 때, 불꽃 속에 넣었을 때, 밖으로 꺼냈을 때의 타는 모습과 냄새, 재의 모습 등이 섬유마다 특이한 점을 이용하여 섬유를 감별하고자 하는 방법이다. 이 방법은 섬유소, 단백질, 무기질 혹은 합성 중합체 같은 일반적인 화학적 조성을 감별하는 데 사용할 수 있어 섬유가 속해 있는 그룹을 감별할 수 있다. 그러나 같은 그룹 내의 섬유의 종류를 명확히 판별하기는 어려워 다른 감별법과 병행해야 한다. 또한 연소실험으로 혼방직물을 감별하기란 더욱 힘들기 때문에 일차적으로 같은 섬유로 되어 있는지를 보기 위해 직물의 양 방향에서 몇가닥의 실을 풀어서 검사해야 한다. 광택, 꼬임과 색의 차이는 직물이 둘이나 그 이상의 섬유로 되어 있다는 것을 의미한다.

시 료   성분이 다른 직물 10종류 이상(2cm×2cm)
- 면, 마, 양모, 견, 비스코스레이온, 아세테이트, 나일론, 폴리에스테르, 아크릴, 폴리프로필렌

기기와 기구   알코올 램프, 핀셋

실험방법   ① 준비된 시료(2cm×2cm)를 핀셋으로 직각되게 집는다.
② 불꽃 가까이 가져가 가열될 때의 변화를 관찰한다.
③ 섬유의 일부를 불꽃 속에 넣고 타는 모습을 관찰한다.
④ 타고 있는 섬유를 불꽃 밖으로 꺼냈을 때 타는 상태와 냄새, 그리고 불이 꺼진 다음 남은 재의 형태를 검토한다.
⑤ 연소가 끝난 뒤 남은 재의 형태, 양, 색깔, 굳기 등을 관찰한다.

결　과

번 호	섬유명	불꽃 가까이 가져갈 때	불꽃 속에 넣었을 때	불꽃 속에서 꺼냈을 때	재	냄 새
1						
2						
3						
4						
5						
6						
7						
8						
9						
10						

토의문제

1. 동물성 섬유와 식물성 섬유 및 열가소성 섬유의 연소성질을 비교하시오.

2. 섬유감별시 연소법의 한계점에 대하여 기술하시오.

3. 아세테이트 섬유가 연소하면서 식초냄새를 내는 이유는 무엇인가?

4. 실험결과와 부록 8의 결과를 비교해보시오.

실험 2-3   현미경에 의한 섬유감별

목 적   현미경법은 모든 섬유들이 그들 고유의 특징적인 형태를 가지고 있다는 점을 이용한 감별방법으로, 섬유의 독특한 측면과 단면을 관찰함으로써 섬유를 감별하고 섬유의 형태와 구조적 특성을 이해하고자 하는 데 그 의의가 있다. 일반적으로 천연섬유의 경우 명확한 감별이 가능하나, 인조섬유는 서로 똑같아 보이고 제조과정에 따라 형태의 변화가 있을 수 있어 인조섬유의 명확한 감별에는 다소 한계가 있으므로 다른 실험법과 병행해야 한다.

시 료   실험 2-2와 동일

기 구   현미경, 슬라이드글라스, 커버글라스, 졸리프판(Zolieff plate) 또는 코르크, 안전면도날, 분해침, 무색 매니큐어

실험방법

A. 섬유의 측면 관찰

① 슬라이드 글라스를 깨끗이 씻어 말린다.

② 그 위에 분해침으로 직물로부터 분리해낸 섬유 3~4가닥 정도만 올린다.

③ 증류수를 섬유 위에 1방울 떨어뜨린다.

④ 공기가 들어가지 않도록 커버글라스를 비스듬히 덮는다.

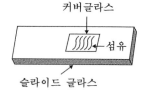

그림 2-3.
측면관찰용 시료제작

⑤ 현미경을 저배율에서 고배율로 올려가면서 초점을 맞추어 관찰한다.

B. 섬유의 단면 관찰

① 졸리프판(Zolieff plate) 내 0.03~0.5mm의 작은 구멍에 실의 고리를 통과시킨다.

② 고리에 평행하게 잘 배열되도록 섬유 속을 건 후 잡아당겨 섬유를 구멍에 꽉 채운다.

③ 고정시키기 위해 무색 매니큐어를 판의 앞뒤로 한 방울씩 떨어뜨린다.

④ 충분히 마른 뒤에 면도날로 앞과 뒤에서 편평하게 밀어낸다.

⑤ 현미경으로 저배율에서 고배율로 관찰하여 기록한다.

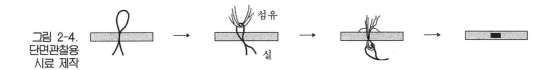

그림 2-4.
단면관찰용
시료 제작

결 과   섬유명을 기입하고 빈칸에 섬유의 측면과 단면을 그려 넣어 보자.

섬유 1 (   )

섬유 2 (   )

섬유 3 (   )

섬유 4 (   )

섬유 5 (   )

섬유 6 (   )

섬유 7 (   )

섬유 8 (   )

섬유 9 (   )

섬유 10 (   )

토의문제   1. 면섬유의 단면 관찰을 통하여 성숙 섬유와 미성숙 섬유를 구별하시오.

2. 합성섬유 관찰시 보이는 섬유 내의 검은 점은 무엇인지 생각해보시오.

3. 현미경법의 한계점에 대하여 기술하시오.

4. 실험결과를 부록 9의 결과와 비교하시오.

실험 2-4   용해도법에 의한 섬유감별

목 적   섬유는 그 화학적 조성에 따라 여러 시약에 대한 용해도가 다르므로, 특정시약에 대한 용해도차를 이용해 섬유를 감별할 수 있다. 이 방법은 혼용률 실험에 있어서 기본적인 방법으로, 간단하면서도 정확해서 섬유의 감별에 널리 이용되며, 얼룩빼기나 표백, 세탁 등의 피복정리에도 응용되고 있다. 용해도 실험은 시료의 형태와 처리조건에 따라 결과가 차이나는 경우가 있으므로 가능한 한 동일 조건으로 처리하여 비교해야 한다.

시 료   실험 2-2와 동일

시 약   100% 아세톤(acetone, CH_3COCH_3) : 25℃

80% 아세톤 : 80g의 증류수에 100% 아세톤 20g을 혼합한다 : 25℃

75%황산(sulfuric acid, H_2SO_4) : 21ml 증류수에 진한황산(95%) 43ml를 서서히 교반하면서 혼합한다 : 25℃

35%염산(hydrochloric acid, HCl) : 시판하는 진한 염산을 그대로 사용한다 : 25℃

디메틸포름아미드(N,N-dimethylformamide, $HCON(CH_3)_2$) : 중탕한다 : 100℃

개미산 (formic acid, HCOOH) : 시판하는 개미산을 그대로 사용한다 : 25℃

5% 수산화나트륨 (sodium hydroxide, NaOH) : 수산화나트륨을 52.8g을 증류수에 녹여 1L를 만든다 : 100℃

30%수산화나트륨 : 수산화나트륨 400g을 증류수에 녹여 1L를 만든다 : 100℃

70%티오시안화암모늄(ammoniumthiocyanate, NH_4CNS) : 티오시안화암모늄 70g을 증류수 30 ml에 용해한다 : 70℃

m - 크레졸(m-cresol, $CH_3C_6H_4OH$) : 시판하는 메타크레졸을 그대로 사용하며 중탕한다. : 100℃

기 구   시험관(길이 10cm 지름 1cm), 고무마개, 초자봉, 가열기 또는 항온수조

실험방법   ① 시험관에 소량의 시료(0.1g 내외)를 미리 넣는다.
② 시약은 4㎖ 정도 넣고 지시된 온도에서 10분 간 교반한다(가열 용해되면서 유독기체를 발생하는 경우가 있으므로 주의해야 한다).

③ 도표를 만들고 비교한다(온도가 다름에 유의한다).

결 과

시약 \ 섬유명	1	2	3	4	5	6	7	8	9	10
80% acetone										
100% acetone										
75% H₂SO₄										
35% HCl										
100% DMF										
100% HCOOH										
5% NaOH										
30% NaOH										
100% m-cresol										
70% NaCNS										

○ 용해   × 불용   △ 부분용해

토의문제

1. 용해와 분해의 차이는 무엇인가?

2. 섬유마다 특정시약에 대한 용해도가 다른 이유를 설명하시오.

3. 실험에서 사용된 각 섬유의 화학적 구조를 쓰시오.

4. 본 실험의 결과를 부록 7과 비교하시오.

실험 2-5   착색법에 의한 섬유감별

목 적   착색법은 섬유의 화학적 조성에 따라 여러 가지 염료에 대한 염색성의 차이를 이용한 것이다. 착색법에는 여러 염료를 혼합해 만든 섬유감별용 염료를 이용하는데, 이 혼합염료 내의 각 성분염료들이 특정한 화학적 구조를 가진 섬유에 선별적으로 흡착되면서 나타나는 색의 차이로 섬유성분을 감별하게 된다. 셜가스테인 A, 보켄스타인, 듀퐁 섬유감별 염료 4호와 TIS 염료 1호, 3A호 등이 있다. 예를 들어 TIS 섬유감별용 염료 3A에는 아크릴 섬유용인 분홍색 캐티온 염료, 모와 나일론용인 청색 산성염료, 그리고 아세테이트와 그 밖의 합성섬유를 착색시키는 노란색 분산염료가 혼합되어 있다. 착색 전에 백색 시료를 깨끗이 정제해서 사용해야 하며, 또 동일한 조건하에서 시험한 표증시료와 비교하여 판정해야 한다. 비교판정을 위한 표증시료로 여러 종류의 기지의 섬유로 짜여진 다섬교직포(multifiber fabric)을 사용하거나 성분을 아는 여러 종류의 백색직물을 이용한다.

시 료   다섬교직포나 실험 2-2에 사용된 직물

시 약   염료 : TIS 섬유감별염료 1호와 3A호(1% 용액)
기타 섬유감별염료

기 구   염색용 비커, 알코올 램프, 초자봉

실험방법   ① 더운 물에 다섬교직포와 미지의 시료 1g을 담근다.
② 시료 1g을 더운 물에서 건져 액비 1 : 30의 1% 염료 용액에 넣고 2~3분 간 끓인다.
③ 시료를 물로 헹구고 말린다.
④ 다섬교직포의 착색결과를 보고 미지시료의 착색과 비교해 미지시료의 성분을 판별한다.

그림 2-5.
다섬교직포

결 과   두 가지 이상의 염료로 염색한 기지시료와 미지시료를 보고서에 부착해 착색결과를 비교하시오.

A. 감별염료명 (   )

다섬교직포	미지시료

B. 감별염료명 (   )

다섬교직포	미지시료

토의문제   1. 착색 실험에서 두 가지 이상의 염료를 사용하는 이유는 무엇인가?
2. TIS 1호와 3A호 중 어느 것이 천연섬유 구별에 용이한가?
3. 착색 실험의 원리는 무엇인가?

실험 2-6   섬유혼용률 측정법(용해도법)

목 적
혼용률은 2종 이상의 섬유로 구성된 섬유혼방제품에서 전섬유의 양에 대해 혼용되어 있는 각 섬유의 양을 무게의 백분율로 나타낸 것이다. 혼용률은 오븐건조혼용률 또는 정량혼용률로 표시하는데, 전자는 오븐 건조무게에서 산출한 혼용률이고, 후자는 KS K0301에 명시한 공정수분율을 포함한 무게로 산출한 혼용률이다. 본 실험에서는 혼용률 측정법 중 가장 쉽고 보편적으로 적용할 수 있는 용해도법을 이용해 혼방직물의 혼용률을 측정하고자 한다.

시 료
혼방직물 10g
− 면/폴리에스테르, 레이온/아세테이트, 모/아크릴

시 약
100% 사염화탄소(chloroform, CCl_4)
0.25% 염산(hydrochloric acid, HCl)
0.2%와 1% 암모니아(ammonia, NH_4OH)
70% 황산(sulfuric acid, H_2SO_4) : 증류수 257ml에 황산 400ml를 냉각시키면서 주입한다.
100% 아세톤(acetone, CH_3COCH_3)
100% 디메틸포름아미드(N, N-dimethylformamide, $HCON(CH_3)_2$)

기기와 기구
속스레 추출장치
500ml 비커 3개 이상
500ml 삼각 플라스크, 고무마개
유리 거름관 또는 깔대기와 여과지
흡인여과장치(500ml 가지 달린 플라스크, 고무마개, 에스피레이터 또는 진공흡인장치)
오븐 건조기, 데시케이터, 칭량병, 전열기, 온도계

실험방법   용해도법(KS K 0210)

(1) 시료 전처리(정련)

시료가 정련되어 있을 경우에는 이 과정을 생략한다.

a. 가호 또는 수지가공 되어 있지 않은 시료 정련

① 용해도 실험에 충분한 양(약 10g)의 시료를 5cm×5cm로 잘라 준비한다.

② 속스레 추출기에 사염화탄소 250ml를 넣어 준비된 시료를 10회 가량 사이포닝 시켜 유분 등을 추출한다.

③ 시료를 건조시킨다.

④ 100배 가량의 물에 5분 간 끓인 후 60~70℃ 물로 충분히 씻은 다음 건조시킨다.

b. 가호 또는 수지가공된 시료 정련

① a에 의해 처리하여 유분을 제거한다.

② 시료의 100배 양의 0.25% 염산용액에 시료를 넣어 15분 간 끓여 호료 또는 수지가공제를 제거한다.

③ 뜨거운 물과 0.2% 암모니아 용액으로 차례로 씻어 건조시킨다.

(2) 용해도법에 의한 섬유혼용률 측정

a. 면/폴리에스테르 혼방직물의 경우

① 칭량병과 흡인장치에 사용될 유리 거름관(glass filter)또는 깔대기에 사용할 여과지의 건조무게를 측정한다.

② 정련한 시료를 5~15mm로 잘라 잘 섞고, 그 중 1~3g을 채취해 항량이 될 때까지 오븐에서 건조시킨 후 오븐건조무게(W)를 구한다.

③ 시료무게의 100배 양의 70% 황산을 뚜껑 있는 500ml 삼각플라스크에 부은 후 시료를 넣고 상온(20~25℃)에서 15분 간 흔들어 면을 용해시킨다.

④ 흡인여과장치에 ③의 용액을 부어 용해시킨 후 70% 황산과 물로 씻는다.

⑤ 이것을 비커에 옮겨 시료의 50배 양의 묽은 암모니아용액(약 1%)으로 중화시킨다.

⑥ ⑤를 다시 흡인여과시키고 깔대기 위의 남은 양을 물로 씻어 건조시킨다.

⑦ 잔류섬유(폴리에스테르)의 오븐 건조무게(W′)를 측정한다(잔류섬유를 유리 거름관이나 여과지와 함께 건조시켜 무게를 재고, 이들의 무게를 빼고 난 나머지

를 시료의 건조무게로 한다).

⑧ 각 성분의 오븐 건조혼용률과 정량혼용률을 계산한다. 2회 측정하여 그 평균치를 취한다(또는 각 조별 측정치를 평균한다). 평균치는 KS K 0021에 따라 소수점 이하 한자리수까지 구한다.

b. 레이온/아세테이트 혼방직물의 경우

① a의 ①, ②를 따른다.

② 시료무게의 100배 양의 100% 아세톤을 뚜껑 있는 500ml 삼각플라스크에 부은 후 시료를 넣고 상온(20~25℃)에서 30분 간 흔들어 아세테이트를 용해시킨다.

③ 흡인여과장치에 ②의 용액을 부어 용해시킨 후 전과 동량, 동온의 아세톤과 물로 씻어 건조시킨다.

④ 잔류섬유의 오븐 건조무게를 측정한다.

⑤ 각 성분의 오븐 건조혼용률과 정량혼용률을 계산한다.

c. 모/아크릴 혼방직물의 경우

① a의 ①, ②를 따른다.

② 시료무게의 100배 양의 100% DMF용액을 뚜껑 있는 500ml 삼각플라스크에 부은 후 시료를 넣고 40~50℃에서 20분 간 흔들어 아크릴을 용해시킨다.

③ 흡인여과장치에 ②의 용액을 부어 용해시킨 후 전과 동량, 동온의 DMF과 물로 씻어 건조시킨다.

④ 잔류섬유의 오븐 건조무게를 측정한다.

⑤ 각 성분의 오븐 건조혼용률과 정량혼용률을 계산한다.

결 과

시료명 :

(1) 오븐 건조무게 :

시료 전체 : $W = $ ＿＿＿＿＿＿＿＿＿

잔류성분(A) : $W_A = W' \times f = $ ＿＿＿＿＿＿＿＿＿

용해성분(B) : $W_B = W - W_A = $ ＿＿＿＿＿＿＿＿＿

W′: 실험에서 구한 잔류섬유의 오븐 건조무게

f : 잔류섬유에 대한 보정계수(보정계수란 각 시험방법에서 사용된 시약에 따라 잔류섬유의 오븐 건조무게에 대해서 보정하기 위하여 곱하는 수치로 KS K 0210의 보정계수표를 참고한다).

예 : 폴리에스테르(f = 1.00), 레이온(f = 1.00), 양모(f = 1.02)

B. 오븐 건조혼용률

$x_A(\%) = W_A/W \times 100 = $ _____(%)

$x_B(\%) = 100 - x_A = $ _____(%)

C. 정량혼용률

$$X_A(\%) = \frac{W_A \times (1 + R_A/100)}{W_A \times (1 + R_A/100) + W_B \times (1 + R_B/100)} \times 100$$

$= $ _____(%)

$X_B(\%) = 100 - X_A = $ _____(%)

R_A, R_B : 잔류섬유와 용해섬유의 공정수분율(표 1-12 참고)

토의문제

1. 본 실험에 사용된 혼방직물에 적용할 수 있는 용해도 실험법을 KS에서 찾아보시오.

2. 면과 마의 혼용률 측정에서 가장 확실한 분류방법은 무엇인지 생각해보시오.

3. 양모와 아크릴과 나일론이 혼용되어 있는 경우 용해도법에 의하여 혼용률을 구하고 자 한다. 사용할 수 있는 시약과 실험절차에 대하여 알아보시오(KS K 0210 참고).

참고문헌

1. 김경환, 《섬유재료학》, 문운당, 1993.

2. 김경환 · 조현혹, 《섬유시험법》, 형설출판사, 1993.

3. 김노수 · 김상용, 《섬유계측과 분석》, 문운당, 1992.

4. 김성련, 《피복재료학》, 교문사, 1992.

5. 육영수, 《기초직물구조학》, 동명사, 1993.

6. 《섬유시험방법》, 한국원사직물시험검사소, 1993.

7. 《의류용어집》, 한국의류학회, 1994.

8. A. C. Cohen, *Beyond basic Textiles*, Fairchild Pub., New York, 1982.

9. J. E. Booth, *Principles of Textile Testing*, Butterworths Co. Ltd., London, 1993.

10. J. W. S. Hearle · P. Grosberg · S. Backer, *Structural Mechanics of Fibers, Yarns, and Fabrics*, vol. 1, Wiley-Interscience, New York, 1969.

11. R. S., Merkel, *Textile Product Serviceability*, Macmillan Pub., Co., New York, 1991.

12. W. E. Morton · J. W. S. Hearle, *Physical Properties of Textile Fibres*, The Textile Institute, Manchester, 1986.

13. Z. Grosicki, *Wason's Textile Design and Colour*, Butterworth Co., Ltd., London, 1975.

14. AATCC Technical Manual

15. ASTM D

16. KS K

제3장 내구성

D URABILITY

제 3 장 내구성

내구성은 섬유제품이 여러 가지 외부로부터 받는 작용에 대한 저항성을 총칭하는 말로 인장강도와 신도, 인열강도, 파열강도, 마모강도, 봉합강도 등이 포함된다.

1. 인장강도와 신도

인장강도란 옷감이 인장, 즉 잡아당기는 힘을 견디는 능력으로 옷감이 절단될 때의 하중이다. 신도는 옷감의 원래 길이에 대해 절단될 때까지 늘어난 길이의 비를 백분율로 나타낸 것이다. 이러한 인장강도와 신도는 옷감의 하중-신장 곡선으로부터 얻어지며 옷감의 내구성이나 태를 판정하는 중요한 자료가 된다. 이러한 인장성질의 측정은 직물, 부직포, 펠트 등에 대해서는 널리 행해지나 편성물에 대해서는 많이 사용되지 않는다.

인장성질은 옷감의 역학적 특성을 나타내는 데 가장 널리 사용되며, 기본이 되는 성질이지만 실제 의복의 수명과는 상관이 적다. 왜냐하면 의복은 사용 도중 인장에 의해 절단되어 못 쓰게 되는 경우는 거의 없고, 오히려 인열이나 마모 또는 인장강도보다 더 작은 힘으로 반복되는 신장과 회복이 의복의 수명에 더 큰 영향을 주기 때문이다. 그러나 인장성질은 측정방법이 간단하고, 또 그 결과로부터 다른 역학적 성질을 쉽게 유도할 수 있으므로 옷감의 역학적 특성을 나타내는 데 기본적으로 많이 사용된다.

인장성질에 영향을 미치는 요인

인장강도와 신도는 옷감을 구성하는 섬유와 실의 특성, 직물의 경·위밀도, 조직, 가공 등에 따라 달라진다. 옷감을 구성하는 섬유의 종류에 따라 살펴보면 마섬유는 강도는 크지만 신도는 작고, 양모섬유는 강도는 작으나 신도는 크다. 한편 나일론과 폴리에스테르는 강도와 신도가 모두 큰 편에 속한다. 대표적인 섬유의 강신도 곡선이 그림 3-1에 나타나 있다. 실의 경우 꼬임수와 인장강도와의 관계를 살펴보면 필라멘트 실은 꼬임수가 증가할수록 인장강도는 감소한다. 그러나, 방적사는 꼬임수가 증가할수록 인장강도 또한 증가하지만 어느 일정한 꼬임수 이상이 되면 인장강도는 감소하게 된다. 그리고 직물에 있어 보통 경사방향이 위사방향보다 인장강도가 큰데, 이는 경사에 위사보다 더 강한 실을 사용하며 또한 직물의

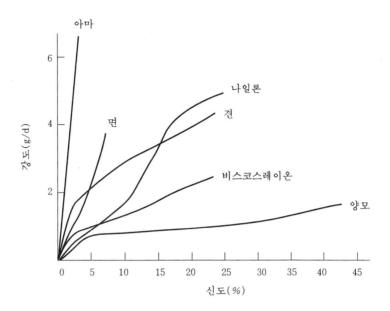

그림 3-1.
여러 섬유의
강신도 곡선

경사밀도가 위사밀도보다 크기 때문이라고 말할 수 있다. 그러나 신도는 인장강도와는 반대로 위사방향이 경사방향보다 더 크다. 직물의 조직 또한 인장강도에 영향을 미치는데 보통 평직, 능직, 수자직의 순으로 인장강도가 감소한다. 그리고 수지가공이나 알칼리 감량가공 등은 인장강도를 감소시킨다.

측정조건　　인장성질은 위와 같은 직물의 특성 외에도 측정조건(실험실의 온도와 습도, 시료의 상태, 인장속도, 시험편의 길이, 측정기기 및 시험방법 등)에 따라서도 결과가 달라지므로 인장성질을 측정할 때에는 이러한 조건을 동일하게 해주어야 하며 그렇지 못한 경우에는 그 조건을 명시해야 한다. 대체로 실험실의 절대습도가 일정할 경우 온도가 높아지면 인장강도는 작아지고 신도는 커진다. 그리고 온도가 일정할 경우 상대습도가 커지면 신도는 커진다. 그러나 상대습도가 커져서 섬유의 수분율이 증가하면 면과 마는 인장강도가 커지고, 모·견·레이온 등은 작아지는 경향이 있지만, 소수성 섬유로 된 옷감은 그 변화가 적다. 또한 섬유는 습윤상태에서 강도의 변화가 있으므로, 시료를 표준상태가 아닌 습윤상태에서 측정할 때에도 옷감의 인장강도는 변화한다.

일반적으로 인장속도가 증가하면 인장강도는 크게 나타나는데 이는 인장에 의한 섬유 내부에서의 분자의 재배열이 얼른 일어나지 못하기 때문이다. 그러나 신도는 섬유의 종류에 따라 다르게 나타나며, 면직물은 인장속도에 의한 영향이 적으나 아크릴 제품의 것은 인장속도가 증가하면 그 차가 크게 나타난다. 또한 시험

편의 길이가 길어질수록 최약점의 효과(weak link effect)로 인해 인장강도는 작게
나타난다.

측정기기   옷감의 인장성질을 측정할 수 있는 기기는 시료를 인장시키는 방법에 따라 정
속인하식(constant rate of traverse; CRT), 정속인장식(constant rate of extension;
CRE), 정속하중식(constant rate of loading; CRL)의 세 가지가 있다.

1) 정속인하식 기기

이 기기에서 하부 클램프는 일정한 속도로 아래로 움직이면서 직물을 신장시키
고, 이 때 상부 클램프에 힘이 미쳐서 스케일 지시침이 직물의 인장강도를 나타내
게 된다. 이 경우 시료의 신장 특성 때문에 시료에 미치는 하중의 증가속도와 시
료의 신장속도는 일정하지 않다. 즉 하부 클램프의 인하속도는 상부 클램프의 움
직이는 속도와 다르다.

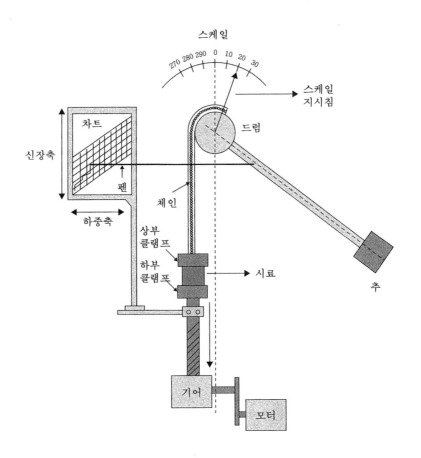

그림 3-2.
정속인하식
기기의 원리

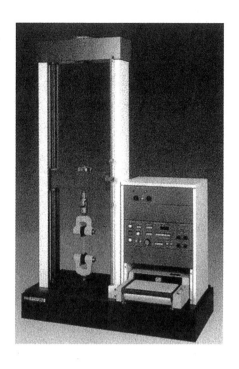

그림 3-3.
정속인장식 기기

2) 정속인장식 기기

이 기기는 시료를 일정한 속도로 신장시킨다. 즉 하부 클램프는 움직이지 않고 상부 클램프가 시료를 일정한 속도로 신장시킬 수 있도록 다양한 속도로 움직인다. 만약 상부 클램프가 일정한 속도로 움직인다면 시료는 일정한 속도로 신장되지 않을 것이다. 그러므로 시료가 일정한 속도로 신장되기 위해서는 상부 클램프가 다양한 속도로 움직여야 하고, 이는 전자메카니즘에 의해 조절된다.

3) 정속하중식 기기

이 기기에서 가동 클램프는 움직이는 캐리지에 연결되어 있고 고정 클램프는 움직이지 않는다. 그러므로 시료는 가해진 하중에서의 신장특성에 따라 신장하게 된다. 즉, 시료에 일정한 속도로 하중을 증가시켜주고 이 때의 신장을 측정하는 것이다. 기기의 레일이 수평 위치에 있을 때는 어떤 힘 혹은 신장도 시료에 가해지지 않는다. 그러나 레일이 기울기 시작하면 캐리지가 점점 큰 하중을 주게 되어 시료를 잡아당긴다. 하중과 레일의 경사각도가 비례하므로 정속하중식 기기가 된다. 이 정속하중식 기기는 옷감의 인장강도를 측정하는 데는 널리 사용되지 않는다. 그러나 레일이 기울어 경사각이 45°가 되면 레일이 다시 위로 올라가면서 시료에 대한 하중을 줄이게 되고, 이러한 것은 계속적으로 반복될 수 있기 때문에

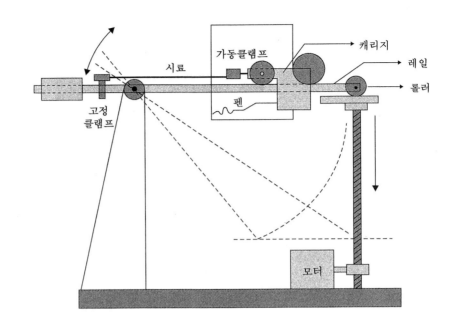

그림 3-4.
정속하중식
기기의 원리

즉, 옷감을 반복적으로 신장, 회복시킬 수 있으므로 옷감의 탄성을 시험하는 데 적 딩하다.

시험방법   직물의 인장강도와 신도의 시험방법은 시험편의 형태에 따라 래블 스트립법(ra-velled strip method), 컷 스트립법(cut strip method), 그래브법(grab method) 등 이 있다.

1) 래블 스트립법

시험편은 그림 3-5(a)처럼 길이 15cm, 폭 3.8cm로 잘라 길이방향의 양변으로부 터 거의 동수의 실을 뽑아내어서 폭을 2.5cm로 하여 시험한다. 이 방법은 시험편 작성에 시간이 많이 걸리나 정확하고 신뢰성이 있어 많이 사용된다. 또한 이 방법 은 직물로 직조되기 전, 실의 인장강도와 직물에서의 실의 실질적 인장강도를 비 교하는 데 유용하게 사용되며, 그 차이는 다른 방향의 실과의 교착의 효과로 보인 다.

2) 컷 스트립법

시험편을 그림 3-5(b)처럼 길이 15cm, 폭 2.5cm로 자른다. 이 방법은 길이방향 의 실과 시험편 길이방향의 양변이 서로 평행되지 않는 경우가 많은데 이것이 결

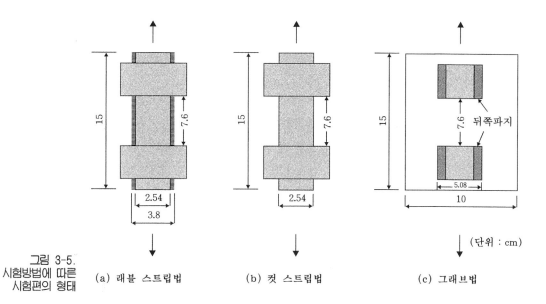

그림 3-5.
시험방법에 따른
시험편의 형태

(a) 래블 스트립법   (b) 컷 스트립법   (c) 그래브법

점이다. 그러나 시험편의 작성이 쉽고 빨라서 시간이 많이 절약되는 장점이 있다. 그리고 이 방법은 도포 직물 또는 펠트처럼 올을 풀기 어려운 시료일 경우 래블 스트립법을 대신하여 사용된다.

3) 그래브법

그림 3-5(c)처럼 시험편의 중간부분이 파지되고, 클램프 사이에 있는 실의 인장강도가 아닌 직물이 실제 사용될 경우의 실질적 인장강도를 측정할 때 주로 사용된다. 이 방법에서는 양쪽에 존재하는 측사의 영향을 받게 되므로 다른 방법의 인장강도보다 크게 나타난다. 시험편의 작성이 용이한 반면 시료가 많이 소요된다.

실험 3-1   직물의 인장강도와 신도

목 적   직물의 인장성질을 평가하기 위하여 직물의 하중-신장 곡선을 얻고 이 곡선으로 부터 인장강도와 신도를 구하는 방법을 알아본다. 그리고 직물의 인장성질에 영향을 미치는 요인을 섬유의 종류, 직물의 조직, 가공으로 나누어 그 효과를 살펴본다.

시 료   ① 섬유의 종류가 다른 직물 2가지 이상(면, 마, 모, 견, 레이온, 나일론, 폴리에스테르, 아크릴 등의 가능한 한 두께가 비슷한 평직)
② 동일 섬유로 된 조직이 다른 직물 2가지 이상(직물밀도가 다른 평직 혹은 가능한 한 직물밀도가 비슷한 평직, 능직, 수자직)
③ 수지가공 전후의 면직물

기기와 기구   CRE형 인장시험기, 하중-신장 곡선 차트, 자, 가위

실험방법   A. 래블 스트립법(KS K 0520)

① 시험편을 3.8cm × 15cm 크기로 자른 다음 길이방향의 양변으로부터 거의 동수의 실을 뽑아내어서 폭을 2.5cm로 한다. 이 때 긴 쪽이 시험하는 방향이며, 경·위방향으로 각각 5개씩 시험편을 준비한다. 시험편은 직물의 양변으로부터 직물 전폭의 1/10 이상 떨어진 곳에서 채취하고, 경사방향으로 시험할 때는 각 시험편에 동일한 경사가 포함되지 않도록 하며, 위사방향으로 시험할 때도 각 시험편에 동일한 위사가 포함되지 않도록 한다. 시험 전에 시험편을 컨디셔닝한다.

② 래블 스트립법을 위한 직물용 클램프(시험편을 충분히 파지할 수 있는 크기)를 준비하고 차트상의 최대하중을 정한다(예: 50kg). 인장속도를 결정한다(예: 15cm~30cm/min). 차트 속도를 결정한다.

③ 차트를 준비하고, 클램프에 시료를 물린다. 이 때 클램프 사이의 거리는 7.6cm 이어야 한다(이는 시료의 원래 길이가 된다).

④ 인장시험기를 작동시켜 하중-신장 곡선을 얻는다(차트에 직물번호와 경위방향을 표시한다).

⑤ 차트로부터 직물의 인장강도와 신도를 결정한다. 인장강도는 얻어진 하중 – 신
장 곡선에서 가장 높은 절단점에서의 하중을 차트상의 최대하중과의 비율로써
kg단위로 소수점 이하 한자리까지 환산한다. 신도는 다음 식에 의하여 구한다.

늘어난 길이＝차트상의 늘어난 길이×(인장속도/차트속도)

신도(%)＝{늘어난 길이(cm)/원래길이(7.6cm)} ×100

⑥ 새로운 차트와 시험편으로 대체하고 위 과정(④~⑤)을 반복한다.

⑦ 습윤상태의 시험이 필요한 경우에는 시험편을 물(20±2℃) 속에 1시간 이상 두
어 충분히 습윤시킨 후 물에서 꺼내어 2분 이내에 시험한다. 이 때 습윤시키기
어려운 직물은 0.05% 이하의 비이온계 침투제 용액을 사용하여 습윤시킨다.

B. 그래브법(KS K 0520)

① 시험편을 10cm×15cm 크기로 자른 다음 폭의 가장자리로부터 3.7cm 지점에서
길이방향으로 평행하게 선을 긋는다. 이 때 긴 쪽이 시험하는 방향이며 경·위
방향으로 각각 5개씩 시험편을 준비한다. 시험편은 직물의 양변으로부터 직물
전폭의 1/10이상 떨어진 곳에서 채취하고, 경사방향으로 시험할 때는 각 시험
편에 동일한 경사가 포함되지 않도록 하며, 위사방향으로 시험할 때도 각 시험
편에 동일한 위사가 포함되지 않도록 한다. 시험 전에 시험편을 컨디셔닝한다.

② 그래브법을 위한 직물용 클램프를 준비하고(2.54cm×3.8cm의 면을 가진 고정
조우와 2.54cm×2.54cm의 접촉면을 가진 가동조우로 되어 있어야 함) 인장시
험기를 준비한다.

③ 래블 스트립법에서 행한 과정(③~⑥)을 반복한다.

결   과   **A. 래블 스트립법**

직물 1 : 섬유종류 _____ , 조직_____ , 경위밀도 _____ , 가공여부 _____
인장시험기 종류 :
차트상의 최대하중 :
인장 속도 :
차트 속도 :

시험번호	인장강도(kg)		신 도(%)			
	경 사 방 향	위 사 방 향	경 사 방 향		위 사 방 향	
			늘어난 길이(cm)	신도(%)	늘어난 길이(cm)	신도(%)
1						
2						
3						
4						
5						
계						
평균						
표준편차						
변동계수						

직물 2 : 섬유종류 ＿＿＿ , 조직 ＿＿＿ , 경위밀도 ＿＿＿ , 가공여부 ＿＿＿

인장시험기 종류 :

차트상의 최대하중 :

인장 속도 :

차트 속도 :

시험번호	인장강도(kg)		신　　도(%)			
			경 사 방 향		위 사 방 향	
	경 사 방 향	위 사 방 향	늘어난 길이(cm)	신도(%)	늘어난 길이(cm)	신도(%)
1						
2						
3						
4						
5						
계						
평균						
표준편차						
변동계수						

B. 그래브법

직물 1 : 섬유종류 _____ , 조직 _____ , 경위밀도 _____ , 가공여부 _____
인장시험기 종류 :

차트상의 최대하중 :

인장 속도 :

차트 속도 :

시험번호	인장강도(kg)		신 도(%)			
	경 사 방 향	위 사 방 향	경 사 방 향		위 사 방 향	
			늘어난 길이(cm)	신도(%)	늘어난 길이(cm)	신도(%)
1						
2						
3						
4						
5						
계						
평균						
표준편차						
변동계수						

직물 2 : 섬유종류 _____ , 조직 _____ , 경위밀도 _____ , 가공여부 _____

인장시험기 종류 :

차트상의 최대하중 :

인장 속도 :

차트 속도 :

시험번호	인장강도(kg)		신　　도(%)			
	경　사방　향	위　사방　향	경 사 방 향		위 사 방 향	
			늘어난길이(cm)	신도(%)	늘어난길이(cm)	신도(%)
1						
2						
3						
4						
5						
계						
평균						
표준편차						
변동계수						

토의문제

1. 직물의 인장강도와 신도는 경·위방향에 따라 어떠한 차이가 나는지 살펴보고 그 이유를 생각해보시오.

2. 시험방법에 따라 인장강도와 신도가 어떻게 달라지는지 살펴보고 그 이유와 각 방법의 장단점은 무엇인지 알아보시오.

3. 인장강도와 신도는 직물을 구성하는 섬유의 종류에 따라 어떤 특성을 나타내는가?

4. 인장강도와 신도는 직물의 조직에 따라 어떠한 차이가 나는지 살펴보고 그 이유를 생각해보시오.

5. 인장강도와 신도는 수지가공에 의해 어떻게 영향받는지 살펴보시오.

6. 직물의 인장성질에 영향을 미치는 요인 중 가장 크게 영향을 미치는 요인은 무엇인가?

7. 인장강도와 신도는 어떠한 관계가 있는가?

8. 직물의 하중 – 신장 곡선에서 인장강도와 신도 외에 무엇을 알 수 있는가?

2. 인열강도

인열강도란 인열에 대한 저항 즉, 직물을 찢는 데 필요한 힘을 말한다. 인열의 특성은 한 번에 직물의 조그만 부분 즉, 단지 실의 1올, 2올 혹은 3올에 급격한 힘이 집중되는 것이다. 그러므로 실제 옷감의 수명과 관련이 큰 것은 인장강도보다 인열강도이며, 옷감의 수명을 위해서는 어느 정도 이상의 인열강도가 요구된다. 그러나 인열강도는 인열을 시작하는 데 필요한 힘과는 관련이 없다. 인열강도를 측정하는 시험방법을 보면 모두 시험편에 잘려진 부분이 있는데 이는 인열을 시작하는 힘이 아니라 인열을 계속할 수 있는 힘이 측정된다는 것을 말한다.

인열강도에 영향을 미치는 요인

인열강도는 옷감 내에서의 실의 움직임과 밀접한 관련이 있다. 편성물 내에서는 실의 움직임이 자유로워서 인열강도가 상당히 크게 나타나므로 편성물에서는 인열강도가 문제되지 않는다. 그러나 직물 내에서는 실의 움직임이 편성물보다 제한되고 직물에 따라 매우 다르므로 인열강도는 주로 직물에 한하여 다루어진다. 인열강도는 직물 내에서의 실의 움직임이 자유로울수록 커진다. 즉, 치밀한 조직일수록 인열강도는 작아진다. 예를 들면 실의 굵기와 경·위밀도가 같아도 조직점이 많아지면 실의 움직임이 제한되므로 수자직, 능직, 평직의 순으로 인열강도가 감소한다. 또한 실의 굵기와 조직이 같아도 경·위밀도가 커지면 인열강도는 작아진다. 그러므로 직물 내의 실의 유동성을 높여 인열강도를 크게 할 수 있다.

직물의 인열강도를 조절하는 가장 쉬운 방법은 가공을 통해 실의 유동성을 조절하는 것이다. 예를 들면 직물 내에서 실을 제 위치에 고정시키는 호부가공 등은 일반적으로 각각의 실의 강력을 증가시킨다. 그러나 실의 유동성은 감소시켜 인열될 때 실이 모이는 것을 방해하여 보통 한 번에 1올의 실이 절단되도록 한다. 그러므로 가공에 의해 각각의 실의 강력이 증가하더라도 인열강도는 감소하게 된다. 반대의 경우는 유연가공에서 그 예를 들 수가 있다. 유연제는 각각의 실에서 섬유의 미끄러짐을 일으켜 실의 강력을 약간 감소시킨다. 그러나 동시에 유연제는 실의 유동성을 상당히 증가시키므로 결과적으로는 인열강도가 증가한다.

인열강도와 인장강도의 차이

인열강도와 인장강도를 비교해보면 인장강도가 큰 것이 반드시 인열강도가 큰 것은 아니다. 예를 들면 조직이 치밀한 직물과 가공에 의해 경화된 직물은 인장강도에 비해 인열강도가 작은 편이다. 또한 실의 굵기가 달라 무게가 다른 평직물의 경우 인장강도는 무게에 비례하여 감소하나 인열강도는 덜 감소한다. 같은 실을 사용한 경우 인장강도는 평직과 능직간에 큰 차이가 없으나 인열강도는 능직이 크

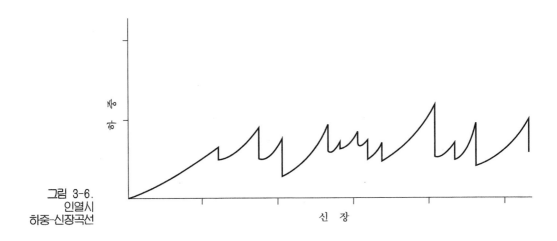

그림 3-6.
인열시
하중-신장곡선

게 나타난다.

　인열특성과 인장특성의 차이는 인장에 의해서는 직물을 구성하고 있는 실이 거의 동시에 절단되는 데 비해 인열에 의해서는 실이 1올 혹은 여러 올이 차례로 절단된다는 것이다. 인열시 하중-신장 곡선은 그림 3-6처럼 연속으로 요철이 나타나는데 하중-신장 곡선에서 최고점의 값은 실의 강력과 한 번에 절단된 실의 올 수에 영향을 받는다. 즉 한 번에 하나의 실이 절단되면 최고점은 작게 나타나고 한 번에 2올 이상이 절단되면 최고점은 커진다. 그러므로 인열강도를 크게 하기 위해서는 한 번에 여러 올이 절단되게 하면 된다. 그러나 최하점은 어떤 특별한 의미도 갖지 않는다.

인열강도측정법　인열시 하중-신장 곡선에서 인열강도를 구하는 방법은 여러 가지가 있는데, 첫째는 처음의 최고점을 제외한 다섯 개의 최고점의 값을 읽고 그것을 평균하는 것으로, 이는 가장 일반적인 방법이다. 둘째는 곡선의 모든 최고점과 최하점의 값을 평균하는 것이고, 셋째는 가장자리가 직선인 투명한 물체를 이용해 최고점들의 메디안을 구하는 것으로 그 메디안 위·아래에 최고점들이 반반씩 위치하도록 하는 것이다. 넷째는 눈으로 최고점과 최하점을 통해 선을 만든 뒤 이 선들이 가리키는 하중을 평균하는 것이다. 그러나 최하점은 특별한 의미가 없다고 하였으므로 첫째와 셋째 방법이 좀 더 추천되며 주로 첫째 방법이 사용된다.

시험방법　인열강도를 측정하는 방법은 측정기기에 따라 인장시험기를 사용하는 방법과 엘멘도프(Elmendorf) 인열시험기를 사용하는 방법이 있다. 인장시험기를 사용하는 경우는 인열속도가 비교적 느린 경우로 시험편의 형태와 파지모양에 따라 텅

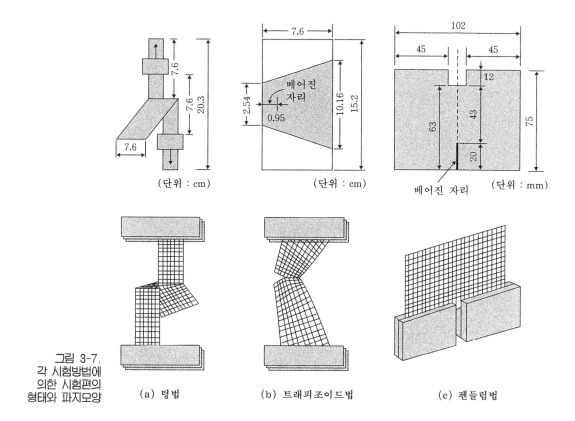

그림 3-7.
각 시험방법에
의한 시험편의
형태와 파지모양

(a) 텅법   (b) 트래피조이드법   (c) 펜들럼법

(Tongue)법과 트래피조이드(Trapezoid)법이 있다. 그러나 실제로 직물이 인열될 때는 훨씬 급격하게 인열되므로 실제의 인열상태와 비슷한 조건에서 측정하고자 할 경우에는 엘멘도프 인열시험기를 사용하며 펜들럼(Pendulum)법이라고 한다.

1) 텅 법

시험편의 형태와 파지모양은 그림 3-7(a)와 같다. 잘라진 부분이 마치 혀와 같이 되어 있으므로 이 명칭이 붙었다. 주로 경·위방향의 인열강도가 거의 같은 직물에 사용된다.

2) 트래피조이드법

시험편의 형태와 파지모양은 그림 3-7(b)와 같은데, 얇은 직물이나 도포 직물에는 적합하지 않으며, 경·위방향의 인열강도가 다른 직물에 적당하다.

그림 3-8.
엘멘도프 인열시험기

3) 펜들럼법

시험편의 형태는 그림 3-7(c)와 같고, 정확히 잘라져야 한다. 왜냐하면 잘려진 후 남는 부분이 같아야 인열강도를 비교할 수 있기 때문이다. 다른 방법보다 시료가 덜 소요되며 모든 직물에 적용되는데, 주로 가공 전후 직물의 인열강도를 측정할 때 사용된다.

인열강도 시험에서 주의할 것은 시험방향을 혼돈하지 말아야 한다. 인열강도 시험에서는 절단되는 실이 무엇이냐에 따라 시험방향이 결정된다. 즉, 경사방향의 인열은 경사가 절단되는 방향으로의 인열을 말한다.

실험 3-2 직물의 인열강도

목 적 직물의 인열강도에 영향을 미치는 요인을 옷감을 구성하는 섬유의 종류, 직물의
조직, 가공으로 나누어 그 효과를 살펴본다.

시 료 ① 섬유의 종류가 다른 직물 2가지 이상(면, 마, 모, 견, 레이온, 나일론, 폴리에스
테르, 아크릴 등의 가능한 한 두께가 비슷한 평직)
② 동일 섬유로 된 조직이 다른 직물 2가지 이상(가능한 한 직물밀도가 비슷한 평
직, 능직, 수자직)
③ 수지가공 혹은 유연가공 전후의 면직물

기기와 기구 인장시험기, 하중–신장 곡선 차트, 엘멘도프 인열시험기, 자, 가위

실험방법 ### A. 텅 법(KS K 0536)

① 시험편을 7.6cm × 20.3cm 크기로 자른다. 경사에 대한 시험을 할 때에는 시험
편의 짧은 방향이 경사와 평행되어야 하며, 위사에 대한 시험을 할 때에는 시
험편의 짧은 방향이 위사와 평행되어야 한다. 경·위방향으로 각각 5개씩 시험
편을 준비한다. 시험 전에 시험편을 컨디셔닝한다.
② 짧은 변 중앙에서 중심선을 따라 짧은 변에 직각이 되도록 7.6cm 자른다.
③ 직물용 클램프(조우의 크기는 2.54cm × 7.6cm)를 준비하고 차트상의 최대하중
을 정한다(예 :5kg). 인장속도를 결정한다(예 :30cm/min). 차트 속도를 결정한
다.
④ 차트를 준비하고, 클램프 사이의 거리를 7.6cm로 하여 시험편의 잘라진 부분을
각각 상하 클램프에 물린다.
⑤ 인장시험기를 작동시켜 하중–신장 곡선을 얻는다(차트에 직물번호와 경·위방
향을 표시한다).
⑥ 차트상의 하중–신장 곡선에서 처음의 최고점을 제외한 다섯 개의 최고점의
하중(kg)을 읽고 그것을 평균한 값을 직물의 인열강도로 한다.
⑦ 새로운 차트와 시험편으로 대체하고 위 과정(⑤ ~ ⑥)을 반복한다.

B. 트래피조이드법(KS K 0537)

① 시험편을 7.6cm×15.2cm 크기로 자른다. 경사에 대한 시험을 할 때에는 시험편 의 긴 방향이 경사와 평행되어야 하며, 위사에 대한 시험을 할 때에는 시험편 의 긴 방향이 위사와 평행되어야 한다. 경·위방향으로 각각 5개씩 시험편을 준비한다. 시험 전에 시험편을 컨디셔닝한다.

② 그림 3-7(b)와 같이 사다리꼴의 표시를 한 다음, 이 표시의 짧은 변 중앙에 서 변과 직각으로 0.95cm 자른다.

③ 직물용 클램프(조우의 크기는 2.54cm×7.6cm)를 준비하고 차트상의 최대하중을 정한다(예: 5kg). 인장속도를 결정한다(예: 30cm/min). 차트 속도를 결정한다.

④ 클램프 사이의 거리를 2.54cm 이상으로 하여 사다리꼴의 한 빗변을 위 클램프 의 아래 끝에, 다른 한 빗변을 아래 클램프의 위 끝에 각각 맞추어 물린 다음 텅법에서 행한 과정(⑤ ~ ⑦)을 반복한다.

C. 펜들럼법(KS K 0535)

① 시험편은 그림 3-7(c)처럼 7.5cm×10.2cm 크기로 사른다. 경사에 대한 시험 을 할 때에는 시험편의 긴 방향이 경사와 평행되어야 하며, 위사에 대한 시험 을 할 때에는 시험편의 긴 방향이 위사와 평행되어야 한다. 경·위방향으로 각 각 5개씩 시험편을 준비한다. 시험 전에 시험편을 컨디셔닝한다.

② 클램프에 시험편을 물린다.

③ 칼이 붙어 있는 손잡이를 누르면 시험편 긴 변의 중앙에 직각으로 2.0cm가 잘 라진다.

④ 지시침을 정확히 0에 맞춘다. 시동장치를 누르면 부채꼴의 추가 내려오면서 시 험편의 나머지 4.3cm를 인열한다. 이 때 지시침이 가리키는 하중(g)이 인열강 도가 된다.

⑤ 준비된 나머지 시험편에 대해 위 과정(② ~ ④)을 반복한다.

결 과   A. 텅 법

직물 1 : 섬유종류 _____ , 조직 _____ , 경위밀도 _____ , 가공여부 _____
인장시험기 종류 :
차트상의 최대하중 :
인장속도 :
차트 속도 :

시험 번호	경사방향(kg)						위사방향(kg)					
	1	2	3	4	5	평균	1	2	3	4	5	평균
1												
2												
3												
4												
5												
계							계					
평 균							평 균					
표준편차							표준편차					
변동계수							변동계수					

직물 2 : 섬유종류 _____ , 조직 _____ , 경위밀도 _____ , 가공여부 _____

인장시험기 종류 :

차트상의 최대하중 :

인장속도 :

차트 속도 :

시험 번호	경사방향(kg)						위사방향(kg)					
	1	2	3	4	5	평균	1	2	3	4	5	평균
1												
2												
3												
4												
5												
계							계					
평 균							평 균					
표준편차							표준편차					
변동계수							변동계수					

B. 트래피조이드법

직물 1 : 섬유종류 _____ , 조직 _____ , 경위밀도 _____, 가공여부_____

인장시험기 종류 :

차트상의 최대하중 :

인장속도 :

차트 속도 :

시험 번호	경사방향(kg)						위사방향(kg)					
	1	2	3	4	5	평균	1	2	3	4	5	평균
1												
2												
3												
4												
5												
계							계					
평 균							평 균					
표준편차							표준편차					
변동계수							변동계수					

직물 2 : 섬유종류 _____ , 조직 _____ , 경위밀도 _____ , 가공여부 _____

인장시험기 종류 :

차트상의 최대하중 :

인장속도 :

차트 속도 :

시험 번호	경사방향(kg)						위사방향(kg)					
	1	2	3	4	5	평균	1	2	3	4	5	평균
1												
2												
3												
4												
5												
계							계					
평 균							평 균					
표준편차							표준편차					
변동계수							변동계수					

C. 펜들럼법

직물 1 : 섬유종류 _____ , 조직 _____ , 경위밀도 _____ , 가공여부 _____

직물 2 : 섬유종류 _____ , 조직 _____ , 경위밀도 _____ , 가공여부 _____

시험번호	직물 1		직물 2	
	경사방향(g)	위사방향(g)	경사방향(g)	위사방향(g)
1				
2				
3				
4				
5				
계				
평균				
표준편차				
변동계수				

토의문제

1. 직물의 인열강도는 경·위방향에 따라 어떠한 차이가 나는지 살펴보고 그 이유를 생각해보시오.

2. 인열강도는 직물을 구성하는 섬유의 종류에 따라 어떠한 특성을 나타내는가?

3. 인열강도는 직물의 조직에 따라 어떠한 차이가 나는지 살펴보고 그 이유를 생각해보시오.

4. 인열강도는 가공에 의해 어떻게 영향받는지 살펴보시오.

5. 인장강도는 작으나 인열강도는 큰 직물에는 어떠한 것이 있는지, 또 그와 반대되는 경우의 직물에는 어떠한 것이 있는지 예를 들고 그 이유를 생각해보시오.

3. 파열강도

파열강도란 옷감의 특정한 방향에 대한 강도가 아니라 모든 방향에 대한 강도를 나타내는 방법으로, 옷감의 면에 수직으로 압력을 가해서 파괴될 때의 강도를 말한다. 파열강도는 경·위 양방향이 동시에 시험되는 직물과 편성물 외에 방향성이 적은 펠트나 부직포, 또는 여러 방향으로 동시에 압력을 받는 여과직물, 자루, 망, 낙하산 등의 역학적 성질을 평가하는 데 많이 이용된다.

직물의 파열강도 시험에서 파열된 시험편의 모양과 측정된 파열강도는 경·위 방향의 인장강신도의 차이에 영향을 받는다. 경·위방향의 인장강신도가 크게 차이가 날 경우는 작은 인장강신도를 갖는 방향의 실이 절단되어 큰 인장강신도의 방향으로 찢어진다. 그러나 양방향의 인장강신도가 비슷할 경우는 양방향으로 찢어진다. 옷감은 압착에 의해 신도가 작은 방향의 실 쪽이 큰 장력을 받아서 절단되고, 옷감은 파열에 이른다. 그러므로 파열강도는 옷감을 구성하고 있는 실의 강도보다 신도에 크게 영향을 받는다.

시험방법   시험방법에는 볼 버스팅(ball bursting)법과 수압법(hydraulic burst test 혹은 Mullen test)이 있다.

1) 볼 버스팅법

신도가 큰 직물과 편성물의 파열강도를 측정하는 데 사용된다. 원형의 클램프로 시험편을 파지하고 시험편에 대한 수직방향으로 직경 2.5cm의 금속공으로 가압하

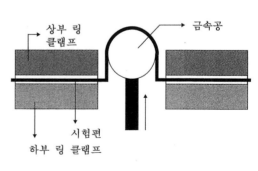

그림 3-9.
볼 버스팅 파열강도
시험기와 그 원리

여 파열강도를 측정하는 방법이다. 금속공이 옷감을 파열하는 데 필요한 하중이 파열강도가 된다.

2) 수압법

주로 얇은 옷감의 파열강도를 측정할 때 사용되며 뮬렌 파열강도 시험기(mullen diaphragm burst tester)로 측정한다. 그림 3-10과 같이 링 클램프 기구(링의 내경 3cm)에 시험편을 파지하고 펌프로 가압해 고무막을 팽창시키면 시험편이 늘어나면서 파열되는데, 그 순간의 압력을 읽는 방법이다. 그런데 이 값은 옷감뿐만 아니라 고무막에 걸린 압력까지도 나타내므로 실제 옷감의 파열강도는 총 압력에서 옷감 없이 고무막만 팽창시키는 데 필요한 압력을 빼주어야 한다.

이 방법에 의한 파열강도가 볼 버스팅법에 의한 파열강도보다 보통 크게 나타난다. 왜냐하면 볼버스팅 방법에서는 금속공이 옷감을 가압하나, 수압법에서는 고무막이 가압하므로 시험편에 가해지는 압력이 약간 흡수되어 옷감을 파열하기 위해서는 더 큰 힘이 요구되기 때문이다.

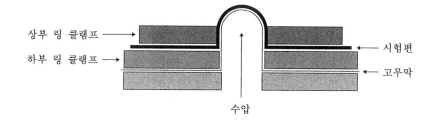

그림 3-10.
뮬렌 파열강도
시험기와
수압법의 원리

실험 3-3   파열강도

목 적   파열강도에 영향을 미치는 요인을 옷감을 구성하는 섬유의 종류, 직물의 조직, 옷감의 구성방법으로 나누어 그 효과를 살펴본다.

시 료   ① 섬유의 종류가 다른 직물 2가지 이상(면, 마, 모, 견, 레이온, 나일론, 폴리에스테르, 아크릴 등의 가능한 한 두께가 비슷한 평직)

② 동일 섬유로 된 조직이 다른 직물 2가지 이상(가능한 한 직물밀도가 비슷한 평직, 능직, 수자직)

③ 동일 섬유로 만들어졌으나 구성방법이 다른 옷감 2가지 이상(면섬유로 만들어진 직물, 편성물, 부직포)

기기와 기구   볼 버스팅장치를 갖춘 인장시험기, 뮬렌 파열강도 시험기, 자, 가위

실험방법   **A. 볼 버스팅법(KS K 0350)**

① 시험편은 13cm×13cm 크기로 잘라 5개씩 준비한다. 시험 전에 시험편을 컨디셔닝한다.

② 볼 버스팅 장치를 갖춘 인장시험기를 준비한다.

③ 볼 버스팅 장치에 시험편을 물린다.

④ 기기를 작동시키고 시험편이 파열되면 이 때의 하중을 읽어 파열강도로 한다.

⑤ 측정된 시험편을 제거하고 준비된 나머지 시험편에 대해 위 과정(③ ~ ④)을 반복한다.

B. 수압법(KS K 0351)

① 시험편은 13cm×13cm 크기로 잘라 5개씩 준비한다. 시험 전에 시험편을 컨디셔닝한다.

② 뮬렌 파열강도 시험기를 준비한다.

③ 시험편을 원형의 고무막 위에 처지지 않도록 놓고 클램프로 고정시킨다.

④ 기기를 작동시켜 가압을 시작하고 고무막과 같이 부풀어 오른 시험편이 파열되면 기기를 멈춘다. 이 때의 압력을 읽어 총 파열강도로 한다. 신도가 큰 직물이

나 편성물은 이 방법으로 파열이 되지 않는 경우가 있는데, 이 경우에는 볼 버스팅법을 이용한다.

⑤ 압력을 완화시키지 않은 상태에서 상부 클램프를 풀고 이 때의 압력을 읽어 이것을 고무막의 신장 압력으로 한다.

⑥ 파열강도는 다음 식에 의하여 구한다.

$$파열강도(kg/cm^2) = 총 \ 파열강도 - 고무막의 \ 신장압력$$

⑦ 측정된 시험편을 제거하고 감압하여 고무막을 원래의 상태로 한다.

⑧ 준비된 나머지 시험편에 대해 위 과정(③ ~ ⑦)을 반복한다.

결　과　　**A. 볼 버스팅법**

시료 1 : 섬유종류 ＿＿＿＿ , 조직＿＿＿＿ , 경위밀도 ＿＿＿＿ , 가공여부 ＿＿＿＿

시료 2 : 섬유종류 ＿＿＿＿ , 조직＿＿＿＿ , 경위밀도 ＿＿＿＿ , 가공여부 ＿＿＿＿

인장시험기 종류 :

최대하중 :

시험번호	시료 1	시료 2
1		
2		
3		
4		
5		
계		
평　균		
표준편차		
변동계수		

B. 수압법

시료 1 : 섬유종류 _____ , 조직 _____ , 경위밀도 _____ , 가공여부 _____

최대압력 :

시험번호	총 파열강도 (kg/cm^2)	고무막의 신장압력 (kg/cm^2)	파열강도 (kg/cm^2)
1			
2			
3			
4			
5			
계			
평 균			
표준편차			
변동계수			

시료 2 : 섬유종류 ＿＿＿＿ , 조직 ＿＿＿＿ , 경위밀도 ＿＿＿＿, 가공여부 ＿＿＿＿

최대압력 :

시험번호	총 파열강도 (kg/cm^2)	고무막의 신장압력 (kg/cm^2)	파열강도 (kg/cm^2)
1			
2			
3			
4			
5			
계			
평 균			
표준편차			
변동계수			

토의문제

1. 파열강도는 직물을 구성하는 섬유의 종류에 따라 어떠한 특성을 나타내는가?

2. 파열강도는 직물의 조직에 따라 어떠한 차이가 나는지 살펴보고 그 이유를 생각해 보시오.

3. 파열강도는 옷감의 구성방법에 따라 어떠한 차이가 나는지 살펴보고 그 이유를 생각해보시오.

4. 파열강도는 인장강도 및 신도와 어떠한 관계가 있는지 생각해보시오.

4. 마모강도

마모는 파괴, 절단 혹은 섬유의 제거에 의한 옷감의 퇴화를 말한다. 마모는 옷감에 대한 직접력, 충격효과, 굴곡, 마찰 등 여러 인자에 의해 영향을 받으므로 한 가지 인자만 가지고 평가하는 것은 바람직하지 않다. 그러나 그 중 마찰이 가장 중요한 인자이므로 마모를 평가하기 위해서는 일반적으로 마찰저항 즉, 옷감이 마찰에 견디는 능력을 측정하고 이를 마모강도로 나타내는데, 이는 옷감의 내구성에 큰 영향을 미친다.

마 찰　　마찰은 직물과 직물과의 마찰, 직물과 다른 물체와의 마찰, 직물 내의 섬유와 먼지와의 마찰을 생각할 수 있으며, 이는 다시 마찰되는 형식에 따라 3가지로 나뉘어진다. 평평한 면이 마찰되는 평면마찰, 의복의 팔꿈치나 무릎에서 주로 일어나는 굴곡마찰, 의복의 칼라·커프스·바지단 등의 끝에서 일어나는 단마찰이 있다.

마모강도평가법　　마모강도의 평가방법에는 구멍이 날 때까지의 마찰횟수를 측정하는 방법(이론적이나 불확정적이다.), 일정한 횟수의 마찰 후 옷감의 강도 저하(많은 시료가 소요된다.), 두께 감소(펠트, 카펫, 기모직물에 이용한다.), 무게 감소(파일직물과 같이 두께측정이 곤란한 경우에 사용한다. 그러나 린트가 제거되지 않는 경우에는 문제가 된다.)로 측정하는 방법, 공기투과도, 압축탄성, 열절연성, 흡수성, 표면상태(색, 광택 등)의 변화로 측정하는 방법 등이 있다. 그리고 마모강도를 평가할 때에는 마찰운동의 성질(회전, 왕복), 마찰자의 특성(시료 자체, 표준직물, 강철표면, 실리콘 카바이트, 금강사포), 마찰자의 시료에 대한 압력, 마찰되는 시료의 장력, 린트의 제거 등에 유의해야 한다.

마모강도에 영향을 미치는 요인　　마모강도는 섬유와 실, 옷감의 특성, 가공 등에 의해 영향을 받는다. 섬유의 종류에 따라 살펴보면, 나일론은 마모에 강해 혼방제품의 마모강도를 높이는 데 많이 사용된다. 예를 들면 양말에는 아크릴 섬유와 혼방되어 사용되며, 아동복에는 면과 혼방되어 많이 사용된다. 면과 혼방되어 사용될 때의 단점은 혼방제품의 인장강도가 저하되는 것인데, 이는 면과 비슷한 강신도 곡선을 갖는 특수한 나일론을 사용함으로써 해결할 수 있다.

노멕스와 같은 아라미드도 우수한 마모강도를 갖고 있는데, 이것은 가격이 비싸 보통의 의류용에는 사용하기 어렵다. 폴리프로필렌과 폴리에스테르는 나일론이나 아라미드보다는 못하나 우수한 마모강도를 갖고 있다. 그러나 아세테이트는 마모강도가 매우 작으며, 특히 마는 굴곡 마모강도가 매우 작다. 또한 섬유의 굵기에 따라서도 영향을 받는데 일반적으로 섬유가 굵을수록 마모강도가 커진다.

실의 구조에 따라 살펴보면 필라멘트사가 방적사보다 마모강도가 크다. 방적사의 경우 꼬임수가 많을수록 마모강도가 커진다. 장식사나 텍스쳐사로 된 옷감은 일반적으로 마모강도가 작다. 왜냐하면 이런 실의 일부분이 옷감 표면에 돌출해 마찰력과 만나게 되면 이런 돌출된 부분이 거의 마모된 후에야 옷감의 나머지 부분이 마찰력에 저항하기 때문이다. 즉, 섬유가 길수록, 실에서의 섬유배열이 잘 되어 있을수록 마모강도는 커진다.

그리고 실이 굵고 조직이 치밀한 것이 마모강도가 크므로 보통 평직이 수자직보다 마모강도가 크다. 그러나 굴곡마찰이나 단마찰인 경우에는 옷감의 뻣뻣함이 부정적 요인으로 작용하므로 반드시 그렇다고 볼 수는 없다. 일반적으로 표면마찰계수가 작은 평활한 표면을 가진 옷감이 거칠고, 평활하지 못한 표면을 지닌 옷감보다 마모강도가 크다. 압축탄성과 인장탄성이 큰 옷감은 마모강도가 크며 친수성 옷감의 흡습성은 마모강도를 감소시키는 경향이 있다.

가공 또한 마모강도에 영향을 미치는데, 수지가공은 마모강도를 감소시킨다. 그러나 면에 DP(durable press)가공을 하기 전에 종종 사용되는 머서화와 액체 암모니아 처리는 결정화도를 감소시키므로 마모강도를 증가시킨다.

측정기기　　실제 마모상태와 같은 작용을 하는 시험기를 만들기 위해 여러 마모시험기가 제작되었는데, 기기에 따라 측정하는 원리가 조금씩 다르다. 유니버셜(universal), 테버(taber), 쉬퍼(schiefer), 위젠벡(wyzenbeck, oscillatory cylinder), 액셀러레이터(accelerator) 마모시험기 등이 있다.

1) 유니버셜 마모시험기

평면, 굴곡, 단마찰의 조건에서 시험할 수 있는 기기이다.

(1) 평면마찰

시험편은 고무막 위에 파지되어 공기압력으로 고무막을 팽창시키므로 시험편은 모든 방향으로 골고루 약간 신장된다. 시험편은 위에 있는 평평한 마찰자에 대해 회전 혹은 왕복함으로써 마찰된다.

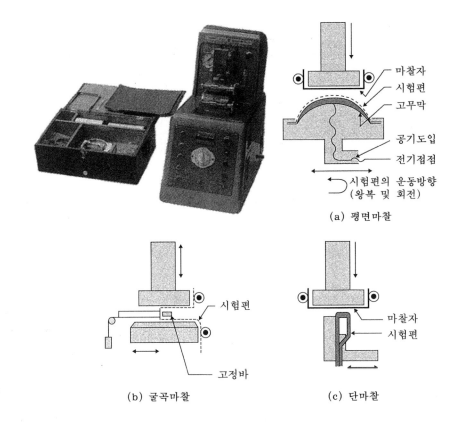

마찰자
시험편
고무막
공기도입
전기접점
시험편의 운동방향
(왕복 및 회전)

(a) 평면마찰

시험편
고정바

(b) 굴곡마찰

마찰자
시험편

(c) 단마찰

그림 3-11.
유니버셜 마모
시험기와 그 원리

(2) 굴곡마찰

　이 방법은 마찰막대기 주위를 시험편이 한 방향으로 굴곡마찰하면서 마모강도가 측정된다. 시험편은 마찰되는 동안 굴곡된다. 경·위 양방향에 대해 측정되며 주로 직물에 이용되고 편성물에는 잘 이용되지 않는다.

(3) 단마찰

　이 방법은 칼라나 커프스의 끝, 바지단과 같은 부위의 마모강도를 측정하는 데 이용되며 또한 수지가공포나 플록파일 등의 내구성 측정에 많이 이용된다.

2) 테버 마모시험기

　로터리 플랫폼 더블 헤드(rotary platform double head)법에 의해 마모강도를 측정하는 기기이다. 시험편은 회전하는 평평한 플랫폼에 파지되고 플랫폼이 회전하면 그 위에 놓여진 2개의 마찰바퀴가 시험편을 마찰시킨다. 마찰된 면적이 마모트랙을 만든다.

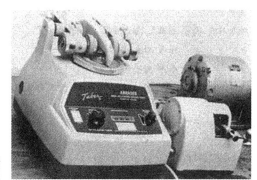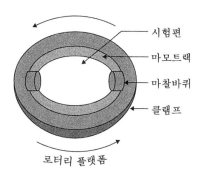

그림 3-12.
테버 마모 시험기와
그 원리

3) 쉬퍼 마모시험기

이 기기는 균일마찰 시험방법에 의해 마모강도를 측정한다. 조그만 크기의 평평한 시험편과 훨씬 더 큰 크기의 평평한 마찰자가 같은 방향으로 서로 다른 속도로 각각 회전하면서 마찰되므로, 마찰력이 시험편의 모든 방향으로 균일하게 작용한다.

4) 위젠벡 마모시험기

이 기기에서 시험편은 둥글게 구부러진 마찰자에 대해 한 방향으로 마찰된다. 그러므로 경·위 양방향에 대해 마모강도가 측정되어야 한다. 마찰자는 거친 와이어 스크린으로 되어 있으므로 의복용 옷감에는 마찰력이 너무 심해 주로 실내 장식용 직물에 이용된다.

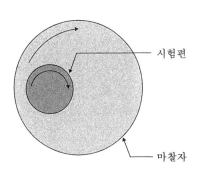

그림 3-13.
쉬퍼 마모 시험기와
그 원리

그림 3-14.
엑셀러레이터
마모 시험기

5) 액셀러레이터 마모시험기

이 기기는 프로펠러를 가진 챔버를 갖는다. 챔버 내에서 프로펠러가 돌면 시험편은 마찰, 굴곡, 압축, 신장과 같은 여러 종류의 마모를 일으키는 힘을 받게 된다. 만약 시험편을 접어서 바느질을 한 상태로 시험한다면 단마모강도를 측정할 수 있다.

실험 3-4   직물의 마모강도

목 적   마모강도에 영향을 미치는 요인을 옷감을 구성하는 섬유의 종류, 실의 특성, 직물의 조직, 가공으로 나누어 그 효과를 살펴본다.

시 료   섬유의 종류가 다른 평직 2가지 이상
동일 합성섬유로 된 필라멘트직물과 방적직물(폴리에스테르 필라멘트사와 방적사로 된 평직)
동일 실로 된 조직이 다른 직물 2가지 이상(가능한 한 직물밀도가 비슷한 평직, 능직, 수자직)
수지가공 전후의 직물

기기와 기구   유니버셜 마모시험기, 자, 가위

실험방법   A. 평면마찰(KS K 0540, ASTM D 3886)

① 시험편을 직경 12cm의 원으로 잘라 5개씩 준비한다. 시험 전에 시험편을 컨디셔닝한다.

② 평면마찰을 위해 마모시험기를 준비한다.

③ 시험편을 고무막 위에 놓고 클램프로 고정시킨다.

④ 마찰자를 상부 평면판에 부착할 때, 마찰자의 작은 구멍은 마모자틀의 접촉편과 반드시 일치하도록 한다. 마찰자의 위에는 0.45kg의 가압하중을 준다.

⑤ 압축공기에 의해 고무막의 공기압력이 $0.28kg/cm^2$이 되도록 한다.

⑥ 단일방향 혹은 복합방향의 원하는 방법에 따라 왕복 혹은 회전시켜 마찰시킨다.

⑦ 규정된 횟수만큼 마찰시킨 다음 마모강도를 평가하는 시험방법일 경우는 시험편을 규정된 횟수만큼 마찰시킨 후 광택, 색상, 직물구조 등에 미친 영향을 육안으로 평가한다.

⑧ 완전 파괴될 때까지의 마찰횟수를 마모강도로 하는 시험방법일 경우는, 시험편이 완전 마모되어 마모자틀의 접촉편과 고무막의 접촉편이 접촉되어 전류가 흘러 시험기가 정지될 때까지 시험한다.

⑨ 준비된 나머지 시험편에 대해 위 과정(③ ~ ⑧)을 반복한다.

B. 굴곡마찰(KS K 0820, ASTM D 3886)

① 시험편을 3cm×20cm 크기로 자른다. 이 때 긴 쪽이 시험하는 방향이 된다. 길이방향의 양변으로부터 거의 동수의 실을 뽑아내어서 폭을 2.5cm로 하는 것이 좋다. 경·위 양방향에 대해 각각 5개씩 시험편을 준비한다. 시험 전에 시험편을 컨디셔닝한다.

② 굴곡마찰을 위해 마모시험기를 준비한다.

③ 시험편을 그림 3-10(c)처럼 마찰막대기를 끼워서 상하 양 평면판 사이에 물린다.

④ 굴곡인장하중과 가압하중을 조절하고 왕복 마찰운동을 시작한다.

⑤ 시험편이 손상 혹은 절단되어 굴곡인장하중에 견디지 못하게 되면 기기는 자동적으로 정지하게 되는데, 그 때까지의 왕복 횟수를 기록한다.

⑥ 준비된 나머지 시험편에 대해 위 과정(③ ~ ⑤)을 반복한다.

C. 단마찰

① 시험편을 3cm×20cm 크기로 자른다. 이 때 긴 쪽이 시험하는 방향이 된다. 길이방향의 양변으로부터 거의 동수의 실을 뽑아내어서 폭을 2.5cm로 하는 것이 좋다. 경·위 양방향에 대해 각각 5개씩 시험편을 준비한다. 시험 전에 시험편을 컨디셔닝한다.

② 단마찰을 위해 마모시험기를 준비한다.

③ 시험편을 그림 3-10(d)처럼 단 클램프에 물린다.

④ 마찰자를 상부 평면판에 부착할 때, 마찰자의 작은 구멍은 마모자틀의 접촉핀과 반드시 일치하도록 한다. 마찰자의 위에는 0.45kg 혹은 0.23kg의 가압하중을 준다.

⑤ 마찰을 시작해 시험편이 손상되면 기기는 자동적으로 정지하므로 그 때까지의 왕복 횟수를 기록한다.

⑥ 준비된 나머지 시험편에 대해 위 과정(③ ~ ⑤)을 반복한다.

결 과 　　　**A. 평면마찰**

직물 1 : 섬유종류 _____ , 조직_____ , 경위밀도 _____ , 가공여부 _____

직물 2 : 섬유종류 _____ , 조직_____ , 경위밀도 _____ , 가공여부 _____

마찰자 :

가압하중 :

공기압력 :

마찰방향 :

마모강도 평가방법 :

시험번호	직물 1		직물 2	
	마찰 횟수	시험편의 외관	마찰 횟수	시험편의 외관
1				
2				
3				
4				
5				
계				
평균				
표준편차				
변동계수				

B. 굴곡마찰

직물 1 : 섬유종류 _____ , 조직_____ , 경위밀도 _____ , 가공여부 _____

직물 2 : 섬유종류 _____ , 조직_____ , 경위밀도 _____ , 가공여부 _____

마찰자 :

굴곡인장하중 :

가압하중 :

마찰방향 :

마모강도 평가방법 :

시험번호	직물 1				직물 2			
	마찰횟수		시험편의 외관		마찰횟수		시험편의 외관	
	경사방향	위사방향	경사방향	위사방향	경사방향	위사방향	경사방향	위사방향
1								
2								
3								
4								
5								
계								
평균								
표준편차								
변동계수								

C. 단마찰

직물 1 : 섬유종류 _____ , 조직_____ , 경위밀도 _____ , 가공여부 _____

직물 2 : 섬유종류 _____ , 조직_____ , 경위밀도 _____ , 가공여부 _____

마찰자 :

가압하중 :

마찰방향 :

마모강도 평가방법 :

시험번호	직물 1				직물 2			
	마찰횟수		시험편의 외관		마찰횟수		시험편의 외관	
	경사방향	위사방향	경사방향	위사방향	경사방향	위사방향	경사방향	위사방향
1								
2								
3								
4								
5								
계								
평균								
표준편차								
변동계수								

토의문제

1. 마모강도는 직물을 구성하는 섬유의 종류에 따라 어떠한 특성을 나타내는가?

2. 마모강도는 실의 특성 및 직물의 조직에 따라 어떠한 차이가 나는지 살펴보고 그 이유를 생각해보시오.

3. 마모강도는 가공에 어떻게 영향받는지 살펴보고 그 이유를 생각해보시오.

4. 마찰형식에 따라 마모강도는 어떠한 특성을 나타내는가?

5. 마찰자의 특성에 따른 장단점을 생각해보시오.

5. 봉합강도

옷감은 봉제 공정을 거쳐야만 하나의 봉제품이 되는데, 이러한 봉제품들은 외관이 좋아야 하며 사용 중에 변형이나 파괴가 일어나지 않는 튼튼한 솔기 즉, 시임을 가져야 한다. 옷감을 접합하는 방법에는 스티치에 의한 방법과 접착 및 융착에 의한 방법이 있는데, 이 중 널리 사용되고 있는 것은 스티치에 의한 방법이고, 이 스티치로 옷감이 접합된 상태를 시임이라 한다. 스티치는 옷감의 접합 목적 외에 장식이나 끝맺음을 위해 사용되기도 하는데, 이러한 용도의 시임을 스티칭이라 한다.

솔기의 성능에 영향을 미치는 요인

솔기의 성능에 영향을 미치는 요소로는 옷감의 배열, 바느질 방향, 시임의 종류, 스티치 종류, 시접, 봉사번호와 종류, 스티치 밀도, 스티치 게이지, 스티칭의 열수 등을 들 수 있고, 이외에도 옷감과 봉사의 구성과 섬유조성, 바늘의 형태, 재봉기의 특성, 재봉자의 숙련도 등이 있다. 시임과 스티치의 종류에 따라 신도가 달라지므로 신도가 작은 시임과 스티치는 신축성이 작은 옷감을 접합하는 데 적당하며, 신도가 큰 것은 신축성이 좋은 직물이나 편성물에 적당하다. 스티치 밀도는 시임에서 단위길이당 스티치의 수를 말하며, 스티치 게이지는 다본침(multineedle) 시임에서 인접해 있는 평행한 스티칭의 열 사이의 수직거리이다.

봉제결함

봉제품을 검사할 때 외관과 관련된 봉제 결함은 바늘에 의한 손상, 피이드 손상, 건너뛴 스티치, 시임 퍼커링, 적절하지 못하게 형성된 스티치, 고르지 못한 스티치 밀도, 부품들의 잘못된 배열, 불균일한 시접 등이 있는데 이는 솔기의 기계적 내구성에도 영향을 미친다. 즉, 솔기의 봉합강도, 파열강도, 절단 전의 신도, 직물에서의 봉목활탈저항과 같은 성질에 영향을 미친다.

봉합강도

봉합강도란 봉제품의 봉합부위에 대한 인장강도를 말하며, 봉합선에 수직으로 하중을 가해서 직물의 인장강도 시험법과 같은 방법으로 측정한다. 봉합강도는 솔기가 사용 중 어느 정도의 힘에 견딜 수 있는가를 알아보는 데 사용되며, 봉제품의 내구성을 평가하는 척도로 특히 겉바지류, 포대류, 천막류, 산업자재 등의 경우 사전 검토가 강조된다.

솔기 파괴유형

봉제품을 솔기선에 대해 수직방향으로 인장하면 솔기나 그 부근에서 파괴가 일어나는데, 솔기의 파괴 유형을 나누면 크게 네 가지로 구분할 수 있다. 첫째, 옷감이 시임으로부터 절단되어 파괴가 일어나는 경우이다. 이것은 시임이 옷감보다 강하다는 것을 의미한다. 둘째, 옷감이 시임에서 절단되는 경우이다. 이는 바늘에 의한 손상을 의미한다. 셋째, 직물에 있어서 시접 내의 실이 미끄러져서 시임에 수직으로 실을 보일 경우이다. 이는 좀 더 넓은 시접이나 다른 시임을 선택함으로써 해결할 수 있다. 넷째, 봉사가 하중에 의해 먼저 끊어져 솔기의 파괴가 일어나는 경우이다. 이런 경우는 시임의 종류를 바꾸거나 좀 더 강한 봉사를 사용하거나 혹은 스티치 밀도를 좀 더 크게 함으로써 방지할 수 있다.

봉합강도 효율　　봉합강도 효율은 봉합되지 않은 옷감 자체의 인장강도에 대한 봉합강도의 백분율을 말하는데 이는 직물류는 70%, 편성물류는 100% 범위가 적절하다.

실험 3-5   직물의 봉합강도

목 적   직물의 봉합강도에 영향을 미치는 요인을 봉사의 종류와 번호, 스티치 밀도로 나누어 그 효과를 살펴본다.

시 료   섬유의 종류가 다른 봉사로 봉합된 면 평직 2가지 이상(가능한 한 같은 굵기의 면 봉사, PET봉사, 면/PET봉사로 봉합된 면 평직)

섬유의 종류는 같으나 번호가 다른 봉사로 봉합된 면 평직 2가지 이상(번호가 다른 면/PET봉사로 봉합된 면 평직)

같은 봉사로 스티치 밀도가 다르게 봉합된 면 평직 2가지 이상(같은 번호의 면/PET봉사로 스티치 밀도가 다르게 봉합된 면 평직)

기기와 기구   인장시험기, 재봉기, 재봉사, 자, 가위

실험방법   **직물의 봉합강도(KS K 0530)**

a. 미리 봉제된 봉합선의 경우

① 시험편을 10cm×15cm 크기로 봉합선을 시험편의 중앙으로 해 봉합선과 평행한 쪽으로 10cm, 수직방향으로 15cm되게 자른다. 봉합선과 수직되게 시험편의 변으로부터 3.7cm 지점에서 길이방향으로 평행하게 선을 긋는다. 경·위방향으로 각각 5개씩 시험편을 준비하고 시험 전에 시험편을 컨디셔닝한다.

② 직물의 인장강도 시험방법 중 그래브법에 의거해 인장시험기를 준비한다.

③ 봉합선이 상하 클램프의 중심에 놓이면서, 앞쪽의 상하 클램프의 가장자리가 미리 그려놓은 선에 오도록 시험편을 물린다.

④ 직물의 인장강도 시험방법 중 그래브법에 따라 시험한다. 봉합강도를 소수점 이하 한자리까지 kg으로 표시한다.

b. 시험용으로 봉제한 봉합선의 경우

① 규정된 봉제 조건으로 봉합한다(예 : 시접을 1.3~1.6cm로 동일하게, 시임 종류는 SSa-1으로, 스티치 종류는 301로 동일하게 한다).

② ①과 같이 시험편을 준비하고 같은 방법으로 봉합강도를 측정한다.

결　과　　　　**시료 1** : 섬유종류 _____ , 조직_____ , 경위밀도 _____ , 가공여부 _____

　　　　　　　　　스티치밀도 _____, 봉사 : 종류, 번호

　　　　　　　시료 2 : 섬유종류 _____ , 조직_____ , 경위밀도 _____ , 가공여부 _____

　　　　　　　　　스티치밀도 _____, 봉사 : 종류, 번호

솔기종류 :

스티치종류 :

시접 :

필요한 경우 사용된 클램프의 크기, 재봉기형, 재봉속도, 바늘의 크기와 형,
Leader cloth의 사용여부 등을 표시한다.

시험번호	시료 1		시료 2	
	경사방향(kg)	위사방향(kg)	경사방향(kg)	위사방향(kg)
1				
2				
3				
4				
5				
계				
평균				
표준편차				
변동계수				

토의문제　　1. 봉사의 종류와 번호가 봉합강도에 미치는 영향을 살펴보고 직물의 종류와의 관계에
　　　　　　　대해 생각해보시오.

　　　　　　2. 봉합강도는 스티치 밀도에 따라 어떠한 차이가 나는지 살펴보시오.

　　　　　　3. 봉합강도에 영향을 미치는 다른 요인들에 대해 생각해보시오.

　　　　　　4. 다양한 봉합시험편의 강도를 측정하고, 그것으로 솔기의 파괴유형을 분류해보시오.

참고문헌

1. 김경환 · 조현혹, 《섬유시험법》, 형설출판사, 1993.

2. 김노수 · 김상용, 《섬유계측과 분석》, 문운당, 1990.

3. 김상용 · 장동호 · 최영엽, 《섬유물리학》, 이우출판사, 1982.

4. 김성련, 《피복재료학》, 교문사, 1993.

5. 김태훈 역, 《섬유학실험》, 형설출판사, 1993.

6. 남상우, 《피복재료학》, 수학사, 1995.

7. 박신웅 · 공석붕, 《봉제과학》, 교문사, 1995.

8. 최석철 · 이양헌 · 천태일, 《섬유측정법》, 수학사, 1992.

9. 《섬유시험가이드》, 한국원사직물시험검사소, 1993.

10. 《의류용어집》, 한국의류학회, 1994.

11. Allen C. Cohen, *Beyond Basic Textiles*, Fairchild Publications, New York, 1982.

12. Dorothy Siegert Lyle, *Performance of Textiles*, John Wiley & Sons, New York 1977.

13. J. E. Booth, *Principles of Textile Testing*, Butterworths, London, 1983.

14. J. W. S. Hearle · P. Grosberg · S. Backer, *Structural Mechanics of Fibers, Yarns, and Fabrics*, vol. 1, Wiley-Interscience, New York, 1969.

15. Robert S. Merkel, *Textile Product Serviceability*, Macmillan Publishing company, New York, 1991.

16. W. E. Morton · J. W. S. Hearle, *Physical Properties of Textile Fibres,* Halsted Press, a division of John Wiley & Sons, Inc., London, 1986.

17. ASTM D

18. KS K

제4장 외관

A PPEARANCE

제4장 외 관

의복에 있어 외관은 중요한 역할을 하는데, 좋은 외관을 갖는 의복을 만들기 위해 옷감이 갖추어야 할 성능에는 강연성, 드레이프성, 방추성, 치수안정성, 필링성, 태, 봉재성 등이 있다.

1. 강연성

강연성이란 뻣뻣함과 부드러움의 정도를 나타내는 것으로, 드레이프성, 촉감 및 의복의 형태에 영향을 미치며, 의복을 착용하고 세탁을 되풀이함에 따라 강연성이 변해 의복의 외관에 변화를 가져오기도 한다.

강연성은 섬유의 초기탄성률에 일차적으로 영향을 받는데, 마나 견 등은 비교적 초기탄성률이 큰 강직한 섬유이고 양모, 나일론, 아세테이트 등은 초기탄성률이 작은 유연한 섬유이다. 그러나 강연성은 이외에도 실의 특성과 옷감의 구성방법에도 영향을 받는다. 즉 섬유와 실이 자유롭게 움직일 수 있으면 부드러워지나, 섬유와 실이 구속되어 움직임이 자유롭지 못하면 뻣뻣해진다. 따라서 실의 꼬임이 많을수록, 직물의 조직점이 많을수록 뻣뻣해진다. 그래서 편성물은 직물에 비해 부드러우며 부직포, 펠트, 접착포 등은 뻣뻣하다. 또한 가공에 의해서도 영향을 받는데 수지가공은 직물 내에서의 섬유와 실의 움직임을 구속해 직물을 뻣뻣하게 만드는 반면, 폴리에스테르 직물의 알칼리 감량가공은 직물 내에서의 섬유와 실의 움직임을 자유롭게 해 직물을 부드럽게 만든다.

직물의 강연성 측정에는 캔틸레버(cantilever)법과 하트 루프(heart loop)법이 많이 사용되고 있다.

실험 4-1   강연성

목 적   직물의 강연성에 영향을 미치는 요인을 섬유의 종류, 직물의 조직, 가공으로 나누어 그 효과를 살펴본다.

시 료
① 섬유의 종류가 다른 직물 2가지 이상(면, 마, 모, 견, 레이온, 아세테이트, 나일론, 폴리에스테르, 아크릴 등)
② 동일 섬유로 된 조직이 다른 직물 2가지 이상
③ 수지가공 전후의 면직물 혹은 알칼리 감량가공 전후의 폴리에스테르 직물

기기와 기구   캔틸레버법 강연도 시험기, 하트 루프법 강연도 시험기, 자, 가위, 타이머

실험방법   A. 캔틸레버법(KS K 0539)

① 시험편은 시험 전에 표준상태에서 24시간 이상 방치한 뒤 구김이 없고 평평한 것을 사용한다. 시험편의 크기는 2.5cm×15cm로 하여 경위방향으로 각각 10개씩 준비한다. 5개는 시험편의 표면을 나머지는 시험편의 이면을 측정한다.
② 그림 4-1과 같이 41.5°의 경사를 가진 평면대 위에 측정하고자 하는 면을 위로 하여 시험편의 앞 끝이 평면대 끝에 오도록 놓는다.
③ 시험편을 살며시 밀어 그 끝이 경사면에 닿을 때까지 밀려나간 시험편의 길이를 mm까지 읽는다.
④ 다음 식에 따라 드레이프 강경도와 굴곡강경도로 표시한다.

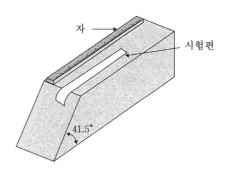

그림 4-1.
캔틸레버법

$$C(\text{cm}) = D/2$$

    C : 드레이프 강경도
    D : 밀려나간 시험편의 길이(cm)

$$E(\text{cm.g}) = C^3 W$$

    E : 굴곡강경도
    W : 직물의 무게(g/cm^2)

B. 하트 루프법(KS K 0538)

직물이 매우 유연할 때 사용하는 방법이다.

① 시험편은 시험전에 표준상태에서 24시간 이상 방치 해서 구김이 없고 평평한 것을 사용한다. 시험편의 크기는 2.5cm×25cm로 경·위방향으로 각각 10개 씩 준비한다. 5개는 시험편의 표면이 루프의 안쪽이 되도록 하고, 나머지 5개는 시험편의 이면이 루프의 안쪽이 되도록 한다.

② 그림 4-2와 같이 테이프로 시험편의 유효길이가 22.5cm가 되도록 하트 모양 으로 만들어 수평봉에 붙이되, 테이프의 위 끝이 수평봉의 위 끝과 일치되도록 한다.

③ 시험편을 수평봉에 붙여 루프를 만든 후 1분 뒤에 수평봉의 위 끝에서 루프의 최저점까지의 거리를 mm까지 측정한다.

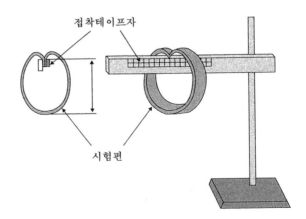

그림 4-2.
하트 루프법

결 과   **A. 캔틸레버법**

직물 1 : 섬유종류 _____ , 조직 _____ , 가공여부 _____

직물 2 : 섬유종류 _____ , 조직 _____ , 가공여부 _____

시험번호	직물 1				직물 2			
	경사방향		위사방향		경사방향		위사방향	
	표면	이면	표면	이면	표면	이면	표면	이면
1								
2								
3								
4								
5								
계								
평균								
표준편차								
변동계수								
드레이프 강경도(cm)								
굴곡 강경도 (cm.g)								

B. 하트 루프법

직물 1 : 섬유종류 _____ , 조직 _____ , 가공여부 _____
직물 2 : 섬유종류 _____ , 조직 _____ , 가공여부 _____

시험번호	직물 1				직물 2			
	경사방향		위사방향		경사방향		위사방향	
	표면	이면	표면	이면	표면	이면	표면	이면
1								
2								
3								
4								
5								
계								
평균								
표준편차								
변동계수								

토의문제

1. 직물의 강연성은 표리와 경·위방향에 따라 어떠한 차이가 나는지 살펴보고 그 이유를 생각해보시오.
2. 강연성은 직물을 구성하는 섬유의 종류에 따라 어떠한 특성을 나타내는가?
3. 강연성은 직물의 조직에 따라 어떠한 차이가 나는지 살펴보고 그 이유를 생각해보시오.
4. 강연성은 가공에 의해 어떻게 영향받는지 살펴보시오.

2. 드레이프성

드레이프성은 의복의 외형을 이루는 곡선의 아름다움을 나타내는 특성으로 우아한 디자인을 원하는 디자이너들에겐 중요한 성질이 된다. 드레이프성은 옷감의 강연성과 밀접한 관련이 있으며, 옷감의 자연곡선의 정도를 평가하는 데에 즉, 옷감이 자중에 의해 어떻게 드리워지냐를 측정하는 데 사용된다.

드레이프성의 측정에는 FRL(fabric research laboratory) 드레이프미터가 주로 사용되는데, 이는 그림 4-3과 같이 원형의 시료를 그 크기보다 작은 원통 위에 놓고 시료를 드레이프시킨 후, 밑에 투영된 면적의 비로 드레이프성을 나타내며, 척도로 드레이프 계수를 사용한다. 드레이프 계수는 0부터 1까지의 값을 가지며, 이 드레이프 계수가 크면 드레이프성이 좋지 못한 뻣뻣한 직물임을 나타내고, 반면 드레이프 계수가 작으면 그 직물은 부드러워 드레이프성이 좋다는 것을 말한다.

드레이프성은 옷감의 강연성과 무게와 밀접한 관련이 있어 옷감을 이루는 섬유의 종류, 실의 특성, 옷감의 구성 특성, 가공 등이 드레이프성에 크게 영향을 미친다. 즉, 100% 아세테이트 직물이 100% 폴리에스테르 직물보다 드레이프성이 더 좋으며, 꼬임이 매우 많은 방적사는 드레이프성을 감소시키며, 가는 필라멘트실이 굵은 필라멘트실보다 드레이프성이 더 좋으며, 옷감의 두께 또한 드레이프성에 영향을 미쳐 두꺼운 코트감보다는 얇은 블라우스감이 드레이프성이 좋다. 또한 부직포보다는 직물이, 직물보다는 편성물이 드레이프성이 좋다. 그리고 옷감에 행해지는 가공도 영향을 미쳐 면직물에 가해지는 수지가공은 드레이프성을 감소시키나 폴리에스테르에 행해지는 알칼리 감량가공은 드레이프성을 향상시킨다.

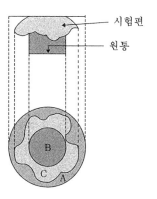

시험편
원통
B
C A

그림 4-3.
드레이프성의 측정

실험 4-2   드레이프성

목 적   드레이프성에 영향을 미치는 요인을 섬유의 종류, 직물의 조직, 옷감의 구성방법, 가공으로 나누어 그 효과를 살펴본다.

시 료   ① 섬유의 종류가 다른 직물 2가지 이상(면, 마, 모, 견, 레이온, 아세테이트, 나일론, 폴리에스테르, 아크릴 등)
② 동일 섬유로 된 조직이 다른 직물 2가지 이상
③ 동일섬유이나 옷감의 구성방법이 다른 옷감 2가지 이상(직물, 편성물, 부직포)
④ 수지가공 전후의 면직물 혹은 알칼리 감량가공 전후의 폴리에스테르 직물

기기와 기구   드레이프 측정기, 면적계(방안지나 화학저울을 이용해도 됨), 자, 가위

실험방법   FRL(fabric research laboratory)법(KS K 0815)

① 시험편은 지름 25.4cm의 원형으로 3개를 준비한다. 각각의 시험편에 대해 표면과 이면에서 측정한다.
② 그림 4-3과 같은 지름 12.7cm의 시료대 위에 시험편을 올려놓는다. 이 때 시험편의 중심과 시료대의 중심이 잘 일치하도록 한다.
③ 시험편을 고정시키고 1분 간 방치한다.
④ 위에서 평행광선을 비추어서 밑에 깔린 종이 위에 투영도를 그린다.
⑤ 시험편의 투영면적을 면적계로 측정한다. 면적계가 없는 경우에는 방안지를 이용해 투영도 내의 눈금을 헤아리거나, 균질의 종이를 밑에 까는 종이로 이용해 투영도를 따라 자르고, 시험편의 크기와 시료대 크기의 것도 잘라서 무게의 비교로 면적비를 계산한다.
⑥ 드레이프성은 드레이프 계수로 나타낼 수 있으며 다음 식으로 계산한다. 드레이프 계수가 크다는 것은 드레이프성이 좋지 못하다는 것을 의미한다.

$$드레이프\ 계수 = \frac{C-B}{A-B}$$

A : 시험편의 면적(cm^2)
B : 원통상부의 면적(cm^2)
C : 시험편의 투영면적(cm^2)

결 과　　시료 1 : 섬유종류 _____ , 구성방법과 조직 _____ , 가공여부 _____

　　　　　　시료 2 : 섬유종류 _____ , 구성방법과 조직 _____ , 가공여부 _____

시험번호	시료 1		시료 2	
	시험편의 투영면적(cm^2)		시험편의 투영면적(cm^2)	
	표면	이면	표면	이면
1				
2				
3				
계				
평 균				
표준편차				
변동계수				
원통상부 면적 (cm^2)				
시험편 면적 (cm^2)				
드레이프 계수				

토의문제　　1. 직물의 드레이프성은 표리에 따라 어떠한 차이가 나는지 살펴보고 그 이유를 생각

　　　　　　　　해보시오.

　　　　　　2. 드레이프성은 직물을 구성하는 섬유의 종류에 따라 어떠한 특성을 나타내는가?

　　　　　　3. 드레이프성은 직물의 조직에 따라 어떻게 변화하는가?

　　　　　　4. 드레이프성은 옷감의 구성방법에 따라 어떠한 차이가 나는지 살펴보고 그 이유를

　　　　　　　　생각해보시오.

　　　　　　5. 드레이프성은 가공에 의해 어떻게 영향받는지 살펴보시오.

　　　　　　6. 드레이프성은 KES 시스템에서의 어떠한 역학적 특성치와 가장 관계가 큰가?

3. 방추성

의복을 착용하거나 관리할 때에 외부의 힘에 의해 생긴 원하지 않는 변형을 구김이라 하며, 이는 의복의 외관을 나쁘게 한다. 이런 구김에 대한 저항을 방추성이라 하는데, 이는 의복 외관의 보존뿐만 아니라 의복관리의 용이성을 평가하는 요소가 된다.

방추성은 일차적으로 섬유의 특성에 영향을 받으며, 탄성과 레질리언스가 좋은 폴리에스테르나 모섬유는 방추성이 좋은 반면, 면이나 마, 레이온 섬유는 방추성이 좋지 못하다. 또한 실의 특성, 옷감의 구성방법과 가공에도 영향을 받는데, 강연사로 된 크레이프 직물은 방추성이 좋으며, 편성물이 직물보다, 그리고 직물 중에서는 능직이나 수자직이 평직에 비해서 조직점이 적고 실의 움직임이 자유로워 방추성이 좋다. 또한 일반적으로 두꺼운 옷감이 얇은 것보다 방추성이 좋으며, 첨모직물과 기모가공된 직물은 방추성이 좋다. 그리고 이런 방추성을 증가시키기 위해 수지가공 등을 행하기도 한다.

방추성은 직물에 구김을 주었을 경우 회복되는 성질이 어느 정도인가를 측정함으로써 평가되는데, 시험방법에는 개각도법, 냉가압법, 외관법 등이 있으며, 이 중 몬산토(monsanto) 방추도 시험기를 이용한 개각도법이 가장 간단하고 널리 사용된다.

실험 4-3   방추성

목 적 방추성에 영향을 미치는 요인을 섬유의 종류, 직물의 조직, 옷감의 구성방법, 가공으로 나누어 그 효과를 살펴본다.

시 료 ① 섬유의 종류가 다른 직물 2가지 이상(면, 마, 모, 견, 레이온, 아세테이트, 나일론, 폴리에스테르, 아크릴 등)
② 동일 섬유로 된 조직이 다른 직물 2가지 이상
③ 동일섬유이나 옷감의 구성방법이 다른 직물과 편성물
④ 수지가공 전후의 면직물

기기와 기구 몬산토 방추도 시험기, 시험편 파지구, 플라스틱 프레스, 추(500g), 가위, 자, 타이머

실험방법 **개각도법(KS K 0550)**

① 시험편은 시험 전에 표준상태에서 24시간 이상 방치한 뒤 구김이 없고 평평한 것을 사용한다. 시험편은 1.5cm×4cm 크기로 경·위방향으로 각각 6개씩을 준비한다. 표리가 분명한 시험편은 표면이 바깥쪽으로 나오도록 접고, 표리가 분명하지 않은 시험편은 3개씩 표면과 이면에서 측정한다.
② 시험편의 한 끝을 시험편 파지구에 넣고, 다른 끝은 위로 접어 금속박판 위에 있는 선에 맞춘다.
③ 플라스틱 프레스에 ②를 끼우고 그 위에 500g의 추를 5분 간 얹어 놓는다.
④ 추를 제거하고 시험편 파지구를 빼내어 시험기의 클램프에 끼워 넣고 시험편의 자유로운 끝이 수직으로 늘어뜨려지도록 회전판을 돌린다.
⑤ 5분 간 방치한 후 다시 시험편의 자유로운 끝이 정확히 수직으로 늘어지도록 해 투명한 회전 원판의 영점이 가리키는 각도 눈금에서 개각도를 읽는다. 시험편 두께 조정자는 두께가 증가하면 B, C로 조정하나 보통은 A위치에 놓는다.
⑥ 방추도는 다음과 같이 계산한다.

$$방추도(\%) = (a/180) \times 100$$

a : 개각도

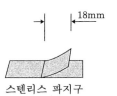
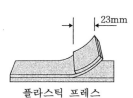

그림 4-4.
몬산토 방추도
시험기

스텐리스 파지구   플라스틱 프레스

18mm   23mm

결 과

시료 1 : 섬유종류 _____ , 구성방법과 조직 _____ , 가공여부 _____

시료 2 : 섬유종류 _____ , 구성방법과 조직 _____ , 가공여부 _____

시험번호	시료 1		시료 2	
	경사방향	위사방향	경사방향	위사방향
1				
2	표면	표면	표면	표면
3				
4				
5	이면	이면	이면	이면
6				
계				
평균				
표준편차				
변동계수				
방추도(%)				

토의문제

1. 직물의 방추성은 경·위방향에 따라 어떤 차이가 있는지 그 이유를 생각해보시오.

2. 방추성은 직물을 구성하는 섬유의 종류에 따라 어떠한 특성을 나타내는가?

3. 방추성은 직물의 조직에 따라 어떻게 변화하는가?

4. 방추성은 옷감의 구성방법에 따라 어떠한 차이가 나는지 그 이유를 생각해보시오.

5. 방추성은 가공에 의해 어떻게 영향받는지 살펴보시오.

4. 치수안정성

의복은 사용 중 점차 수축하여 의복의 치수가 작아져서 입지 못하게 되는 일이 가끔 있다. 이러한 치수변화 즉, 줄거나 늘어나는 정도에 대한 안정성을 치수안정성이라 하며, 이는 생지직물의 염색과 가공시 줄어드는 정도를 평가하기 위해서나, 이미 의복으로 만들어져 세탁이나 드라이클리닝 및 기타 작용에 의해 줄거나 늘어나는 정도를 평가하는 데 사용된다. 최근에는 섬유의 가공법이 발달해, 적절히 처리된 의복은 상당히 좋은 치수안정성을 갖는다.

수축의 원인   섬유제품은 사용되는 동안 여러 원인에 의해 수축되는데 첫째는 이완수축(relaxation shrinkage)으로 제조공정 중 외부의 힘에 의해 생긴 변형이 사용하는 도중 서서히 원상태로 돌아가는 즉, 이완에 의해 생기는 치수의 변형이다. 이는 직물을 물에 침지하기만 하면 이완되는 것도 있으며, 주로 첫 세탁에서 가장 뚜렷하게 나타난다. 면직물을 처음 세탁할 때 나타나는 수축이 이에 속한다. 둘째는 팽윤수축(swelling shrinkage)인데, 섬유가 물을 흡수, 탈수함에 따라 팽윤과 수축(deswelling)되어 생기는 것으로 그 크기는 실이나 직물의 복잡한 구조 내에서의 섬유의 상호작용에 의해 결정된다. 셋째는 축융수축(felting shrinkage)으로 양모와 같이 표면에 스케일이 있는 경우 일어나는 축융현상과 구성섬유의 이동에 의한 수축을 말하며 비스코스 레이온의 수축이 이에 해당된다.

방축가공   이러한 수축을 방지하기 위해서는 섬유의 종류와 수축의 원인에 따라 적절한 처리가 행해져야 하는데, 현재 방축가공은 일반가공화되어 거의 모든 직물에 행해진다. 면직물의 경우 샌포라이즈가공이 행해지는데, 이는 제조과정에서 받았던 장력이 이완되었다가 안정화되면서 일어나는 수축을 미리 안정화처리를 함으로써 사용 중 더 이상의 수축이 일어나지 않도록 하는 가공으로 수축률을 1% 이하로 줄일 수 있다. 또한 수지가공은 가공제로 쓰이는 합성수지가 섬유나 실의 자유로운 수축을 방지하므로 방축효과가 있다. 모직물의 방축가공에는 런던 슈렁크와 화학적 방축가공이 있는데 런던 슈렁크는 모직물이 제직과정에서 받은 신장을 이완수축해 안정화시키는 가공법이다. 화학적 방축가공은 스케일에 의한 축융수축을 방지하는 가공으로 스케일의 일부를 염소나 다른 화학약품으로 용해시키는 방법과 스케일을 합성수지로 피복하여 축융을 방지하는 방법이 있는데, 이 경우 촉감이 다소 나빠질 수 있으나 피할 길이 없다. 그리고 아세테이트, 나일론, 폴리에스테르와 같이 열가소성 섬유로 된 직물인 경우에는 열고정에 의해 방축효과를 얻을 수 있다.

치수안정성은 수축률로 나타내고 이 수축률을 측정하는 방법은 세탁조건에 따라 워시휠법(KS K 0532, 0600, 0812), 상온수 침지법(KS K 0601), 이완법(KS K 0602), 비누액법(KS K 0603, 0810), 그리고 이외에도 가정용 자동세탁기법(KS K 0465), 드라이클리닝법(KS K 0471) 등이 있다.

실험 4-4   수축률

목 적   섬유의 종류에 따라 수축률이 어떻게 다른지 살펴보고 수축의 원인을 생각해본다.

시 료   섬유의 종류가 다른 직물 2가지 이상(면, 마, 모, 견, 레이온, 아세테이트, 나일론, 폴리에스테르, 아크릴 등)

기기와 기구   용기(시험편을 접지 않고 평평하게 펴 놓을 수 있는 크기), 탈수기, 자, 건조대

실험방법   A. 상온수 침지법(KS K 0601)

① 시험편의 크기는 25cm×25cm 이상으로 3개를 준비한다. 각각의 시험편 위에 경·위방향으로 평행하게 10cm 간격으로 3군데에 20cm 길이를 정확히 측정하여 표시한다.

② 시험편이 잠길 수 있도록 용기에 25℃의 물을 충분히 붓는다.

③ 시험편을 펴서 물 속에 넣어 젓지 않고 30분 이상 담궈 둔다.

④ 시험편은 원심탈수기를 사용하거나, 가볍게 눌러서 여분의 물을 제거한 후 종이나 면포 사이에 끼우고 눌러서 탈수한다.

⑤ 시험편을 건조대 위에 펴서 자연 건조한다.

⑥ 시험편을 구김이 없도록 평평한 시험대 위에 장력없이 올려놓고 표시된 거리를 경·위방향으로 각각 측정한다.

⑦ 수축률은 다음과 같이 계산한다.

$$수축률(\%) = (200 - L)/200 \times 100$$

$$L : 침지 \ 후 \ 길이(mm)$$

B. 비누액법(KS K 0603)

① 시험편의 크기는 25cm×25cm 이상으로 3개를 준비한다. 각각의 시험편 위에 경·위방향으로 평행하게 10cm 간격을 두어 3군데에 20cm 길이를 정확히 측정해 표시한다.

② 용기에 50℃의 0.5% 비누 수용액을 액비 50:1로 하여 준비한다.

③ 시험편을 펴서 비누 수용액 속에 넣어 젓지 않고 20분 간 담궈 둔다.

④ 50℃의 물에 젓지 않고 20분 간 담궈 수세하고 ①과 같은 방법으로 탈수와 건조를 한다.

⑤ A와 같은 방법으로 표시된 거리를 경·위방향으로 각각 측정해 수축률을 계산한다.

결 과

A. 상온수 침지법

직물 1 : 섬유종류 _____ , 조직 _____ , 경위밀도 _____ , 가공여부 _____

직물 2 : 섬유종류 _____ , 조직 _____ , 경위밀도 _____ , 가공여부 _____

시험번호	직물 1		직물 2	
	경사방향(mm)	위사방향(mm)	경사방향(mm)	위사방향(mm)
1				
2				
3				
계				
평균				
표준편차				
변동계수				
수축률(%)				

B. 비누액법

직물 1 : 섬유종류 _____ , 조직 _____ , 경위밀도 _____ , 가공여부 _____

직물 2 : 섬유종류 _____ , 조직 _____ , 경위밀도 _____ , 가공여부 _____

시험번호	직물 1		직물 2	
	경사방향(mm)	위사방향(mm)	경사방향(mm)	위사방향(mm)
1				
2				
3				
계				
평균				
표준편차				
변동계수				
수축률(%)				

토의문제

1. 수축률은 경·위방향에 따라 어떤 차이가 나는지 살펴보고 그 이유를 생각해보시오.
2. 수축률은 직물을 구성하는 섬유의 종류에 따라 어떠한 특성을 보이는지 살펴보고 수축이 일어나는 원인을 생각해보시오.

5. 필링성

의복은 사용 도중 마찰 부분에 보풀이 생겨 외관이 손상되는데 이 보풀을 필이라 한다. 필이란 직물이나 편성물에서 섬유나 실이 빠져나와 탈락되지 않고 표면에 뭉쳐서 작은 섬유망울을 형성하는 것을 말하며 이러한 현상을 필링이라 한다.

필링에 영향을 미치는 요인　필링은 섬유의 섬도, 섬유장, 섬유의 단면과 표면 형태, 강도, 신도, 강연도, 그리고 그 종류와 특성에 영향을 받으며, 실의 번수, 꼬임수, 밀도와 옷감의 구성방법에도 영향을 받는다. 필링은 섬유가 가늘고 실의 꼬임이 적어 조직이 느슨한 경우에 많이 나타나는데, 섬유의 단면이 원형이고 인장·굴곡·마찰강도가 큰 나일론, 폴리에스테르, 아크릴과 같은 합성섬유에서 많이 나타난다. 천연섬유인 면과 양모의 경우에도 필이 생기지만 이러한 섬유들은 강도가 작아서 필이 쉽게 탈락해 버리기 때문에 별로 문제가 되지 않는다. 그러나 나일론, 폴리에스테르, 아크릴 섬유 등은 강도와 신도가 크므로 마찰되거나 긁힐 때 절단되지 않고 빠져나온 섬유가 표면에서 뭉쳐져 필을 형성하는데, 이는 잘 탈락되지 않아 필링이 심하게 나타난다. 뿐만 아니라 합성섬유는 정전기가 잘 발생해 먼지 등 오염물질을 쉽게 잡아당기고, 이것이 필의 핵 역할을 하여 필이 쉽게 생기며, 뭉쳐진 섬유에 먼지 등 오염이 붙으면 더욱 흉한 외관을 보이게 된다. 또한 기모직물, 합성섬유 방적사 직물 또는 합성섬유 방적사가 혼용된 직물은 필링이 잘 생기며, 또 직물보다는 편성물에 필링이 잘 생긴다.

필 형성과정　필 형성은 옷감의 표면에 잔털이 생기고, 잔털섬유가 서로 엉켜서 필이 되고, 계속되는 마찰 때문에 필이 떨어져 나가는 과정으로 나누어볼 수 있다.

1) 잔털형성

외부의 마찰력이 실내의 섬유간 마찰력보다 커서 섬유를 이동시킬 수 있어야 잔털이 형성되며, 또한 섬유는 휘어지고 엉클어져 섬유망울을 만들어야 한다. 그러므로 빳빳한 섬유는 비교적 필링 저항이 크다. 그리고 마찰력이 섬유의 절단 강력보다 크면 섬유가 빠져나오지 않고 절단된다. 그러므로 외부의 마찰력과 섬유간 마찰력과 뽑혀 나오는 섬유의 길이 사이에는 일정한 관계가 있다. 예를 들면 나일론은 강력이 크고 섬유간 마찰이 중간 정도이므로 표면 잔털이 아주 잘 생기는 반면, 폴리에스테르는 섬유간 마찰과 휨 저항이 크므로 잔털형성이 나일론보다 덜

하다. 그리고 양모는 강력이 비교적 작으므로 잔털형성이 잘 되지 않는다.

2) 섬유엉킴

섬유가 서로 엉키려면 잔털섬유는 일정한 길이 이상이어야 한다. 즉 일정한 조직에 있어서 섬유가 엉킬 수 있는 길이는 섬유에 따라 달라진다. 그러므로 잔털의 길이가 한계 이하이면 필링이 전혀 생기지 않는다. 섬유간 마찰·신도, 휨저항과 레질리언스는 섬유엉킴의 중요한 인자이지만 정확한 작용은 아직 규명되어 있지 않다.

3) 필의 탈락

필의 형성속도는 섬유의 잔털형성 속도와 엉킴 경향에 따라 결정됨을 알 수 있다. 그러나 마찰이 진행되는 동안 필 형성속도와 탈락속도간에는 평형이 이루어진다. 필 탈락속도는 섬유의 강력과 마찰 저항에 따라 결정되는데, 대부분의 합성섬유에 있어서 섬유의 절단강력은 작용되는 마찰력보다 크다. 그러나 의복착용 중의 굴곡마찰은 섬유의 강력을 점점 떨어뜨려 마찰력의 수준이하로 감소시키고, 이 감소시키는 데 필요한 굴곡 횟수가 필링의 중요한 인자가 된다. 폴리에스테르와 나일론은 강력이 크고 마찰저항도 크므로 필링이 잘 탈락되지 않는다. 레이온은 강력이 중간 정도이고 굴곡수명이 짧으며, 아크릴은 레이온과 비슷하나 굴곡수명이 길다. 양모와 아세테이트는 비교적 강력과 마찰저항이 작다.

필링을 방지하는 가공에는 옷감의 표면섬유를 줄이는 방법, 섬유의 이동을 줄이는 방법, 섬유를 약하게 하여 강도를 저하시켜 마모가 잘 되도록 하는 방법 등이 있다.

필링 시험방법은 KS에 의해 브러시 스펀지(brush & sponge)법, 외관보유(appearance retention)법, ICI 박스법, 가압법 등으로 나뉘어진다.

실험 4-5   필링성

목 적   필링에 영향을 미치는 요인을 섬유의 종류와 옷감의 구성방법으로 나누어 그 효과
를 살펴본다.

시 료   ① 섬유의 종류가 다른 직물 2가지 이상(면, 모, 나일론, 폴리에스테르, 아크릴, 혼
방품 등)
② 동일 섬유이나 옷감의 구성방법이 다른 직물과 편성물

기기와 기구   브러시 스펀지 필링 시험기, 표준 등급 도표, ICI 필링 시험기,

실험방법   **A. 브러시 스펀지법(KS K 0501)**

이 방법은 편성물을 제외한 직물의 필링 시험방법이다.

① 시험편은 경사방향으로 22.9cm, 위사방향으로 25.4cm가 되게 직사각형으로 3개
를 준비한다.
② 시험편을 구김이나 장력이 걸리지 않도록 해 각각의 시험편 잡이에 걸되 직물
의 경사방향이 시험편 잡이의 긴 쪽과 평행하도록 한다.
③ 브러시판의 강모가 위로 향하도록 하여 회전대 위에 놓는다.
④ 시험편 잡이를 수직편에 꽂고 직물면이 브러시의 강모와 접촉하도록 한다.
⑤ 시험편을 5분 간 마찰한다.
⑥ 브러시판을 떼어내고 스펀지판을 놓은 다음 마찰한 시험편을 5분 간 스펀지로
문지른다.

그림 4-5.
브러시 스폰지형
필링 시험기

등 급	평 어	판정 기준
5	수	전혀 필링이 안 된 것
4	우	약간 필링이 된 것
3	미	보통 정도로 필링이 된 것
2	양	많이 필링이 된 것
1	가	아주 필링이 많이 된 것

표 4-1.
필링 저항도
판정기준

* 시험이 끝난 시험편에 대해 필링이 균일한지를 조사해 필링이 경사방향, 위사방향 혹은 어
  느 한 부분에 집중되어 있을 때에는 그 상태를 기록한다. 또한 필요할 때에는 단위면적에
  있는 필의 수를 세어서 단위면적당의 필수를 표시한다.

⑦ 시험이 끝난 각각의 시험편을 표준 등급 도표(KS K 0504)와 비교해 표 4-1
을 기준으로 판정한다. 만일 시험편에 대한 평가가 두 등급 사이에 있을 때에
는 그 두 등급의 평균으로 표시한다.

B. ICI 박스법(KS K 0503)

이 방법은 모든 편성물과 유연가공을 한 직물의 필링을 시험하는 방법이다. 다만
강연사 소모직물은 제외한다.

① 시험편의 크기는 11.4cm×11.4cm로 하여 4개를 준비한다.

② 시험편을 고무 튜브에 감고 그 끝을 묶거나 테이프로 고정시킨다.

③ 이런 튜브를 4개 만들어 시험기의 한 상자에 모두 넣고 60rpm의 회전속도로 4
시간 회전시킨 다음 꺼내어 시험편을 고무 튜브에서 벗겨낸다.

④ 시험편을 표준 등급 도표와 비교해 최소 1/2급까지 판정한다.

그림 4-6.
ICI 필링 시험기

결 과

A. 브러시 스펀지법

시료 1 : 섬유종류 _____ , 구성방법과 조직 _____
시료 2 : 섬유종류 _____ , 구성방법과 조직 _____

시험번호	시료 1	시료 2
1		
2		
3		
계		
평 균		
표준편차		
변동계수		

B. ICI 박스법

시료 1 : 섬유종류 _____ , 구성방법과 조직 _____
시료 2 : 섬유종류 _____ , 구성방법과 조직 _____

시험번호	시료 1	시료 2
1		
2		
3		
계		
평 균		
표준편차		
변동계수		

토의문제

1. 필링은 직물을 구성하는 섬유의 종류에 따라 어떠한 특성을 보이는지 살펴보고 그 이유를 생각해보시오.
2. 옷감의 구성방법에 따라 필링성은 어떠한지 비교해보시오.

6. 태

태(촉감)란 넓은 의미로는 촉각과 시각에 의해 관능적으로 판단되는 직물의 감각적 성능을 말하며, 좁은 의미로는 직물을 손으로 만졌을 때 느껴지는 감각을 뜻한다. 직물의 태 평가는 직물의 용도와 사용목적에 대한 적합성을 결정짓는 본질적인 성능판단의 수단으로, 섬유산업의 발달과 더불어 섬유제품의 품질향상과 기술개선을 위해 그 필요성이 더해 가고 있다.

태와 관련된 직물의 물리적 성질과 형태적 특성은 인간의 감지로 평가되므로, 그 평가는 당연히 주관적일 수밖에 없어, 이제까지 관능평가에 의한 주관적인 평가방법이 널리 이용되어 왔다. 직물가공 공장에서 근무하는 전문가들이 품질개선을 위해 제품의 품질을 평가할 때뿐만 아니라, 소비자가 상품을 구입할 때에도, 대부분 경험에 비추어 손으로 만져 느껴지는 감각으로 태를 평가하고 있다. 그러나 태 평가는 개인 차가 있으며, 통일되지 않은 많은 종류의 용어들로 표현되므로 객관성이 부족해 많은 혼동을 가져온다. 또한 국가와 지방간에, 혹은 문화와 개인의 습관에 따라 태 평가가 달라질 수 있고, 여러 종류의 직물을 비교평가할 때 많은 시간이 소요되는 단점이 있다. 따라서 1930년대에, 이 문제점을 인식한 피어스(Pierce, F.T).가 태 평가의 객관화를 위한 방법을 제시한 이래 지난 60여 년간 지속적인 연구가 진행되어 왔다.

미국재료시험협회(ASTM)에서는 직물의 태에 미치는 물리적인 인자와 이에 해당하는 형용어군을 표 4-2와 같이 정의하고 있으며, 태와 관련되는 몇가지 물리적 인자를 선정해, 이 인자와 주관적 평가치와의 관계를 통계적으로 분석함으로써 태를 객관적으로 평가할 수 있도록 하고 있다. 따라서 태의 개념확립을 위한 용어정리, 물리적 성질의 평가방법 개발, 그리고 물리적 평가치와 주관적 감각평가치간

표 4-2. 태의 인자(ASTM)	물리적 인자	감각 표현 용어
	1. 표면요철(surface contour)	울퉁불퉁한(rough) – 매끄러운(smooth)
	2. 표면마찰(surface friction)	거친(harsh) – 미끄러운(slippery)
	3. 밀도(density)	조밀한(compact) – 엉성한(open)
	4. 냉온성(thermal character)	따뜻한(warm) – 찬(cool)
	5. 신장성(extensibility)	늘어나는(stretchy) – 늘어나지 않은(nonstretchy)
	6. 압축성(compressibility)	부드러운(soft) – 딱딱한(hard)
	7. 반발성(resilience)	탄력있는(springy) – 처진(limp)
	8. 유연성(flexibility)	유연한(pliable) – 뻣뻣한(stiff)

의 관계를 규명하기 위해 통계적 분석방법을 비롯, 다각적으로 연구가 진행되고 있다. 이 중 1970년도에 개발된 KES(Kawabata evaluation system)에 의한 태의 평가방법이 객관적 평가방법으로 널리 이용되고 있으므로 본 장에서는 KES에 의한 태 평가방법을 소개하고자 한다.

태 평가

가와바타(Kawabata, S.)는 직물의 태는 6가지 기본적인 역학적 성질에 의해 종합적으로 결정된다고 가정하고, 객관적인 태 평가법의 개발을 위한 태 평가표준위원회(Hand Evaluation Society Committee)를 조직해 KES(Kawabata Evaluation System;KES)를 개발하였다. 태 평가의 표준화 과정은 먼저, 태는 직물의 역학적 성질에서 오는 느낌에 의해 대부분 결정되며, 그 평가기준은 대상 직물이 의류제품으로서의 용도에 적합한 성질을 가졌는지 아닌지에 근거를 둔다는 가정하에 다음과 같이 진행되었다.

① 다수의 태를 나타내는 감각표현 용어 중 중요한 용어를 선택한다.
② 선정된 감각표현 용어를 각각 정의한다.
③ 각각의 감각표현 용어들로 표현되는 표준샘플을 정하고, 그 강도를 전문가들에 의해 판단된 0부터 10까지의 수치로 정의한다.
④ 표준샘플의 역학적 성질을 측정한다.
⑤ 역학적 성질의 측정치로부터 감각평가치를 구하는 변환식을 결정한다.
⑥ 직물의 용도에 따라 감각 평가치로부터 종합적인 태평가치를 구하는 변환식을 결정한다.

이와 같이 개발된 KES의 변환식에 의해, 직물의 용도에 따라 역학적 성질의 측정치로 부터 감각 평가치(primary hand value)와 태 평가치(total hand value)를 산출해 내었다.

1) 직물의 역학적 성질의 측정

태 평가를 위해서 KES에서는 표 4-3에 제시한 바와 같이, 직물의 기본적인 변형과 관련된 6가지 역학적 성질의 16가지 특성치를 측정한다. 태와 관련된 직물의

역학적 성질	기호	역학적 특성치	단위
인장	LT	선형도, linearity	–
	WT	인장에너지, tensile energy	$gf \cdot cm/cm^2$
	RT	반발성, resilience	%
굽힘	B	굽힘강성, bending rigidity	$gf \cdot cm^2/cm$
	2HB	이력, hysteresis	$gf \cdot cm^2/cm$
전단	G	전단강성, shear rigidity	$gf/cm \cdot deg$
	2HG	$\phi = 0.5°$에서의 이력	gf/cm
	2HG5	$\phi = 5°$에서의 이력	gf/cm
압축	LC	선형도, linearity	–
	WC	압축에너지, compressional energy	$gf \cdot cm/cm^2$
	RC	반발성, resilience	%
표면	MIU	마찰계수, coefficient of friction	–
	MMD	MIU의 평균편차	–
	SMD	기하학적 거칠기, geometrical roughness	micron
무게와 두께	W	단위 면적당 무게	mg/cm^2
	T	$0.5gf/cm^2$에서의 두께	mm

성질들을 특성화하기 위해서는 직물의 역학적 성질이 비선형적이기 때문에 많은 역학적 특성치를 측정해야 하며, 직물의 작은 변형을 감지할 수 있는 정밀한 측정 장치가 필요하다. 따라서 가와바타(Kawabata)는 KES-F와 KES-FB 장치를 고안하였다. 이 장치는 그림 4-7과 같이 인장과 전단시험기(KES-FB1), 순수굽힘시험기(KES-FB2), 압축시험기(KES-FB3)와 표면시험기(KES-FB4)의 4개의 시험기들로 구성되어 있으며, 무게를 제외한 표 4-3의 15가지 역학적 특성치를 측정할 수 있다. 시료는, 최근 개발된 KES-FB 장치로 측정할 경우 20cm×20cm 크기의 시료 하나만으로 모든 측정이 자르지 않고도 가능하다. 단 KES-F 장치로 측정할 경우에는 25cm×25cm 시료를, 20cm×20cm 크기 시험편 1장, 3.5cm×20cm 크기의 시험편 2장(경·위방향으로 각각 1장씩), 2.5cm×2.0cm 크기 시험편 1장과 2.0cm×2.0cm 크기 시험편 1장으로 잘라서 전단과 인장성질, 표면성질, 굽힘성질과 압축성질의 시험에 사용한다.

KES에 의한 역학적 특성치의 측정방법과 측정조건의 세부사항은 다음과 같다.

(1) 인장 성질

인장시험을 위한 시험편의 크기는 길이 5cm, 폭 20cm이며, 변형률속도 4.00×

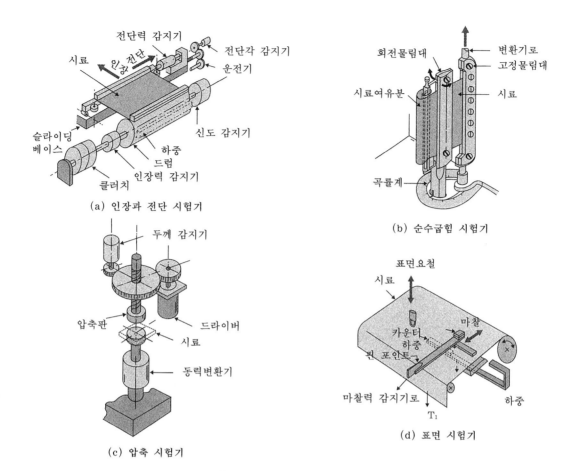

(a) 인장과 전단 시험기

(b) 순수굽힘 시험기

(c) 압축 시험기

(d) 표면 시험기

그림 4-7.
KES-FB
시험기의 원리

10^{-3}/sec로 하여 길이방향으로 인장시킨다. 이 때 폭방향의 변형은 없다고 본다. 인장력이 500g/cm에 도달하면 회복시켜서 그림 4-8에 보이는 것과 같은 곡선을 얻는다. 이 곡선으로부터 다음 특성치들을 계산한다.

$$LT(\text{linearity}) = WT/WOT$$

$$WT(\text{tensile energy per unit area, g} \cdot \text{cm/cm}^2) = \int_0^{\varepsilon_m} F d\varepsilon$$

$$RT(\text{resilience}, \%) = (WT)'/WT \times 100$$

이 때,

$$WOT = F_m \varepsilon_m / 2$$

F : 단위폭에 대한 인장력(F_m은 F의 최대값)
ε : 인장변형률(ε_m은 ε의 최대값)

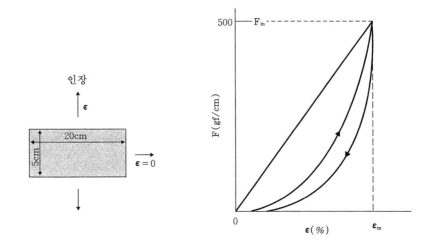

그림 4-8.
인장성질

$$(WT)' = \int_0^{\varepsilon_m} F' d\varepsilon \quad (\text{단위면적에 대한 회복에너지})$$

F′ : 하중회복시의 인장력

경사방향으로의 인장에는 WT_1과 같이 1의 부지수로, 위사방향으로의 신장에는 WT_2와 같이 2라는 부지수로 나타낸다. 변환식에 적용할 때는 경·위사방향의 측정치를 평균한다. 최근에는 ε_m이 많이 사용되며, 다음 식에 의해 계산한다.

$$\varepsilon_m = \frac{2[WT]}{[LT]F_m} = \frac{[WT]}{250[LT]}$$

(2) 굽힘 성질

길이 2~20cm, 폭 1cm 직사각형의 시험편에 곡률(K) -2.5cm^{-1}와 $+2.5\text{cm}^{-1}$ 사이에서 곡률변화율 0.50cm^{-1}/sec로 순수굽힘 모멘트를 가한다. 측정시 중력의 영향을 방지하기 위해 그림 4-9에 보이는 것과 같이 시험편을 수직으로 두고 굽힌다. 시료의 세로길이는 2~20cm 사이의 적당한 크기로 한다.

B(단위길이에 대한 굽힘강성, gcm^2/cm)는 M-K 곡선에서의 기울기인데, 표면을 밖으로 하여 곡률 K=0.5~1.5cm^{-1}에서의 기울기를 B_f, 뒷면을 앞으로 하여 곡률 K=-0.5~-1.5cm^{-1}에서의 기울기를 B_b로 정의한다. 또 경사방향은 1의 부지수로, 위사방향은 2의 부지수로 나타내므로 굽힘강성은 B_{f1}, B_{f2} 등으로 표시한다. 굽힘이력(2HB, g·cm/cm)는 K=0.5~1.5cm^{-1}에서의 이력폭 $2HB_f$와 K=-0.5~-1.5cm^{-1}에서의 이력폭 $2HB_b$의 평균치이며, 이것은 곡률이 영일 때의 잔류 모멘트이다.

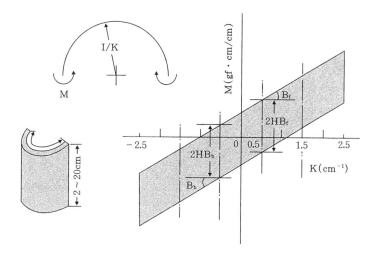

그림 4-9.
굽힘성질

(3) 표면 성질

시험편은 길이 20cm, 폭 3.5cm의 직사각형으로 주어져 있지만 실제로 측정되는 부위는 길이 2cm, 폭 0.5cm의 표면이다.

표면시험은 표면마찰과 표면요철의 두 가지로 나눌 수 있는데, 표면요철을 위한 접촉자로 직경 0.5mm의 피아노선을 그림 4-10에서와 같이 굽혀서 접촉력 10g($\pm$0.5g)을 주고 그 상하운동을 변환증폭시켜 요철을 측정한다. 표면마찰은 요철을 위한 접촉자와 같은 피아노선 10개를 겹쳐서 시료표면 위에 놓고 압축력 50g을 가해 접촉자의 상하운동을 측정한다. 측정시 접촉자는 그대로 있고 시험편은 수평으로 놓인 매끄러운 강판 위에서 0.1cm/sec의 속도로 2cm 변위시킨다. 이 때 시험편의 장력은 20g/cm이다.

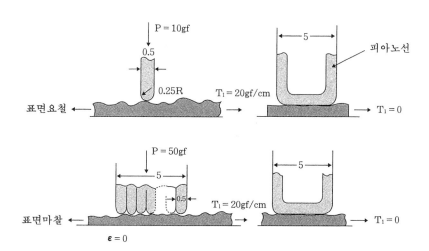

그림 4-10.
표면 시험을
위한 접촉자

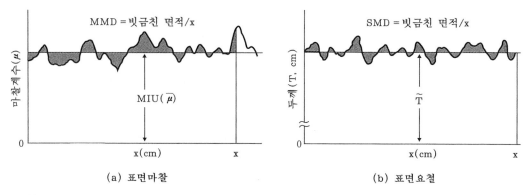

그림 4-11.
표면성질

측정되는 마찰성질은 마찰계수(MIU)와 마찰계수의 평균편차 값(MMD)이고, 요철의 특성은 기하학적 거칠기(SMD)로 나타낸다. MIU, MMD와 SMD는 경·위방향, 표면, 뒷면에 대하여 각각 정의하며, MIU_{f1}, MIU_{f2}, MIU_{b1}, MIU_{b2}로 나타내며, 보통 감각 평가치 계산에서 MIU_{f1}과 MIU_{f2}의 평균값이 사용된다. MIU, MMD와 SMD 등의 정의는 다음과 같으며, $\overline{\mu}$와 $\overline{T}$는 그림 4-11에 보인 바와 같이 각각 임의의 위치 x에서의 마찰력(μ)과 시료 두께(T)의 평균치이다.

$$MIU(\text{평균마찰계수}) = \frac{1}{X}\int_0^x \mu dx$$

$$MMD(\mu \text{의 평균편차}) = \frac{1}{X}\int_0^x |\mu - \overline{\mu}| dx$$

$$SMD(\text{표면요철의 평균편차, 즉 두께의 평균편차}) = \frac{1}{X}\int_0^x |T - \overline{T}| dx$$

(4) 전단 성질

시험편의 크기는 인장성질 측정과 같다. 그림 4-12와 같이 일정 하중 W를 화살표 방향으로 가하고 동시에 가로방향으로 전단속도 0.417mm/sec로 전단변형시킨다. 따라서 전단 변형률속도는 $0.00834sec^{-1}$가 된다. 이 측정에서 다음 특성치들을 얻는다.

전단강성(G, g/cm·deg)은 단위길이에 대한 전단력 F를 전단각(ϕ)으로 나눈 것으로, 그림 4-12의 F-ϕ곡선에서의 기울기다. 표준측정의 기울기는 $\phi=0.5°$, $5°$에서 측정한다. 이 부분의 기울기가 선형이 아닌 경우에는 평균 기울기를 택한다. 측정시 표면과 뒷면이 앞에 올 때는 G_f와 G_b로 나타내며, 표준측정 때에는 G_f를 측정한다.

전단이력(2HG)은 전단과 회복시 전단각 $\phi=0.5°$, $5°$에서 측정된 전단력의 차

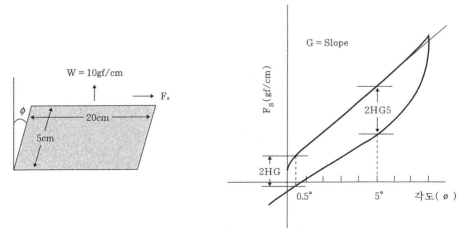

그림 4-12.
전단성질

이며, 2HG(ϕ=0.5° 일 때의 이력폭, g/cm)와 2HG5(ϕ=5° 일 때의 이력폭, g/cm)로 나타낸다.

(5) 압축 성질

시험편의 크기는 길이 2.5cm, 폭 2.0cm이고 실제 측정면적은 2cm²이다. 이 시험편을 넓이 2.0cm²의 두 원형강판 사이에 놓고 20μ/sec의 압축속도로 압축시킨다. 압축력이 50g/cm²에 도달하면 같은 속도로 회복시킨다. 이 때 얻은 특성치는 그림 4-13으로부터 다음과 같이 계산한다. T는 시험편의 두께, T_0는 압력 0.5gf/cm²일 때의 시험편의 두께, T_m은 최대압력 P_m=50gf/cm²일 때의 시험편의 두께이며, (WC)′은 회복과정의 압력 P′에 대한 회복에너지이다.

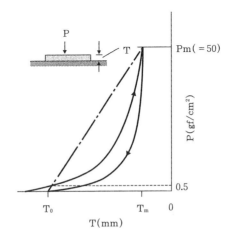

그림 4-13.
압축성질

$$LC(\text{압축선형도}) = \frac{WC}{WOC}$$

$$WC(\text{압축에너지, gcm/cm}^2) = \int_{T_m}^{T_o} PdT$$

$$RC(\text{압축반발성}) = \frac{(WC)'}{WC}$$

$$(WC)' = \int_{T_m}^{T_o} P'dT$$

$$WOC = P_m\frac{(T_O - T_m)}{2}$$

(6) 두께와 무게

두께는 압축특성 측정에서 구해지며, 무게는 정밀저울로 잰다. 두께(T)는 압력 0.5g/cm^{2}일 때의 두께(mm)이고, 무게(W)는 시료의 단위면적당 무게(mg/cm^2)로 표시된다.

2) 태 평가의 분석

(1) 감각 평가치(HV)로의 변환

KES에서는 감각 평가치를 구하는 변환식을, 표준화작업을 통하여 표준샘플의 역학적 특성치에서 순차적 군 회귀법(stepwise block regression method)으로 구해 태 평가에 이용하였다. 최근까지 개발된 신사, 숙녀복지에 대한 변환식은 10여 개이며, 이 밖의 직물이나 부직포에 대한 연구도 진행 중이다. 변환식을 적용하여 역학적 특성치로부터 감각 평가치를 산출하기 위해서는 먼저 직물을 용도에 따라 분류하여야 한다. 직물은 두께, 무게, 굽힘강성 등에 따라 일반적으로 표 4-4와 같이 분류할 수 있다.

표 4-4.
신사숙녀복의 두께 범위와 관련성질

특성 직물	두께(mm)	무게 (mg/cm^2)	굽힘강성 (gfcm^2/cm)	굽힘강성/무게 (cm^3)
신사용 동복지	0.395~2.470(0.802)	11.7~38.4(26.4)	0.056~0.482(0.150)	2.17~18.03(5.6)
신사용 하복지	0.289~1.060(0.504)	13.0~31.1(19.5)	0.043~0.251(0.104)	2.79~10.94(5.3)
숙녀용 중후지	0.323~2.490(0.974)	9.38~42.97(23.6)	0.0160~0.3675(0.1156)	0.70~25.18(4.89)
숙녀용 박지	0.131~1.460(0.445)	3.46~25.12(10.2)	0.0012~0.1693(0.0267)	1.03~16.91(2.64)

이와 같이 직물을 특성에 따라 신사용 동복지 또는 하복지, 숙녀용 박지 또는 중후지로 분류하여 이에 해당하는 변환식으로 감각 평가치를 예측한다. 감각 평가치는 느낌이 제일 강한 것은 10점, 제일 약한 것은 0점으로, 수치가 커질수록 강한 감각을 나타낸다. 주요 감각표현의 정의는 다음과 같다

① KOSHI(뻣뻣함, stiffness) : 굽힘성과 관련된 느낌으로 굽힘 탄력성은 이 느낌을 크게 한다. 직물의 밀도가 높고 탄력성이 있는 실로 제직한 직물은 이 느낌을 강하게 나타낸다.

② NUMERI(매끄러움, smoothness) : 매끄럽고 유연하고 부드러운 것으로부터 나오는 혼합된 느낌으로, 캐시미어로 짜여진 직물은 이 느낌이 강하다.

③ FUKURAMI(부피감과 부드러움, fullness & softness) : 부피감있는 풍부하고 좋은 맵시에서 오는 느낌의 혼합으로, 압축 탄력성과 따뜻함이 동반된 두꺼움은 이 느낌과 밀접한 관계가 있다.

④ HARI (드레이프성이 없는 뻣뻣함, anti-drape stiffness) : 직물의 탄력성의 유무와 관계없이 드레이프성이 없는 뻣뻣한 느낌이다.

⑤ SHARI (파삭파삭함, crispness) : 직물표면이 파삭파삭하고 거칠 때 오는 느낌으로 주로 강연사에 의해 유발된다.

⑥ KISIMI (견명의 느낌, scrooping feeling) : 견명의 느낌으로 견직물이 이 느낌을 강하게 가지고 있다.

⑦ SHINAYAKASA (부드러운 유연감, flexibility with soft feeling) : 부드럽고 유연하며 매끄러운 느낌이다.

⑧ SOFUTOSA (부드러움, soft feeling) : 부드러운 느낌으로 부피감이 있고 유연함과 매끄러움이 혼합된 느낌이다.

표 4-5는 직물 분류에 따른 감각 평가치에 적용되는 변환식이며, 모든 변환식들은 다음과 같은 유형을 갖는다.

$$Y = Co + \sum_{i=1}^{16} Ci \frac{X_i - \overline{X_i}}{\sigma_i}$$

여기서 Y는 감각평가치, X_i는 i번째의 역학적 특성치, $\overline{X_i}$와 σ_i는 i번째 역학적 특성치의 평균값과 표준편차, C_O와 C_i는 계수들이다.

부록 10은 신사복 하복지의 변환식인 KN-101-Summer에 쓰인 계수들을 보

표 4-5.
직물 분류에 따른
감각 평가치와
변환식

직물 군	감각 평가치	변환식
신사용 동복지	KOSHI	KN-101-WINTER-KOSHI
	NUMERI	KN-101-WINTER-NUMERI
	FUKURAMI	KN-101-WINTER-FUKURAMI
신사용 하복지	KOSHI	KN-101-SUMMER-KOSHI
	SHARI	KN-101-SUMMER-SHARI
	HARI	KN-101-SUMMER-HARI
	FUKURAMI	KN-101-SUMMER-FUKURAMI
숙녀용 중후지	KOSHI	
	NUMERI	
	FUKURAMI	
	SOFUTOSA	KN-291-LDYM-SOFUTOSA
숙녀용 박지	KOSHI	KN-201-LDY-KOSHI
	HARI	KN-201-LDY-HARI
	SHARI	KN-201-LDY-SHARI
	FUKURAMI	KN-201-LDY-FUKURAMI
	KISHIMI	KN-201-LDY-KISHIMI
	SHINAYAKASA	KN-201-LDY-SHINAYAKASA

여준다. 이와 같이 계산된 감각 평가치는 여러 분야에 응용이 가능하다. 예를 들어 가공효과나 공정조건의 변화가 직물의 태에 미치는 영향을 조사해 원하는 성질의 직물을 얻고자 할 때, 공정조건과 직물의 태 사이의 수치적 관계를 예측하게 해주므로 공정 개선에 큰 도움이 될 수 있다. 또한 감각의 수치적 표현은 직물간의 태 비교시 객관성을 높여주므로 태 평가의 연구에 효과적으로 사용할 수 있다.

(2) 태 평가치(THV)로의 변환

태의 좋고 나쁜 정도는 표 4-6과 같이 표현된다. 좋은 태란, 직물의 중요한 품질이며 편안함과 외관에 관련되어 있기 때문에 의복의 용도와 개인의 경험과 느낌에 따라 결정된다. 태 평가치(THV)는 감각 평가치로부터 직물의 용도에 따른 태로의 여러 변환식에 의해서 산출되며 다음과 같은 유형을 나타낸다.

표 4-6.
태 평가치

THV	0	1	2	3	4	5
평가	사용 불가	불량	평균 이하	평균	양호	우수

$$THV = C_O + \sum_{i=1}^{k} Z_i$$

$$Z_i = C_{i1}\left[\frac{Y_i - M_{i1}}{\sigma_{i1}}\right] + C_{i2}\left[\frac{Y_i^2 - M_{i2}}{\sigma_{i2}}\right]$$

Y_i : 주요감각평가치

M_{i1}, M_{i2} : Y와 Y^2의 평균값

σ_{i1}, σ_{i2} : Y와 Y^2의 표준편차

C_{i1}, C_{i2} : 계수들

부록 11은 신사용 동복지와 하복지의 HV-THV변환식에 쓰인 계수를 보여준다. 그러나 이 변환식은 일본 직물업계 전문가의 판단을 기준으로 도출되었기 때문에 개인간, 국가간, 또는 민족간의 성향과 습관에 따라 차이가 날 수 있으므로 태의 해석에 아직 문제점이 많다고 볼 수 있다. 그림 4-14는 KES에서 얻어진 신사용 동복지의 태 평가 자료도표로, 역학적 특성치와 감각 평가치들을 한눈에 볼 수 있어 태를 종합적으로 판단하는 데 유용하다. 가로축의 비율은 각각의 역학적 특성치와 감각 평가치에 대해 표준편차로 표준화한 것이다.

토의문제

1. ASTM에서 정의한 태와 관련된 8가지 물리적 인자 중 유연제 처리에 의해서 바뀔 수 있는 것은 어느 인자들인가?

2. KES의 6가지 성질 중 KOSHI, NUMERI, FUKURAMI와 관련도가 높은 성질을 3가지씩 열거하시오.

3. 태 평가시 KES에서 측정하는 16가지 역학적 특성치 이외에 어떤 성질을 더 측정하면 정확도가 높아질 수 있는지 생각해보시오.

4. 최근 발표된 논문 중, KES을 이용한 예를 찾아보시오. 태 측정 이외에 어떤 목적으로 사용되는지, 또 KES의 문제점은 무엇인지 논의해보시오.

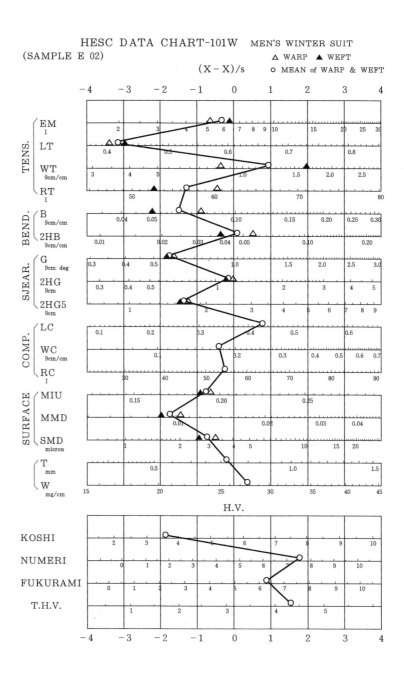

그림 4-14.
신사용 동복지에
대한 자료도표

7. 직물의 봉재성

우리는 봉재시 직물을 다룸에 있어 여러 어려움을 겪게 되며, 완성된 봉재품에서도 결점을 발견하게 된다. 예를 들어 시임퍼커링이 발생하거나, 퓨징한 부분이나 주름부분에 버블링이 발생한다든가, 또 사용 도중 세탁이나 공기 중의 수분에 의해 직물이 수축·이완되어 치수가 변하고 봉제품이 뒤틀려 외관이 상하는 경우 등이 있다. 이것은 직물, 재봉틀, 봉사 및 봉재방법 등 여러 요인에 의해 발생할 수 있는데, 이 중 일차적인 요인으로는 직물의 특성, 즉 봉재성(tailorbility)을 들 수 있다. 직물의 봉재성을 한 마디로 정의내리긴 어렵지만, 의복제조에서의 형성능(formability)과 제조된 의복의 외관(appearance)에 관계되는 종합적인 성질이라 할 수 있다.

직물의 봉재성은 의류제조에서 직물의 역학적 성질과 치수안정성과 깊은 관계를 갖는다. 이제까지 의복을 만드는 사람은 직물이 얼마나 신축성있고 뻣뻣하며 안정한가를 일차적으로 손으로 만져지는 보아 느끼는 주관적 판단으로 직물의 봉재성을 평가해 왔다. 그러나 이들 성질을 객관적으로 측정해 보다 효과적으로 의복제조 공정에서의 직물의 봉재성을 평가하고자 하는 노력이 계속되어 오다가 1980년대에 들어 직물의 물리적 성질과 형태안정성을 측정할 수 있는 고감도 장치가 개발되었다. 여기서 얻은 자료를 산업체에서 쓸 수 있도록 평가하는 기술 또한 개발되었으며, 이로써 직물의 봉재성을 객관적으로 평가하게 되었다. 이 중 대표적인 시스템은 의류제조자와 소모직물 가공업자들이 사용할 수 있도록 특별히 고안된 FAST이다. 이것은 생산공정의 최적화를 위한 예방책과 교정법을 마련해 놓고 의복제조의 용이성과 가공의 안정성을 평가함으로써 의류를 만드는 과정에서 발생할 수 있는 문제점을 미리 예측할 수 있게 한다. 예를 들어, 봉재성 평가 후 높은 습윤팽창성질을 보이는 직물로 판정되면, 습윤상태에서는 덜 신장시키고 건조에서 오버피딩을 함으로써 보완할 수 있다.

이와 같이 직물의 봉재성의 객관적 측정은 의류제조뿐만 아니라 제직과 가공업자에게도 유용하게 이용될 수 있으며, 제품구매와 관리에도 도움을 준다. 특히 직물의 특성에 있어 직물 공급업자와 소비자간에 원활한 의사소통이 이루어질 수 있게 하며, 자동화와 소비자의 유행성 선호로 다량의 주문생산을 해야 하는 상업적 요구에도 신속하게 대처할 수 있게 하는 등, 객관적 평가의 필요성은 날로 더해 가고 있다. 표 4-7은 봉재성, 외관 및 태와 관련된 직물의 일반적인 성질을 나타내고 있다. 이 중 봉재공정과 관계깊은 직물의 성질과 이들의 영향을 살펴보면 다음과 같다.

표 4-7.
봉재성과 외관, 태와
관련된 직물의 성질

직 물 의 성 질	봉재성	외관	태
물리적 성질(physical properties)			
두께(thickness)	-	-	I
무게(weight)	I	I	I
치수 안정성(dimensional stability)			
완화수축(relaxation shrinkage)	I	I	-
습윤팽창(hygral expansion)	I	I	-
역학적 성질(mechanical properties)			
인장성질(tensile properties)	I	I	I
굽힘 성질(bending properties)	I	I	I
전단성질(shear properties)	I	I	I
표면성질(surface properties)			
표면두께(surface thickness)	-	-	I
압축성질(compressibility)	-	-	I
마찰(friction)	-	-	I
표면윤곽(surface contour)	-	-	I
광학적 성질(optical properties)			
광택(luster)	-	I	-
형성능 성질(performance properties)			
필링(pilling)	-	I	-
구김회복(wrinkle recovery)	-	I	-
표면마찰(surface abrasion)	-	I	-
안정성(stability of the properties)			
완화두께(relaxed thickness)	-	I	-
완화표면두께(relaxed surface thickness)	-	I	-
평면세트(flat set)	-	I	-

I : 주관적 평가에 중요한 영향을 미치는 요인

직물의 성질

1) 직물의 신장성

직물의 신장성(fabric extensibility)은 연단과 재봉공정에 영향을 미친다. 신장성이 큰 직물은 연단시 늘어나기 쉬워 봉재 후 치수의 변형을 가져오는 반면, 신장이 잘 되지 않으면 직선솔기에서 시임퍼커링이 생기기 쉽고 오버피딩과 프레싱이 어렵다.

2) 직물의 전단강성

직물의 전단강성(fabric shear rigidity)은 재단과 재봉공정에 영향을 미친다. 전단강성이 낮은 직물은 매우 느슨하여 재단과 재봉시 직물의 비틀림이 생겨 봉재

후 재봉면에 버클링이 발생하기 쉬우며 전단강성이 큰 직물은 부드러운 3차원 형상을 만들기 어렵다.

3) 직물의 굽힘강성

직물의 굽힘강성 (fabric bending rigidity)은 재봉뿐만 아니라 직물의 형성능과 태에 영향을 준다. 굽힘강성이 낮아 부드러운 직물은 시임퍼커링이 일어나기 쉬우며, 굽힘강성이 높으면 프레스 공정이 어렵고 형상화하기 어려워진다.

4) 직물의 치수 안정성

직물의 치수안정성(fabric dimensional stability)은 완화수축(relaxation shrink-age), 습윤팽창(hygral expansion) 및 표면층의 안정성(stability of the surface layer of the fabric)을 포함한다. 완화수축이 심한 직물은 스팀 또는 퓨징 프레스 공정에서 과다한 수축이 발생해 치수가 변하기 쉬운 반면, 완화수축이 전혀 일어나지 않으면 어깨선 부분 솔기의 봉합과 성형작업이 곤란하며 주름잡은 면에서 버블링이 일어나기 쉽다. 한편, 습윤팽창이 큰 직물은 습도가 높은 환경에서 옷의 외관이 변형되기 쉬우며, 퓨징 후 직물로부터 심지가 분리되는 현상이 일어나기도 한다.

FAST시스템에 의한 객관적 측정

FAST는 직물의 봉재성능과 의복의 외관에 영향을 미치는 직물의 성질을 객관적으로 신속하게 측정하기 위해 CSIRO에서 개발한 시험법으로, 표 4-8에 제시한 직물의 성질을 그림 4-15의 3가지 측정기(FAST-1, 2, 3)와 치수안정성 측정을 위한 실험방법(FAST-4)으로 봉재성을 평가한다.

직물은 시료 채취 전에 표준상태(20℃, 65% RH)에서 24시간 방치해 두어야 하며 그림 4-16과 같이 재단하여 사용한다. 그림에서 ①과 ②는 FAST-3으로 바이어스 방향으로 신장성 측정에 이용될 시료이고, ③과 ④는 FAST-1, 2, 3으로 압축, 굽힘, 및 경·위사 방향의 신장성을 측정할 때 사용할 시료이다. 이 때 실험은 외력이 적게 가해지는 순서인 압축, 굽힘, 신장의 순으로 실험을 해야 한다. 그리고 ⑤는 치수안정성 실험에 사용될 시료이다.

성 질	역 학 적 특 성 치	단 위	기 기
무게	단위면적당 무게(weight per unit area)	mg/cm^2	
압축	두께(thickness overall) 표면두께(surface thickness) 완화두께(relaxed thickness overall) 완화표면두께(relaxed surface thickness)	mm	FAST-1
굽힘	굽힘길이(bending length)	mm	FAST-2
인장	신장성(경사, warp extensibility) 신장성(위사, weft extensibility) 신장성(바이어스, bias extensibility)	%	FAST-3
치수 안정성	완화수축(relaxation shrinkage) 습윤팽창(hygral expansion)	%	FAST-4

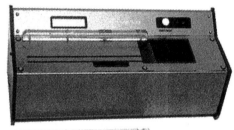

(b) 굽힘 측정기

(a) 압축 측정기

(c) 신장 측정기

그림 4-15.
FAST 시험기

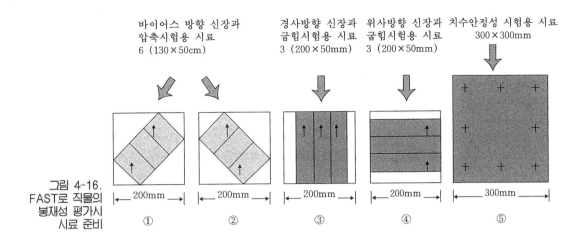

바이어스 방향 신장과
압축시험용 시료
6 (130×50cm)

경사방향 신장과
굽힘시험용 시료
3 (200×50mm)

위사방향 신장과 치수안정성 시험용 시료
굽힘시험용 시료   300×300mm
3 (200×50mm)

|← 200mm →| |← 200mm →| |← 200mm →| |← 200mm →| |← 300mm →|
①   ②   ③   ④   ⑤

그림 4-16.
FAST로 직물의
봉재성 평가시
시료 준비

1) 역학적 성질(FAST-1, 2, 3)

(1) 두께와 표면 두께(FAST-1)

FAST-1 시스템에서 직물의 두께(thickness)는 $2gf/cm^2$와 $100gf/cm^2$의 하중에서 측정되며 그 측정원리는 그림 4-17과 같다. 표면 두께(surface thickness)는 두 하중에서의 두께의 차로 정의되며 측정된 데이터로부터 다음 식에 의해 계산된다.

$$표면 두께 = 두께(2gf/cm^2) - 두께(100gf/cm^2)$$

(2) 완화 두께와 완화 표면 두께(FAST-1)

완화된 천의 두께(relaxed thickness)와 완화 표면 두께는 천을 30초 동안 증기에 쏘이거나 20℃의 물에 30분 동안 담궈 완화시킨 후 측정하며, 샘플은 FAST-1로 측정하기 전에 표준 대기상태로 재컨디셔닝시켜야 한다.

(3) 굽힘강성(FAST-2)

직물의 굽힘강성(bending rigidity)은 단위 곡률로 천을 구부리는 데 요구되는

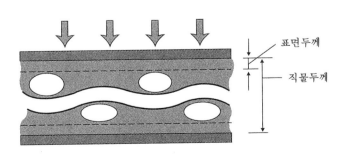

표면두께

직물두께

그림 4-17.
FAST-1의 측정원리

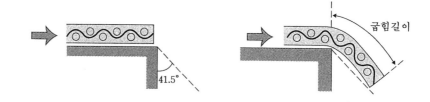

그림 4-18.
FAST-2의
측정원리

커플(couple)로 정의된다. FAST-2 시스템은 그림 4-18과 같이 영국표준법 BS:33 56(1961)에 기술되어 있는 외팔보 굽힘 원리를 이용하여 천 끝을 포토셀(Photocell)로 정확히 감지하여 굽힘길이를 측정한다. 측정된 천의 외팔보 굽힘길이와 무게로부터 굽힘강성을 얻는다.

$$굽힘강성(\mu Nm) = 무게(g/m^2) \times (굽힘길이(mm))^3 \times 9.807 \times 10^{-6}$$

(4) 신장성(FAST-3)

직물의 신장성(extensibility)은 하중을 받았을 때 발생하는 치수의 증가를 측정하는 것이다. FAST-3 시스템에서 신장은 5, 20, 100gf/cm의 하중에서 측정되는 값으로부터 얻어지며, 5gf/cm 와 20gf/cm에서 측정된 경·위사 방향의 신도는 천의 형성능(formability)을 계산하는 데 사용된다. 바이어스 방향의 신장은 5gf/cm에서만 측정한다.

(5) 전단강성(FAST-3)

직물의 전단강성(shear rigidity)은 경·위사 사이의 각(90° 로부터)의 변화를 마름모 운동으로 나타낼 수 있으며, 전단시 직물의 변형에 요구되는 힘을 측정하여

그림 4-19.
FAST-3의
측정원리

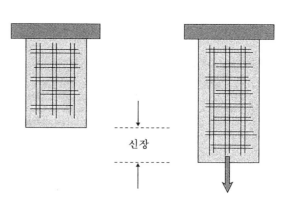

신장

나타낸다. FAST 시스템에서 전단강성은 5gf/cm의 하중하에서 직물의 바이어스 방향의 신도로부터 계산된다.

$$전단강성 (N/m) = \frac{123}{바이어스방향의신도(\%)}$$

(6) 형성능

FAST 시스템에서는 직물의 분석에서 도출된 형성능(formability)이라는 변수를 사용하는데, 직물이 뒤틀리기 전에 자중에 의해 압축된 직물의 넓이로 정의하며 다음 식에 의해서 계산한다.

$$형성능(mm^2) = 굽힘강성(\mu\,Nm) \times \frac{신장량(20gf/cm,\%) - 신장량(5gf/cm,\%)}{14.7}$$

2) 치수 안정성(FAST - 4)

(1) 완화수축

완화수축(relaxation shrinkage)은 직물이 젖거나 증기에 노출되었을 때 발생하는 치수의 비가역적 변화(수축이나 팽창)이다. 완화수축은 가공 마지막 단계에서 천에 가해진 영구적, 일시적으로 고정시킨 변형이 제거되면서 발생한다. FAST 시스템에서의 완화수축은 실온의 물에서 완화시킨 후 측정한 직물의 건조치수의 변화를 백분율로 나타낸 것이다.

(2) 습윤팽창

습윤팽창(hygral expansion)은 양모와 같이 수분율로 인해 발생하는 치수의 가역적 변화이며, FAST의 습윤팽창은 습윤과 건조 때 완화된 직물의 치수 변화를 다음 식으로 측정, 계산한다.

$$완화수축 = (L_0 - L_3)/L_1,$$

$$습윤팽창 = (L_2 - L_3)/L_3$$

L_1 : 완화되지 않은 건조직물의 길이
L_2 : 물에 완화된 후 젖은 직물의 길이
L_3 : 완화된 건조직물의 길이

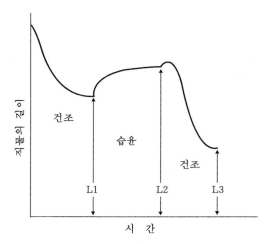

그림 4-20.
FAST-4의 치수
안정성 측정도식

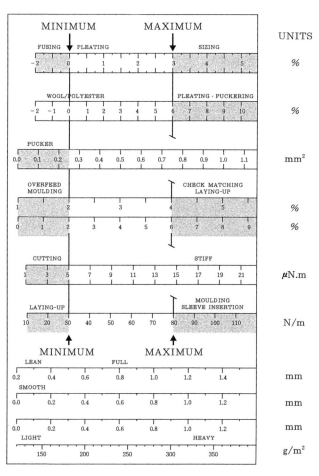

그림 4-21.
FAST 컨트롤 차트
(양복용박지직물)

FAST 콘트롤 차트에 의한 봉재성 분석

측정자료의 해석은 직물의 최종 목적에 따라 결정되며 직물의 물성이 봉재공정에 미치는 영향에 대한 이해가 선행되어야 한다. FAST에서는 직물 물성의 객관적인 측정 결과를 그림 4-21과 같이 FAST 컨트롤 차트에 나타냄으로써 직물의 봉재성을 종합적으로 예측하게 한다. 이 도표에서는 직물의 물성을 이미 설정된 최종 용도에 따른 표준 최적영역과 비교할 수 있다. FAST 차트상에서 직물의 봉재성은 지시되는 영역으로 구분되어져 있으며, 직물의 성질이 바람직한 영역 안에 있다는 것을 확인함으로써 의복제조와 봉재 후의 문제 발생을 피할 수 있다. 그리고 각각의 역학적 성질이 한계영역 밖에 있으면 그 직물은 항목에 따라 추가적인 공정을 요한다는 뜻이므로 사전에 문제 발생을 예방할 수 있다. FAST 컨트롤 차트에서는 봉재에서의 문제 발생 영역을 사선으로 간략하게 나타내었다. 컨트롤 차트의 한계영역은 직물의 최종 용도에 따라 다르게 설정되어 있으며, 각 업체에서 자사의 여건에 맞는 관리 한계를 갖는 도표를 개발해 효율성을 증가시킬 수도 있다. 표 4-9에는 봉재에서 발생할 수 있는 문제점과 예방책을 대략 정리하였다.

표 4-9.
의류 제조시의 문제점과 예방책

직물의 성질	문 제 점	예방 또는 교정책
완화수축이 낮다	퓨징된 부분의 버블링이나 층간 분리, 주름잡을 때 생기는 버블링	스팀프레이밍, 스텐터링
완화수축이 높다	퓨징프레스에 의한 과도한 수축, 스팀프레스에 의한 과도한 수축, 재단 후 치수변경	최소한의 장력으로 건조가공, 스텐터에서 오버피딩을 정확히 한다. 압력 데카타이징 또는 스폰징.
습윤팽창이 높다	의복성형시 과다한 수축, 주름 또는 퓨징된 부분의 버블링 발생	크레빙과 같은 세팅 공정을 피하고 후염보다 선염을 사용한다, 스폰징
형성능이 낮다	소매 달기가 어렵다	직물의 신장성을 증가시킨다.
신장성이 낮다	오버피딩과 프레싱이 어렵고, 완화된 부분의 수축이 어렵다	스폰징, 적은 폭으로 재건조하거나 오버피딩
신장성이 높다	무늬 맞춤이 어렵고 연단시 직물원형이 변형되기 쉬워 수축 문제 발생	압력 데카타이징, 방축고분자 처리
굽힘강성이 낮다	재단과 봉제가 어렵고, 천의 자동취급이 어렵다	섬유의 상호작용을 증가시키는 밀링가공, 방축고분자 처리
굽힘강성이 높다	프레스 공정이 어렵고, 형상화가 어렵다	습식 세팅 및 압력 데카타이징, 섬유성분, 섬도, 직물구조, 염색의 근본적 변화
전단강성이 낮다	마아킹, 연단, 재단시 천의 원형 변화	방축고분자 처리 또는 밀링, 습식 세팅과 압력 데카타이징을 피한다
전단강성이 높다	의복 성형이 어렵다	습식 세팅 또는 압력데카타이징 실리콘 유연제 처리

참고문헌

1. 김경환·조현혹, 《섬유시험법》, 형설출판사 1993.
2. 김노수·김상용, 《섬유계측과 분석》, 문운당 1990.
3. 김상용·장동호·최영엽, 《섬유물리학》, 이우출판사, 1982.
4. 김성련, 《피복재료학》, 교문사, 1993.
5. 김태훈(역서), 《섬유학실험》, 형설출판사, 1993.
6. 남상우, 《피복재료학》, 수학사, 1995.
7. 박신웅·공석붕, 《봉제과학》, 교문사, 1995.
8. 최석철·이양헌·천태일, 《섬유측정법》, 수학사 1992.
9. 《섬유시험가이드》, 한국원사직물시험검사소, 1993.
10. 《의류용어집》, 한국의류학회, 1994.
11. Allen C. Cohen, *Beyond Basic Textiles*, Fairchild Publications, New York, 1982.
12. Allan De Boos, *The FAST System for the Objective Measurement of Fabric Properties*, CSIRO, Australia.
13. Dorothy Siegert Lyle, *Performance of Textiles*, John Wiley & Sons, New York, 1977.
14. F.T. Pierce, "The Handle of Cloth as a Measurable Quantity", *J. of Textile Institute*, 21, T377, 1930.
15. J. E. Booth, *Principles of Textile Testing*, Butterworths., London, 1983.
16. J. W. S. Hearle·P. Grosberg·S. Backer, *Structural Mechanics of Fibers, Yarns, and Fabrics*, vol. 1, Wiley−Interscience, New York, 1969.
17. M. Niwa, <風合いの客觀的評價とその 應用>, 《熱物性》, vol. 6, no. 3, pp. 210~217, 1992.
18. Robert S. Merkel, *Textile Product Serviceability*, Macmillan Publishing Company, New York, 1991.
19. Saito, "Interpreting Handle", *Textile Horizon*, May, p. 45, 1990.
20. S. Kawabata, *The Standardization and Analysis of Hand Evaluation*, 2ed., The Textile Machinery Society, Japan, 1980.
21. W. E. Morton·J. W. S. Hearle, *Physical Properties of Textile Fibres,* Halsted Press, a division of John Wiley & Sons, Inc., London, 1986.
22. ASTM D
23. KS K

제5장 쾌적성

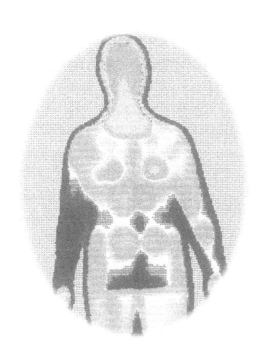

C OMFORT

제5장 쾌적성

의복을 입었을 때의 착용감은 온열생리학적인 감각과 촉감에 따라 달라진다. 온열생리학적 감각이란 의복에 의해 인체와 주위환경 사이에 생긴 공기층의 미세 기후에 따라 느껴지는 덥고 추운 감각으로, 체온을 항온으로 유지할 때 쾌적한 감각을 느낄 수 있다. 촉감은 옷감을 만졌을 때의 부드럽고 거친 느낌, 따뜻하고 차가운 느낌 등을 의미한다.

1. 열전달 기구

인체가 체온을 일정하게 유지해 온열생리학적으로 쾌적감을 얻기 위해서는 에너지 대사로 생기는 열을 적절히 방출해야 한다. 이 때 열의 방출은 전도, 대류, 복사 및 증발의 네 가지 경로로 이루어진다.

전 도　　접촉한 두 물체간에 물질의 이동없이 온도가 높은 곳에서 낮은 곳으로 열이 전해지는 현상이다. 피부온이 대기온보다 높으면 인체는 전도에 의해 대기 중으로 열을 방출하게 된다.

대 류　　액체나 기체 상태의 물질이 이동하면서 열 에너지가 전달되는 현상이다. 선풍기 앞에서 시원한 것은 강제대류에 의한 공기의 움직임 때문이다. 의복을 착용했을 때 피부 위의 더워진 공기가 이동하면서 열이 방출되기 때문에 엄밀히 말하면 전도와 대류를 구분하기는 상당히 어렵다. 실제로 전도보다 대류에 의한 열손실이 더 클 수 있다.

복 사　　모든 물질은 절대 영도 이상에서 전자파의 형태로 에너지를 방출한다. 이러한 에너지가 전달매체 없이도 두 물체 사이의 온도차에 의해 전달되는 현상이다. 같은 온도라도 사람이 없는 방에 들어가면 보기에 쓸쓸하게 느끼는 것은 인체가 그만큼 복사에 의한 에너지를 벽면으로 빼앗기기 때문이다. 또한 여름 햇볕이 강할 때 검은 색 옷을 입으면 더 더운 것은 복사열을 많이 흡수하기 때문이다.

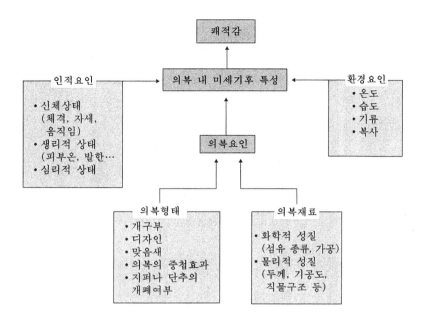

그림 5-1.
의복의 쾌적감에
영향을 미치는 요인

증 발

수분이 대기로 확산되면서 0.64Kcal/g*의 열을 방출하게 된다. 전도나 대류 및 복사에 의해 체열이 충분히 방출되지 못하면 인체는 땀을 흘리게 되며, 땀의 증발은 효과적인 체열 방산의 수단이 될 수 있다.

이 때 의복은 인간과 환경 사이에서 열이나 수분 전달의 매개체로서의 기능을 가진다. 매개체로서의 역할에 영향을 미치는 요인으로는 그림 5-1과 같이 의복재료의 특성, 개구부와 같은 형태적인 요인, 착의 방법과 같은 의복 관련요인뿐 아니라 기온, 기습, 바람 등의 환경적인 요인과 인체활동 및 생리적인 작용 등 복합적인 요인들이 있다. 따라서 의복의 쾌적성 관련 특성을 측정하는 것은 이러한 요인들이 적절하게 통제되어야 성능을 예측할 수 있다.

의복의 쾌적성 관련 성능은 그림 5-2와 같이 소재 자체의 물리적 특성을 측정하거나, 스킨 모델이나 써멀 마네킹 등을 사용할 수 있으며, 궁극적으로는 인체를 피험자로 해 실제 착용감을 측정할 수 있다. 어느 단계의 측정이거나 이들의 연계성을 찾아내는 것이 착용감이 우수한 의복을 만드는 데 필수요소이다.

---

* 33℃ 땀이 33℃ 포화수증기로 전환   0.578Kcal/g
　　27℃ 수증기로 응축되지 않고 냉각되는 에너지   0.0088
　　20% RH로 등온 팽창   0.0532
　　　　　　　　　　　　　　　　　　　　　　　　　　　───────
　　　　　　　　　　　　　　　　　　　　　　　　　　　0.640Kcal/g

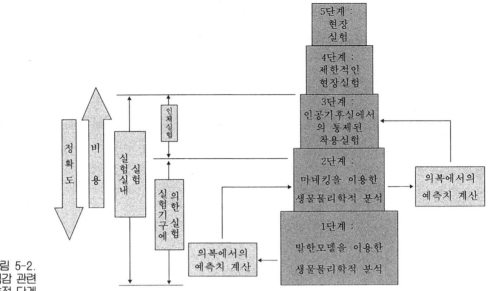

그림 5-2.
의복의 쾌적감 관련
성능 측정 단계

2. 옷감의 열전달 특성

옷감의 열전달 특성은 보온성에 직접적인 영향을 미치며 섬유·실·옷감의 물리적·화학적·구조적 특성 이외에 염색과 가공 등에 의해서도 달라진다.

섬유의 특성

1) 고유열전달계수

섬유 자체의 열전도도는 옷감의 보온성뿐 아니라 촉감에도 영향을 미친다. 표 5-1에서 보는 바와 같이 물의 열전도도가 크므로 같은 섬유라도 수분을 많이 함유하면 섬유의 열전도도가 커지게 되며, 공기를 많이 함유하면 열전도도가 작아질 수 있다. 섬유의 열전도도는 열저항 또는 열전달계수로 나타내기도 한다.

2) 함기량

공기를 많이 함유할수록 열전도도가 낮아 보온성이 커지게 된다. 면섬유의 중공, 모섬유의 권축은 공기를 함유해 섬유의 열전도도가 낮아 보온성이 큰 직물을 만들 수 있다. 강철솜과 양모를 충전하여 만든 조끼의 비교에서, 강철의 열전도도는 모섬유의 100배 정도로 크지만 보온성에서는 12%의 차이밖에 나지 않는 것으로 나타났다. 이것은 양모와 강철의 열전도도에는 차이가 있지만, 이들 솜은 거의 같은 양의 공기를 함유하고 있기 때문이다. 합성섬유의 경우는 텍스처링에 의한 인위적인 권축을 부여해 함기량을 증가시키기도 한다.

표 5-1.
공기, 섬유 및
물의 전도도

분 류	열전도도(cal/cm·sec · ℃)
공기	0.000057
모	0.000089
견	0.000110
면	0.000190
마	0.000210
물	0.001400

3) 레질리언스

섬유는 압축된 후 본래의 형태로 빠르게 환원될 수 있어야 보온성을 잘 유지할 수 있다. 모섬유와 다운은 본래 레질리언스가 우수하며, 합성섬유는 보온성을 증가시키기 위해 텍스처링으로 탄성과 레질리언스를 부여하기도 한다.

4) 흡습성 및 건조속도

섬유는 대기로부터 수분을 흡수하면 흡습열을 발생한다. 이는 섬유의 하이드록실기와 물분자가 반응하여 발열반응을 일으키기 때문이다. 2kg 정도의 모직 양복은 400g 정도까지의 수분을 흡수할 수 있으며, 이 때의 발열량은 보통사람의 안정시 두세 시간 동안의 산열량에 버금가는 양이다. 또한 섬유의 증발속도에 따라서 한꺼번에 많은 열량을 빼앗길 수도 있고, 서서히 한기를 느낄 수도 있다.

실의 특성

1) 섬유장

섬유들이 매끄럽게 배열되어 있는 필라멘트 섬유는 차가운 느낌을 주지만, 반대로 길이가 서로 다른 스테이플 섬유로 구성된 실은 많은 섬유들이 표면에 돌출해 있고 실표면에 정지공기층이 있어 보온성을 지닌다. 이처럼 불규칙적인 표면 특성은 복사열 교환에도 영향을 미치게 되는데, 매끄러운 표면은 방사율(emissivity)이 높아 열을 잘 반사하며 거친 표면은 방사율이 낮아 열을 잘 흡수한다.

2) 꼬임수

꼬임수가 증가할수록 겉보기 밀도가 증가하게 되며, 공기의 함량은 감소하게 된다. 따라서 꼬임수를 증가시켜 까실까실하고 시원한 직물을 만들 수 있다.

3) 실의 굵기

실의 굵기의 증가는 궁극적으로 두꺼운 직물을 만들게 하므로 보온성을 증가시키게 된다.

옷감의 특성　1) 두 께

　두께는 보온성을 가장 잘 나타내는 직물의 특징이라 할 수 있으며 두께의 증가에 따라 보온성은 거의 비례적으로 증가한다. 그런데 두께는 표면에 가해지는 압력에 많이 좌우된다. 즉 압력이 증가하면 공기가 빠져나오고 직물이 압축되어 두께는 감소하게 된다. 압력이 너무 크면 두께에 의한 보온성의 차이가 잘 감지되지 않을 수도 있다. 따라서 두께를 측정할 때 적절한 압력을 가하여야 하는데, 의복을 착용하는 조건을 감안하여 같은 직물의 한 겹 무게의 압력이 적당하다.

2) 무 게

　두께의 증가에 따라 무게가 증가하는 경향은 있으나, 무거울수록 보온성이 크다고 할 수는 없다. 가볍고 보온성이 큰 직물, 즉 두께가 같으면 밀도가 작은 것이 함기량이 많아 보온성이 좋다. 그러나 한계밀도인 $0.68g/cm^2$ 이하에서는 대류가 커져 보온성은 오히려 저하된다.

3) 표면섬유의 배열

　표면섬유는 두께와 공기의 함량에 영향을 미쳐 보온성을 증가시킬 뿐 아니라 촉감을 좌우하는 요인이기도 하다. 섬유가 열이 흐르는 방향과 평행하게 배열된 경우와 수직으로 배열된 경우를 비교해보면, 평행인 경우가 수직인 경우보다 두 배 가까운 열전달값을 가짐을 알 수 있다. 즉, 직물표면에 수직으로 세워진 섬유는 체열을 바로 외부로 전달하지만, 표면과 평행한 섬유는 전도된 열이 외부로 덜 빠져 나가기 때문에 보온성이 커진다.

4) 강연도

　옷감의 강연도는 직물의 유효두께와 주위 공기와의 관계에 영향을 미친다. 즉 뻣뻣한 직물은 인체가 동작을 할 경우 펌핑효과로 공기를 외부로 쉽게 배출하지만, 유연한 직물은 피부에 달라붙어 펌핑효과가 크게 감소하므로 의복 내 공기층은 최소가 된다.

표 5-2.
염료의 종류와
색깔에 따른
복사량의 차이

색	염 료	반 사 율 (%)
검 정	황 화	6
검 정	건 염	25
검 정	아 조	37
파 랑	건 염	42
파 랑	아 조	46
카 키	황 화	35
카 키	건 염	44
카 키	직 접	53

염 색

색은 복사량에 차이를 주어 결과적으로 보온성에 영향을 준다. 또한 같은 색깔이라도 염료의 종류에 따라서 복사량에 차이가 날 수도 있다.

가 공

1) 텍스처링

폴리에스테르, 나일론, 아크릴과 같은 열가소성 합성섬유에 권축을 부여함으로써 공기의 함량을 증대시켜 보온성과 촉감의 변화를 얻을 수 있다. 열가소성이 없는 섬유는 수지코팅 후 가열·변형·냉각의 단계를 거쳐 권축을 부여하거나 복합섬유를 만들기도 한다.

2) 기모가공

융이나 플리스처럼 표면섬유를 기모시키면 표면섬유의 양과 길이에 따라 가공 전에 비해 보온성이 크게 향상된다.

3) 축열보온가공

알루미늄, 세라믹스, 탄소섬유 등은 인체로부터 나오는 원적외선을 반사하므로 외부로의 열손실을 어느 정도 막아줄 수 있다. 또한 가시광선을 흡수해 원적외선으로 방출하기 때문에 태양광선 등을 흡수함으로써 보온성을 증대시킬 수 있다. 그 밖에 폴리에틸렌글리콜과 같은 상변이 물질을 사용해 환경온도에 따라 열을 흡수하거나 방출함으로써 보온성을 높이기도 한다.

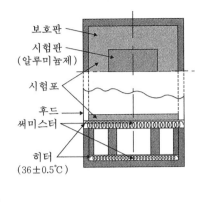

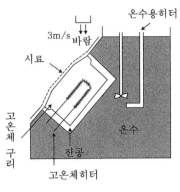

그림 5-3.
보온성 측정장치   (a) 항온법   (b) 냉각법

보온성측정법 옷감의 보온성을 측정하는 방법에는 절대적인 수치인 열전달(thermal transmit-tance) 저항이나 열전도 저항을 측정하는 방법과, 상대적인 수치인 보온력을 구하는 방법이 있다. 열전달 저항은 일정한 공급 열량을 갖는 발열원통에 시험편을 씌우고 정상상태에 달한 후, 발열체 표면과 외기온을 측정함으로써 직물의 열에 대한 전달 저항을 측정하는 것이다. 널리 쓰이는 방법인 보온력은 항온법 또는 냉각법으로 측정이 가능하다.

1) 항온법

발열체를 기온 20℃, 상대습도 65%의 표준상태에 일정시간 방치해 발열체 표면의 온도를 36±0.5℃로 유지시키는 데 필요한 전력량으로 측정한다. 이 때 시료를 덮었을 때와 덮지 않았을 때의 값으로 보온력을 산출한다.

$$보온력 = (\frac{a_1 - a_2}{a_1}) \times 100$$

a_1 : 시료를 덮지 않았을 때의 열손실(watt/hr)
a_2 : 시료를 덮었을 때의 열손실(watt/hr)

2) 냉각법

열원체를 36℃로 가열한 후 표준상태의 온·습도와 기류 3m/sec의 대기 중에 방치하여 35℃까지 냉각되는 데 필요한 시간 또는 일정 시간 내의 하강온도를 측정함으로써 보온력을 비교한다. 이 때도 역시 시료를 덮었을 때와 덮지 않았을 때를 비교한다.

① 시간에 의한 경우

$$보온력 = (\frac{b_1 - b_2}{b_1}) \times 100$$

b_1 : 시료를 덮지 않았을 때, 일정온도까지 냉각하는 데 필요한 시간(분)
b_2 : 시료를 덮었을 때, 일정온도에서 규정온도까지 냉각하는 데 필요한 시간(분)

② 온도차에 의한 경우

$$보온력 = (\frac{c_1 - c_2}{c_1}) \times 100$$

c_1 : 시료를 덮지 않았을 때, 일정시간 냉각수의 온도차(℃)
c_2 : 시료를 덮었을 때, 일정시간 냉각수의 온도차(℃)

실험 5-1   함기성

목 적
섬유 내부의 미세한 기공이나 섬유와 섬유 사이, 실과 실 사이에 공기를 함유하고 있는 성질을 함기성이라 한다. 크기는 옷감의 일정 체적 중에 기공이 차지하는 비율인 기공도로 표시하며, 이것은 옷감의 보온성과 통기성을 좌우하는 중요요인이다. 직물의 밀도, 조직 및 두께 등에 따른 기공도를 측정해 의복을 착용했을 때 착용감에 어떻게 영향을 미칠 것인지 알아보도록 한다.

시 료
100 % 면, 포플린
100 % 면, 싱글저지
100 % 면, 플란넬
100 % 면, 고무편성물(1cm×1cm)
100 % 나일론, 태피터
100 % 나일론, 트리코
기타 모든 직물 및 편성물도 가함.
20cm×20cm 5매

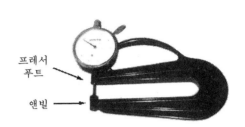

프레서
푸트

앤빌

그림 5-4. 두께 측정기

기기와 기구
두께 측정기(thickness gauge), 화학저울(0.01g), 자(mm)

실험방법

A. 두께(KS K 0506, ASTM D1777-64)

① 시료에 장력이 주어지지 않도록 시료를 자연스럽게 앤빌 위에 놓는다.
이 때 두께는 가능한 한 직물의 안쪽에서 전폭의 1/10 이상 떨어진 곳에서 측정하여야 한다. 소폭 직물의 경우 중심선에 따라 측정한다.

표 5-3.
직물의 두께 측정에
사용되는 압력범위
(ASTMD1777-64)

시료의 형태	시료의 예	압력범위(g/cm^2)
부드럽고 푹신한 경우	담요, 플리스, 편성물, 보온용 부직포, 방모직물	0.35~35
보편적인 경우	소모직물, 시팅	1.4~144
단단하고 딱딱한 경우	오리털, 석면, 펠트	7~700

표 5-4.
섬유의 비중

섬유의 종류	비중(또는 밀도)
면	1.58
아마	1.50
라미	1.51
견	1.33
양모	1.32
레이온(비스코스 및 큐프라)	1.50
아세테이트	1.32
트리 아세테이트	1.30
비닐론	1.26
나일론	1.14
폴리 염화 비닐	1.39
비닐리덴	1.70
폴리에스테르	1.38
아크릴	1.17
아크릴계(염화비닐 공중합물)	1.28
폴리에틸렌	0.95
폴리프로필렌	0.91
폴리우레탄	1.0~1.3

② 프레서 푸트를 서서히 하강시켜 시료를 누르게 한다. 대부분의 직물의 경우 측정시에 주어지는 압력에 따라 두께가 달라지므로 일정한 압력이 주어지도록 한다(여러 종류의 직물에서 사용가능한 압력을 표 5-3에 표시하였다. 일반적으로 해당되는 범위 내의 최소값이 그 직물에 적당하다).

③ 10초 간 머무른 뒤 0.025mm까지 다이얼 눈금을 읽는다.

B. 무게(KS K 0514, 작은 시험편법)

① 가능한 한 직물의 안쪽에서 전폭의 1/10 이상 떨어진 곳에서 시료를 채취한다.

② 각 시료에서 동일한 경위사가 들어 있지 않도록 한다.

③ 표준실에서 24시간 이상 방치해 수분 평형상태를 만든 후 무게를 측정한다.

$$무게(g/m^2) = \frac{시료무게(g)}{시료면적(cm^2)} \times 10000$$

C. 기공도 계산

위에서 측정된 두께와 무게를 이용하여 기공도를 구한다.

$$기공도(\%) = \frac{S - S_1}{S} \times 100$$

    S : 섬유의 비중(표 5-4 참고)
    S_1 : 겉보기 비중(g/cm^3)

$$S_1 = \frac{W}{1000 \times T}$$

    W : 표준상태의 무게(g/m^2)
    T : 두께(mm)

결　과

A. 두　께

소수점 이하 세 자리까지 표시한다. 주어진 압력을 기록한다.

(단위:mm)

1회	2회	3회	4회	5회	평　균

B. 무　게

소수점 이하 한 자리까지 표시하고 시험편의 크기를 기록한다. 5매 측정한 평균 값을 단위 면적당(g/m^2)으로 표시한다.

(단위:g/m^2)

1회	2회	3회	4회	5회	평　균

C. 기공도 계산

섬유의 비중	겉보기 비중	기공도(%)

토의문제

1. 함기성이 클수록 보온성이 증가하는 이유는 무엇인가 ?

2. 함기성에 영향을 미치는 직물의 구조적 특성에는 어떤 것이 있는가 ?

3. 레질리언스가 함기성에 미치는 영향은 어떠한가 ?

4. 면, 양모 등의 천연섬유에 비해 인조섬유의 함기성이 대체로 낮은 이유는 무엇인지, 그리고 이를 증가시킬 수 있는 방법은 무엇인지 제시하시오

5. 바람이 불지 않는 날에는 직물에 비해 편성물이 일반적으로 더 따뜻하다고 느끼나 바람이 부는 날에는 직물이 더 따뜻하다고 느끼는데 그 이유는 무엇 때문인가 ?

6. 두께 1cm인 의복을 세 겹 겹쳐 입는 것과 두께가 3cm인 의복을 한 벌 입는 경우의 보온성에 대해 논하시오

실험 5-2   통기성

목 적   인체로부터 배출되는 수분(땀)이나 가스를 외부로 방출시키기 위해 옷감은 적당한
통기성이 필요하다. 직물의 조직이나 두께 등에 따라 통기성이 어떻게 달라지는지
살펴보고 쾌적감과의 관련성을 파악하도록 한다.

시 료   100 % 면, 보일
100 % 면, 포플린
100 % 면, 싱글저지
100 % 면, 피케
100 % 면, 포플린 + DP 가공
기타 직물 및 편성물도 가능함.
17cm×17cm, 5매(17cm×17cm 이상일 경우 절취하지 않고 시험가능)

기기와 기구   프라지르형 통기성 시험기(그림 5-5)

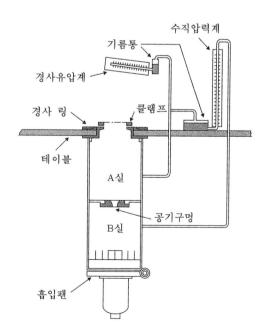

그림 5-5.
프라지르형
통기성 시험기

표 5-5. 공기구멍 번호별 직경	번 호	1	2	3	4	5	6	7	8	9
	직경(mm)	1 ∮	1.4 ∮	2 ∮	3 ∮	4 ∮	6 ∮	8 ∮	11 ∮	16 ∮

실험방법

① 시료는 직물구멍 위에 놓고 베어링을 놓은 후 클램프를 내려 잠근다.

② 시료 양면의 압력차가 수주(水柱) 12.7mm가 되도록 흡입 팬의 회전을 조절하고, 그 때 수직형 유압계의 눈금을 읽는다.

③ 이 수직형 유압계의 눈금과 사용한 노즐의 종류로 시험기에 부속된 표에 의해서 시료를 통과한 통기량을 구한다.

④ 표 5-5는 공기구멍 번호별 직경을 나타낸 것이다.

결 과

공기 투과도는 시료를 통과한 양($cm^3/min/cm^2$)으로 표시하며, 5회 시험의 평균값으로 표시한다.

(단위 : $cm^3/min/cm^2$)

1회	2회	3회	4회	5회	평 균

토의문제

1. 공기 투과도와 관계가 깊은 직물의 구조적 요인 두 가지를 들고 이에 따른 영향을 설명하시오.

2. 직물의 통기성을 측정할 수 있는 또 다른 방법에는 어떤 것이 있는가?

3. 양모직물의 경우 함기성은 우수하나 통기성은 작은 경향이 있다. 그 이유는 무엇 때문인가?

4. 비스코스 레이온 직물과 폴리에스테르 직물의 건조와 습윤시의 통기성을 측정한다면 어떤 결과가 예상되는가? 그러한 결과가 발생하는 이유는 무엇인가?

실험 5-3   열전달

목 적   섬유의 종류, 옷감의 두께 및 가공에 따른 고유 열전달수를 측정해 옷감의 보온성을 예측하도록 한다.

시 료   크기는 가열판을 덮을 정도, 3매
100% 면 포플린
100% 양모 모슬린
100% 양모 트위드
30cm×30cm 3매

기기와 기구   두께측정기(thickness gauge), 보온성 시험기(그림 5-3 참고)

실험방법   **열전달 계수(KS K0466)**

① 시료를 표준상태에서 조절 한 후 두께를 측정한다.
② 시료를 가열판 위에 놓는다. 시료는 한 겹 또는 여러 겹을 겹쳐도 좋으나 총 두께가 30mm를 넘지 않도록 한다.
③ 가열판 온도가 조작온도에 도달하고 공기조절 칸막이 안의 공기와 시료의 상태가 평형에 도달할 때까지 기다린다. 칸막이 안의 평균온도는 4.5~21.1℃이어야 하며 습도는 50±30%를 유지하도록 한다.
④ 평형에 도달하고 난 후 일정 시간 동안 소모된 전력량, 시험판 온도, 공기온도를 일정시간 간격을 두고 기록한다. 측정된 시험판과 공기온도를 평균해서 그 실험에서의 대표값으로 사용한다.
⑤ 가열판에 시료를 덮지 않고 위와 같은 방식으로 시험판의 열전달 계수 V_{bp}를 두 번 측정한다.
⑥ 시료의 고유 열전달 계수가 $0.7 \sim 14 W/m^2 \cdot K$의 범위 내에 있는 것에 한하며, 일정한 환경조건에서 실시해야 한다.

결 과   아래 식으로 혼합 열전달계수, 시험판 열전달계수, 시료의 고유 열전달계수를 계산한다. 시험방법, 외기와 발열체표면의 온도차, 실험실 조건 등을 반드시 부기한다.

① 혼합 열전달 계수(V₁)

$$V_1 = \frac{P}{A \times (T_p - T_a)}$$

P : 시험판이 소비한 전력(watt)
A : 시험판의 면적(㎡)
T_p : 시험판의 온도(℃)
T_a : 공기의 온도(℃)

열손실 \ 시 료	포플린			모슬린			트위드		
	1	2	3	1	2	3	1	2	3
P(W)									
A(㎡)									
T_p(℃)									
T_a(℃)									
V_1(W/㎡·℃)(평균)									

② 시험판의 열전달 계수(V_bp)

① 의 식과 같이 계산한다.

열손실 \ 시 료	1	2
P(W)		
A(㎡)		
T_p(℃)		
T_a(℃)		
V_{bp}(W/㎡·℃)(평균)		

③ 시료의 고유 열전달 계수(V_2)

$$\frac{1}{V_2} = \frac{1}{V_1} - \frac{1}{V_{bp}}$$

또는,

$$V_2 = \frac{V_{bp} \times V_1}{V_{bp} - V_1}$$

	포플린	모슬린	트위드
V_2			

실험조건 : 시험기기 _____ 발열체온도 _____

시료의 두께 _____ 시료의 중량 _____

환경온도 _____ 기류속도 _____

토의문제

1. 섬유의 종류에 따른 고유 열전달 계수를 비교하시오.

2. 고유 열전달 계수에 영향을 미치는 영향을 논하시오.

3. 시료가 두꺼운 경우의 시료의 고유 열전달 계수를 구하는 방법을 설명하시오.

4. 열전도도, 열저항성, 유효보온율을 정의하고 구하는 식을 쓰시오.

실험 5-4   보온성

목 적 보온성은 의복 착용시 인체의 체온 유지에 필수적이며 쾌적성 평가의 기본이 되는 직물의 특성이다. 섬유의 종류, 직물의 두께·무게·조직·기모가공 또는 기타 가공에 따른 보온성을 알아보도록 한다.

시 료 100 % 나일론 트리코, 기모된것과 되지 않은 것
100 % 아크릴 플리스

기기와 기구 보온성 시험기(그림 5-3 참고), 항온항습실

실험방법 **보온성(KS K 0560)**

① 시료를 표준상태에서 24시간 이상 보관한다.
② 시료를 항온 발열체에 부착시킨다.
③ 저온의 외기로 유출되는 열량이 일정해져 발열체의 표면온도가 일정치를 나타내면서부터 2시간 동안 발열체 온도를 유지하기 위해 드는 전력량을 구한다. 항온항습실이 구비되어 있지 않은 경우는 환경조건을 최대한 일정하게 유지시켜주어야 정확한 자료를 얻을 수 있다.
④ 시료가 없는 상태에서 같은 온도차와 같은 시간에 방산되는 열손실도 구한다.

결 과 아래 식으로 보온율을 계산해 평균치를 구하고 소수점 이하 한자리까지 표시한다. 시험방법, 외기와 발열체 표면의 온도차, 실험실 조건 등을 반드시 부기한다.

$$보온력 = (\frac{a_1 - a_2}{a_1}) \times 100$$

a_1 : 발열체에 시료가 없을 때의 소비전력(cal/c㎡/sec 또는 watt/hr)
a_2 : 발열체에 시료가 부착되었을 때의 소비전력(cal/c㎡/sec 또는 watt/hr)

시료번호 열손실	1	2	3	4	5
a_1					
a_2					
보온력(%)					

∴ 평균 : _____(cal/cm²/sec 또는 watt/hr)

실험조건 : 시험기기 _____   환경온도 _____

　　　　　　기류속도 _____   발열체온도 _____

토의문제

1. 면직물과 모직물은 습윤상태에 따라 보온성이 어떻게 달라질 것으로 예상되는지, 두 직물을 비교하여 보시오.

2. 가볍고도 보온성을 극대화할 수 있는 방법에는 어떠한 것이 있는지 설명하시오.

3. 실의 특성 중 직물의 보온성에 영향을 미치는 요인을 들고 이의 영향을 쓰시오.

4. 통기성과 보온성의 관계에 대해 설명하시오.

5. 가을날 오후에 보온율이 같은 흰색 셔츠와 검은색 셔츠를 착용한 결과 흰색 셔츠보다 검은색 셔츠가 더 따뜻하다고 느꼈다. 그 이유는 무엇인가?

6. 여러 겹의 의복착용에 따른 보온성 측정방법에는 무엇이 있는가?

3. 직물의 수분전달 특성

인체에서 발생한 땀은 발생 정도에 따라, 또는 외기온에 따라 기체 또는 액체의 상태로 의복을 통해 외부로 배출된다. 외기온이 높은 경우는 여분의 땀이 응축되지 않고 직접 기체상태로 직물의 기공을 통해 확산되지만, 외기온이 낮으면 수분은 일단 직물에 응축되었다가 외부로 확산된다. 이러한 현상은 증기압의 차이에 의해 결정된다. 땀을 많이 흘리게 되면 모세관 현상에 의해 전달되므로 섬유의 종류나 직물의 표면 특성에 크게 좌우된다.

옷감의 투습성에 영향을 미치는 요인

1) 섬유의 친수성

섬유의 친수성이 투습성에 미치는 영향은 위에서 언급한 바와 같이 땀 발생 정도나 외기온에 따라 달라질 수 있다. 친수성 섬유는 수분을 흡습한 후 보유하는 경향이 있으나, 소수성 섬유는 수분을 보유하지 못하므로 빨리 밖으로 배출시킨다. 따라서 일반적으로 수분율이 높은 섬유가 쾌적하다고 볼 수 있지만, 발한량이 많은 경우에는 반드시 그렇지 않을 수도 있다. 최근에는 운동복으로 합성섬유를 선호하기도 하는데 바로 이런 이유 때문이다.

2) 직물의 기공도

기체상태의 수분전달은 Fick의 확산 법칙을 따른다.

$$R = \frac{1}{Q} D(\triangle C)At$$

R : 투습저항(cm)
Q : 직물을 통과한 수증기의 양
D : 수증기 확산 계수
△C : 표면과 이면의 수증기 농도차
A : 직물의 수증기 통과 면적
t : 시간

수분의 확산계수를 비교해보면 표 5-6과 같이 공기가 섬유보다 크기 때문에 기공이 커질수록 수분의 확산은 증가하게 됨을 알 수 있다.

표 5-6.
공기와 섬유의
수증기 확산계수와
표준수분율

섬 유	수증기 확산 계수 $(10^{-4}cm^2/sec)$	표준수분율 (%)
공기	2560	-
면	114	8
레이온	56	12
양모	39	16
나일론	8	4
폴리에스테르	7	0.4

3) 두 께

직물의 두께가 두꺼울수록 확산 거리가 길어지므로 두께에 비례해 투습성은 감소하게 된다. 특히 의복을 여러 겹 입을 경우 정지 공기층의 두께에도 크게 영향을 받는다.

4) 공기 투과도

직물의 기공도와 크게 관련있는 요인이며, 통기성이 좋을수록 기체상태의 수분이 잘 전달된다. 공기투과도를 측정하는 원리는 다음의 세 가지로 구분된다.

① 단위 면적의 직물을 일정한 압력하에 통과하는 공기의 양으로 측정한다.
② 단위 체적의 공기가 일정한 압력하에서 단위 면적의 직물을 통과할 때 걸리는 시간으로 측정한다.
③ 단위 면적의 직물은 일정한 속도로 공기가 통과할 때 생기는 압력으로 측정한다.

이상과 같이 공기 투과도는 압력을 가한 상태에서 측정하는 것이므로 실제 의복착용 상황과는 크게 다를 수 있어 투습도와 반드시 비례관계가 성립하지는 않는다.

5) 표면섬유

직물의 표면에 잔털이 돌출되어 있으면 정지 공기층이 형성되어 투습성은 감소하게 된다. 예를 들어 기모가공을 한 플란넬은 기모 전에 비해 투습성이 크게 저하된다.

6) 가 공

투습성을 증가시키는 가공에는 물리적인 것과 화학적인 것이 있는데, 물리적인 방법은 무기미립자 첨가나 플라즈마 가공에 의하여 미세 기공을 부여하는 것이며, 화학적인 것에는 소수성 섬유에 친수화 가공을 하는 방법이 있다.

옷감의 흡수성에 영향을 미치는 요인

액체 상태의 수분 즉, 물은 섬유에 흡수되거나 모세관 현상에 의해 이동하게 된다. 이러한 물의 이동현상에 영향을 미치는 요인으로는 다음과 같은 것들이 있다.

1) 섬유의 친수성

친수성 섬유일수록 습윤되기 쉬우므로 흡수성은 커진다. 그러나 섬유 자체에 친수성이 없는 경우에도 섬유표면에 미세 기공이 있거나 섬유 사이에 모세관이 형성되면 흡수는 얼마든지 가능하다.

2) 섬유의 배열

불규칙하게 배열된 섬유의 실은 불연속적인 모세관을 형성하므로 액체가 이동하는 통로를 방해하게 된다. 예를 들어 스테이플 섬유로 된 실은 필라멘트 섬유로 된 실보다 물의 이동에 방해를 받게 된다.

3) 직물의 밀도

모세관의 크기와 통로를 결정하는 중요 요인이다. 실의 경우에는 가는 모세관이 곧게 형성되어 있으면 모세관력에 의해 흡수성이 크게 증대되나, 직물의 경우 밀도가 너무 커지면 경·위사의 교차, 또는 편환의 방향 전환 등으로 불연속성이 증가되어 흡수성이 도리어 감소될 수도 있다.

4) 가 공

흡습성과 마찬가지로 친수화 가공과 표면의 미세다공화 처리는 위에 언급된 것과 같은 방법으로

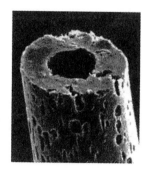

그림 5-6.
흡수성 폴리에스테르의 구조

흡수성이 커진다. 또한 이형단면으로 가는 모세관이나 중공을 만들어주는 것도 흡수성을 증대시키는 방법이다.

수분전달측정 직물을 통한 수분전달을 측정하는 방법은 전달되는 수분상태가 기체상태인지 또는 액체상태인지에 따라 나눌 수 있다.

기체상태에서의 수분전달을 측정하는 방법에는 직물을 사이에 두고 환경조건이 다른 두 공간의 수증기압 차이로 인해 수증기압이 높은 쪽에서 낮은 쪽으로 수증기 이동이 이루어지는 투습성 측정과, 환경과 직물 사이의 수증기압 차이로 직물이 흡수한 수분을 측정하는 흡습성 측정이 있다.

그리고 전달되는 수분상태가 액체상태일 경우에 가능한 흡수량 측정법과 흡수속도 측정법이 있다.

1) 투습성

직물을 통한 수증기 상태의 수분이동을 측정하는 이 방법은 쾌적성을 평가하는 가장 중요한 특성 중의 하나라 할 수 있다. 인체의 발한과 불감증설에 의해 수분이 외부환경으로 배출되기 위해서는 수증기 형태로 증발, 확산되어야 하므로 투습성의 좋고 나쁨은 착용감에 큰 영향을 미친다.

투습성의 측정방법은 크게 증발법과 흡습법으로 나눌 수 있다. 두 방법 모두 투습컵으로 시료를 덮은 상태에서 투습컵 속의 수증기압과 환경간에 수증기압 차이를 유발시켜 수분전달이 일어나는 것을 측정하는 것이다. 증발법은 투습컵에 물을 넣어 투습컵으로부터 환경으로의 수분전달을 발생시켜 감소되는 수분의 양을 측정하는 방법이다. 이와는 달리 흡습법은 투습컵 속에 흡습제($CaSO_4$, P_2O_5)를 넣어 투습컵 속의 수증기압을 낮추어 환경으로부터 투습컵 내로의 수분전달을 발생시켜 투습컵 내에 있는 흡습제의 무게 증가를 측정하는 방법이다.

이 두 방법 모두 실험이 간단하다는 장점이 있기는 하나 문제점도 안고 있다. 증발법 측정의 경우 투습컵에 물을 담을 때 일정한 수증기압을 가하기 위해 물과 시료 사이에 1cm의 거리를 두고 물을 담게 된다. 그러나 물이 증발되어 감에 따라 시료마다 이 거리가 달라져 확산에 영향을 미치게 되고, 이는 오차의 원인이 될 수도 있다. 이러한 단점을 보완하기 위하여 흡습법은 공기층을 없앴으나 흡습제와 같은 시약을 필요로 한다. 어느 방법이나 정확한 결과를 얻기 위해서는 환경조건의 증기압 조절이 가장 중요한 문제이다.

2) 흡습성

온도나 습도 등의 환경조건이 변화하거나 직물의 습윤상태가 변화하면 직물과 환경간에 수증기압 평형이 깨어지면서 그 사이에 수증기 상태의 수분이동이 발생하게 된다. 이는 직물 내의 수분의 양을 변화시키고, 또한 그것은 직물의 무게, 전기전도성, 습윤감과 같은 촉감의 변화를 가져와 착용자의 쾌적성에 중요한 영향을 미치게 된다. 섬유가 갖는 수분의 양은 시료의 전중량에 대한 함유수분의 비인 함수율(moisture content)과 건조중량에 대한 수분의 비인 수분률(moisture regain)로 나타낼 수 있다. 특히, 섬유의 무게 변화는 무역이나 세무 등 중량매매를 통해 이루어지는 상거래에서 발생할 수 있는 중요한 문제이므로 환경조건을 정해 놓고 각 섬유마다의 수분의 양을 결정하는데, 우리 나라에서도 표준상태조건에서 측정된 표준수분율과 공정수분율을 정해 이를 기준으로 삼고 있다.

3) 흡수성

액체상태의 수분전달 특성을 측정하기 위해 흡수성을 측정하는데, 측정방법은 흡수량을 측정하는 방법과 흡수속도를 측정하는 방법이 있다. 흡수량 측정은 일정 시간 동안 물에 시료를 넣었다가 꺼낸 후 여분의 물을 제거하고 흡수된 양을 측정하는 방법인데, 최대 흡수된 물의 양을 그대로 나타내는 방법과 건조중량에 대해 흡수된 물의 중량을 비로 나타낸 흡수율이 있다. 수분 흡수시 수조를 움직이지 않게 해 흡수시키는 정적 흡수법과 수조를 텀블자(tumble jar)를 이용해 일정 속도로 회전시켜 물을 흡수시키는 동적 흡수법이 있다.

동적 흡수법을 통해 흡수량을 측정하는 경우에는 시료의 가장자리를 바이어스로 처리해야 회전으로 인해 손실되는 섬유의 양을 줄여 오차를 줄일 수 있으며, 어떤 방법이든지 흡수량 측정시 여분의 물 제거는 결과에 큰 영향을 미칠 수 있으므로 일정한 압력을 주어야 한다.

4) 흡수 속도

심지 흡수법과 적하법이 가장 널리 쓰이고 있으며, 제품의 최종 용도에 따라 침강법도 쓰인다. 심지 흡수력은 매우 간단한 방법으로 쉽게 측정이 가능하나 실제 의복이 땀을 흡수하는 방향과는 다르므로 쾌적감 관련 평가에는 신중을 기하여야 한다. 적하법의 경우에는 물방울의 크기와 떨어뜨리는 속도를 잘 조절할 수 있어야 한다. 시료의 흡수성이 큰 경우 측정할 수 없이 빠르게 확산되므로 50%의 설탕물을 사용하고 결과에 0.141의 보정계수를 곱한다.

실험 5-5   흡습성 : 오븐법

목 적　　옷감이 함유하는 수분의 양을 정확하게 측정하여, 물성과 쾌적성 관련 성능을 예측해 보도록 한다.

시 료　　100 % 면 브로드 클로스
100 % 폴리에스테르 태티터
100 % 나일론 태피터
기타 레이온, 실크, 마 및 혼방직물도 가함.
5cm×5cm 2매

기기와 기구　　오븐, 화학천칭, 데시케이터, 텅, 칭량병(100ml) 2개

실험방법　　**오븐법(KS K 0220)**

A. 칭량병의 항량

① 칭량병의 병과 뚜껑에 연필로 표기를 하여 짝을 맞추어 둔다.
② 비누로 씻은 다음 증류수로 깨끗이 헹군다.
③ 뚜껑을 열고 105℃±1℃에서 1시간 건조시킨다.
④ 오븐을 열고 재빨리 뚜껑을 닫은 후 텅으로 잡아서 데시케이터에 넣어
　 30분 동안 식힌다.
⑤ 밸런스에 올려 놓고 무게를 잰다.
⑥ 다시 뚜껑을 열고 오븐에서 1시간 정도 건조시킨 후 같은 방법으로 무게를 재
　 어 항량이 될 때까지 반복한다.

B. 시료의 항량

① 5cm×5cm 시료의 무게(흡습섬유의 무게)를 잰다.
② 시험편을 칭량병에 넣어 105℃±1℃의 오븐에서 뚜껑을 열고 1시간 반 동안
　 건조시킨다. 건조된 칭량병에 얼룩이 없어야 깨끗한 것이다.
③ 뚜껑을 닫고 칭량병을 꺼내 데시케이터로 옮겨 냉각시킨 후 무게를 잰다. 지문

이 무게에 영향을 주므로 손으로 잡지 말고 텅으로 잡아야 한다.

항량(±0.003g)이 될 때까지 ②와 ③을 되풀이한다.

⑤ ④의 무게에서 칭량병의 무게를 빼면 건조된 시험편의 무게가 된다.

결 과   칭량병 A

	시료＋칭량병의 무게(a)	칭량병의 무게(b)	시료의 무게(a-b)
1회			
2회			
3회			
평 균			

칭량병 B

	시료＋칭량병의 무게(a)	칭량병의 무게(b)	시료의 무게(a-b)
1회			
2회			
3회			
평 균			

시료의 무게(흡습섬유의 무게)

시료 A(g)	시료 B(g)

별도로 규정되어 있지 않는 한 각 제품 단위로부터 2개의 시료를 채취해 실험한다. 측정된 무게 변화를 이용해서 다음 식으로 함수율과 수분율을 계산할 수 있으며 소수점 둘째자리까지 표시한다.

$$함수율(moisture\ content,\%) = \frac{수분무게}{섬유무게 + 수분무게} \times 100$$

$$= \frac{흡습섬유의\ 무게 - 건조섬유의\ 무게}{흡습섬유의\ 무게} \times 100$$

$$수분율(moisture\ regain,\%) = \frac{수분무게}{섬유무게} \times 100$$

$$= \frac{흡습섬유의\ 무게 - 건조섬유의\ 무게}{건조섬유의\ 무게} \times 100$$

	함수율(%)	수분율(%)
시료 A		
시료 B		
평 균		

토의문제

1. 항량이란 무엇인가 ?
2. 표준수분율이란 무엇인가?
3. 각 조의 섬유별 수분율을 비교하라. 섬유별로 수분율에 차이가 나는 이유를 간단히 쓰시오.
4. 수분율이 섬유, 실, 직물의 쾌적성 관련 특성에 미치는 영향을 쓰시오.
5. 오븐법 이외에 수분율을 측정하는 방법에는 어떤 것이 있는지 알아보시오.
   또 오븐법이 적당하지 않은 경우를 생각해보시오.

실험 5-6   흡수성 : 적하법

목 적 옷감의 흡수성은 일정한 조건하에서 액상수분을 얼마나 빨리 흡수할 수 있는가 하는 흡수속도와, 얼마 만큼을 흡수하느냐 하는 평형흡수량의 두 가지 의미가 포함되어 있다. 위생면과 착의감각에는 전자와, 건조성 문제에는 후자와 관련성이 크지만 착의시 쾌적성에는 두 요인이 동시에 영향을 미친다.

섬유의 종류에 따른 직물조직의 흡수성을 측정하고, 이것이 직표면에 따라 수분 확산속도에 미치는 영향을 분석한다.

시 료 100 % 면, 브로드 클로스
100 % 면, 고무 편성물
100 % 면, 방추 가공 직물
100 % 면, 테리벨루어
기타 모든 직물과 편성물도 가함.
20cm×20 cm

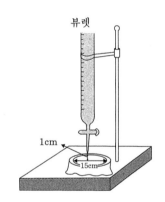

그림 5-7. 적하법

기기와 기구 뷰렛(1㎖), 스톱워치(stop watch), 증류수, 수틀

실험방법 적하법(AATCC Test Method 39)

① 시료를 수틀에 끼워 수틀을 뷰렛의 끝에서 1cm 아래에 놓이도록 장치한다. 이 때 시료의 구조적 변형이 일어나지 않도록 시료를 너무 당기거나 느슨하게 하지 않는다.

② 20±2℃ 증류수(1㎖)를 뷰렛에 넣어 이를 15~25방울로 분할하여 떨어뜨린다.

③ 물방울이 떨어져서 표면의 물방울이 물에 의한 반사를 하지 않을 때까지의 시간을 스톱워치를 사용해 측정한다. 표면의 물방울이 물에 의한 반사를 하지 않을 때는 시료가 물방울을 흡수해 습윤된 상태임을 의미한다. 시료를 끼운 수틀을 광원과 관찰자 사이에 놓고 각도를 잘 조절하여 관찰하도록 한다.

④ 시료의 흡수성이 큰 경우 50% 또는 65%의 설탕물을 사용할 수 있다. 이 때 결과에서 50%의 경우에는 0.141, 65%의 경우에는 0.023의 보정 계수를 곱해주고 이를 밝히도록 한다.

결 과 측정된 시간을 초 단위로 정수자리까지 표시한다. 3시간이 지나도록 흡수가 일어나지 않는 경우에는 흡수성이 없는 것으로 간주한다.

(단위 : 초)

1회	2회	3회	4회	5회	평 균

토의문제 1. 정련된 면과 양모직물의 흡수속도 측정시 예측되는 결과는 어떠하며 그 이유는 무엇이라고 생각하는가?

2. 새로 구입한 면 타월이나 손수건으로는 물기가 잘 닦이지 않는다. 그 이유는 무엇인가?

실험 5-7   흡수성 : 심지흡수력

목 적   섬유의 종류나 조직에 따라 직물의 길이방향으로 모세관에 의해 흡수되는 속도와 흡수량을 파악한다.

시 료   폴리에스테르 태피터
100% 일반 폴리에스테르
100% 폴리에스테르 흡수속건소재
100% 일반 폴리에스테르 피케
25cm×25cm, 경·위사 방향으로 각각 5매

기기와 기구   증류수, 심지흡수력 측정장치(수조, 스탠드, 수평막대, 눈금자, 클립)

실험방법   **심지흡수력**

① 표준상태에서 시료의 무게(A)를 측정해 놓는다.
② 시료를 수평막대 위에 핀으로 고정시킨다.
③ 20±2℃ 증류수를 넣은 수조 위에 시료가 부착된 수평막대를 이동시킨다.
④ 시료가 수조 수면 아래로 1cm 정도 잠기도록 수평막대를 내려 고정해 놓는다.
⑤ 10분이 지난 후에 물이 상승한 높이(H)와 시료 무게의 증가량(B)을 측정해 흡

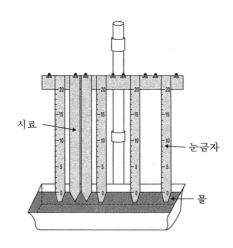

그림 5-8.
심지 흡수력

수된 물의 양을 측정한다. 물의 상승을 읽기 어려운 경우에는 시료에 수용성 염료를 뿌려 놓거나, 증류수에 염료나 잉크를 약간 풀어 놓아도 된다.

결 과 물이 상승한 높이를 측정하여 이를 기록하거나, 흡수량을 함께 측정하여 아래의 식을 이용하여 모세관력으로 나타낸다. 정수자리까지 표시한다.

① 흡수량(g)과 흡수율(M, %)

$$흡수율(\%) = \frac{B-A}{A} \times 100$$

경 사 방 향				위 사 방 향			
건조무게 A(g)	흡수무게 B(g)	흡수량 B-A(g)	흡수율 M(%)	건조무게 A(g)	흡수무게 B(g)	흡수량 B-A(g)	흡수율 M(%)

② 물이 상승한 높이(H, mm)

(단위 : mm)

	1회	2회	3회	4회	5회	평 균
경사방향						
위사방향						

③ 모세관력

$$모세관력\,(wickability) = \frac{M \times H}{100}$$

(단위:mm)

	1회	2회	3회	4회	5회	평 균
경사방향						
위사방향						

토의문제

1. 보통 폴리에스테르와 표면을 다공질로 가공한 폴리에스테르의 흡습성을 비교한 결과 큰 차이를 나타내지 않았다. 그러나 흡수성 측정시에는 보통 폴리에스테르는 흡수성을 나타내지 못하였으나, 다공질로 가공한 폴리에스테르는 우수 흡수성을 나타내었다. 이러한 결과에 대하여 설명하여라.

2. 함기성, 실의 밀도 증감이 흡수성에 미치는 영향을 쓰시오.

3. 흡수성 증가가 통기성과 열전도율에 미치는 영향을 쓰시오.

실험 5-8   흡수성 : 침강법

목 적   섬유의 친수성, 직물의 조직 무게 가공 등에 따라 젖는 속도를 간단한 방법으로
평가해보도록 한다.

시 료   실험 5-6과 동일
1cm×1 cm, 3매

기기와 기구   증류수, 비커, 스톱워치

실험방법   침강법

① 20±2℃ 증류수가 들어 있는 비커를 준비한다.
② 비커 수면에 시료를 가만히 띄운다.
③ 물 속에 가라앉기 시작할 때까지의 시간을 스톱워치
를 사용하여 측정한다.

그림 5-9. 침강법

결 과   정수자리까지 표시한다. 3시간 이상 지나도 수면에 떠 있는 경우에는 가라앉지 않
는 것으로 간주한다.

(단위 : 초)

1 회	2 회	3 회	평 균

토의문제   1. 가라앉지 않는 직물이 쾌적성과 관리성, 특히 세탁에 어떤 영향을 줄 것인지에 대
해 기술하시오.
2. 흡수성을 증가시키기 위해 세액이나 가공액에 어떤 성분이 첨가되어야 하는가?

실험 5-9   흡수량 : 정적 흡수법

목 적   발수가공이나 기모가공된 직물의 가공제의 종류, 가공된 정도, 섬유의 종류에 따라
습윤되는 정도를 파악한다.

시 료   발수가공 전후의 직물, 우레탄·실리콘·불소화합물과 같이 가공제의 종류가 다른
발수가공직물, 기모가공된 폴리에스테르 트리코, 아크릴 플리스, 면융
7.5cm×7.5 cm, 3매

기기와 기구   증류수, 수조(또는 비커), 저울 추, 흡수지 6매, 밸런스, 핀셋,
롤러(길이 40cm, 길이 5.3~5.6cm, 전중량 27kg의 균일 하중)

실험방법   **정적 흡수 시험법(AATCC Test Method 21)**

① 시료의 무게(W_0)를 측정한다.

② 저울 추를 시료 한 끝에 매달아 27±1℃ 물이 들어 있는 수조에 떨어뜨린다.

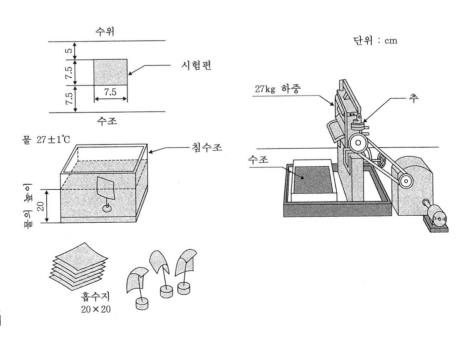

그림 5-10.
정적 흡수 시험장치

저울 추는 수조 바닥에 가라앉는 데 충분한 것이면 된다.

③ 시험편의 상단이 수면에서 부터 5cm 이내에 놓이도록 수위를 조절한다.

④ 20분 동안 침지한 후 핀셋을 이용하여 이를 꺼낸 후, 2매의 흡수지 사이에 끼워 2.5cm/sec 속도의 롤러를 통과시키고 여분의 물을 제거한다. 흡수지는 시료보다 큰 것을 사용하도록 하며, 시료의 두께 차이가 큰 경우에는 롤러 사이의 틈새 조정이 필요하다.

⑤ 여분의 물이 제거된 시료의 무게(W_1)를 측정한다.

결   과   결과표시는 소수점 한자리까지로 한다.

	시료 A	시료 B	시료 C	평 균
건조 무게(W_0)				
흡수 무게(W_1)				

다음 식으로 흡수율을 산출한다.

$$흡수율(\%) = \frac{W_1 - W_0}{W_0} \times 100$$

	시료 A	시료 B	시료 C	평 균
건조 무게(W_0)				
흡수 무게(W_1)				

토의문제   1. 발수가공이나 기모가공된 직물을 정적흡수 시험법으로 측정하는 이유를 쓰시오.

2. 발수가공에는 어떤 것이 있으며 가공의 종류에 따라 발수성에 어떤 차이가 있는지 알아보시오.

3. 기모가공된 직물이 습윤되었을 때 섬유의 종류에 따른 표면 섬유의 특성을 비교하시오.

실험 5-10   흡수량 : 동적 흡수 시험법

목 적   옷감을 실제로 사용하는 조건은 정적인 것보다는 동적인 상황이 대부분이다. 발수가공이나 기모가공된 직물의 습윤 정도를 동적인 방법으로 측정해 정적 흡수법에서 얻은 결과와 비교한다.

시 료   실험 5-9와 동일
20cm×20cm(바이어스 방향), 10매

기기와 기구   증류수, 텀블자(30cm(높이)×15cm(직경)원통형 또는 6각형), 흡수지 22매, 밸런스, 핀셋, 55±2rpm으로 회전 가능한 모터구동),
링거(길이 40cm, 길이 5.3~5.6cm, 27.2kg 균일 하중),

실험방법   **동적 흡수 시험법(KS K 0339)**

① 시료 5매의 모서리를 실로 꿰매어 한 개의 시료로 사용하도록 한다. 이 때 시료 모서리의 실들은 모두 풀어버리도록 한다.
② 시료의 무게(W_0)를 0.1g까지 정확하게 측정한다.
③ 준비된 시료를 2ℓ의 증류수가 들어 있는 텀블자에 넣고 20분 간 55±2rpm 속도로 회전시킨다.
④ 회전이 끝난 시료를 꺼내 꿰맨 자리를 틀어 시료 5매로 각각 분리한다.
⑤ 시료를 한 장씩 2.5cm/sec속도로 회전하는 링거를 통과시킨 후 흡수지에 싸서

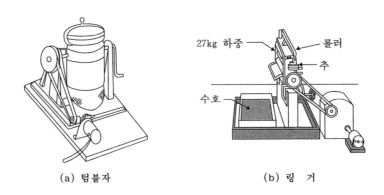

그림 5-11.
동적 흡수 시험장치

(a) 텀블자   (b) 링 거

또 통과시키고 그 다음 5장을 포개서 흡수지에 싸두었다가 말아서 무게(W_1)를 측정한다.

⑥ 나머지 5장의 시료도 위와 같은 방법을 이용하여 시험하도록 한다.

결 과 결과 표시는 소수점 한자리까지로 한다.

	시료 A	시료 B	평 균
건조 무게(W_0)			
흡수 무게(W_1)			

다음 식에 의해서 흡수율을 산출한다.

$$흡수율(\%) = \frac{W_1 - W_0}{W_0} \times 100$$

	시료 A	시료 B	평 균
흡 수 율 (%)			

토의문제 1. 정적 흡수법과 동적 흡수 시험법에서 얻은 결과에는 어떤 차이가 있으며, 그 이유는 무엇인지 쓰시오.

2. 동적 흡수 상태를 실제 사용 조건에서 예를 들어보시오.

실험 5-11   투습성 : 증발법

목 적   인체에서 발생한 땀이 수증기 형태로 옷감을 통과하는 정도를 파악하기 위하여, 일정한 온·습도하에서 단위 면적의 옷감으로 단위 시간당 통과한 수증기의 양을 측정하고자 한다. 이 때 투습성은 섬유와 섬유의 간극을 통과하는 것과 섬유 내부를 통과하는 것의 두 가지를 포함한다. 섬유의 종류, 직물의 밀도와 두께, 가공 등에 따른 투습성능을 비교해본다.

시 료   투습발수 가공직물
100 % 면 포플린
100 % 면 인터록
100 % 폴리에스테르 인터록
기타 직물 및 편성물도 가함.
지름 8cm의 원 3매

기기와 기구   투습컵 6개, 밸런스, 증류수, 항온항습기, 고무밴드 6개

실험방법   **증발법(KS K 0594)**

① 투습컵의 상단으로부터 1cm 아래까지 40℃의 증류수를 넣는다.
② 투습컵을 시료로 덮고 수분이 시료 이외의 곳으로 확산되지 않도록 고무밴드로

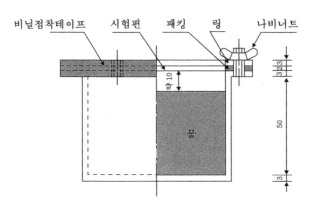

그림 5-12.
증발법

단단히 죄어 시험체로 하고 무게(W_0)를 측정한다.

③ 시료로 덮은 투습컵을 $40\pm2℃$, 습도 $50\pm5\%$ RH의 항온항습기에 1시간 동안 방치한 후 무게(W_1)를 측정한다. 이 때 증발된 물의 양에서 큰 변화가 없으면 24시간 동안 방치하여 무게 변화를 측정할 수도 있다.

④ 시료를 덮지 않고 증류수만을 넣은 투습컵도 준비하여 항온항습장치에 함께 방치하여 증발 전후의 무게를 측정한다.

결 과

투습컵＋물＋시료무게

	증발 전(W_0, g)	증발 후(W_1, g)	증발 전-증발 후(g)
1회 실험			
2회 실험			
3회 실험			

투습컵＋물

	증발 전(W_0, g)	증발 후(W_1, g)	증발 전-증발 후(g)
1회 실험			
2회 실험			
3회 실험			

계 산

다음 식을 이용하여 투습율과 투습도를 계산하며, 3회 시험의 평균값으로 한다. 값은 소수점 이하 한자리까지 구하고 정수자리로 표시한다.

$$투습율(\%) = \frac{A}{B} \times 100$$

A : 시료를 덮었을 때의 증발량(g)
B : 시료를 덮지 않았을 때의 증발량(g)

(단위 : %)

1 회	2 회	3 회	평 균

$$\text{투습도 (g/m}^2 \cdot \text{h)} = \frac{W_0 - W_1}{S}$$

W_0 : 증발 전의 시험체의 무게(g)
W_1 : 증발 후의 시험체의 무게(g)
S : 투습면적(cm^2)

(단위 : $\text{g/m}^2 \cdot \text{h}$)

1 회	2 회	3 회	평 균

토의문제

1. 직물의 투습성에 영향을 미치는 요인에는 어떤 것이 있는가?

2. 투습성과 가장 큰 관련성을 갖는 섬유의 성능은 무엇인가?

3. 섬유체적비가 증가해서 직물이 치밀하게 될 때 친수성 섬유보다 소수성 섬유의 투습성이 크게 감소하는 것은 무엇 때문인가?

실험 5-12   투습성 : 흡습법

목 적   실험 5-11과 같으나, 증발법의 경우 시간이 지남에 따라 잔류된 증류수의 양이 다르므로 수증기의 이동거리가 달라지는 단점을 보완하기 위하여 흡습제를 이용하여 투습효과를 관찰하도록 한다.

시 료   실험 5-11과 동일
지름 7cm 원형시료 3매

기기와 기구   투습컵 6개, 밸런스, 증류수, 항온항습장치, 고무밴드 6개
흡습제(염화칼슘($CaCl_2$) 또는 황산칼슘($CaSO_4$)

실험방법   **흡습법(KS K 0594)**

① 투습컵에 흡습제를 상단으로부터 3mm 아래까지 넣는다.
② 시료의 표면을 흡습제 쪽으로 투습컵에 대하여 올려 놓고 고무밴드로 봉합하여 시험체로 하여 무게(W_1)를 측정한다.
③ 시험체를 40±2℃, 습도 90±5% RH의 항온항습 장치에 1시간 동안 방치한 후 무게(W_0)를 측정한다. 이 때 24시간 동안 방치하여 무게변화를 측정할 수도 있다.
④ 시료를 덮지 않은 투습컵을 이용하여 증발법과 같은 방법으로 실험한다.

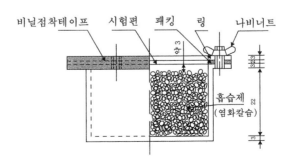

그림 5-13. 흡습컵

결 과 이 때에는 흡습제가 공기 중의 수분을 흡습하여 흡습제의 증가량이 증가하므로 흡습제의 무게 변화를 통해 투습율과 투습도를 나타낸다.

투습컵＋흡습제＋시료무게

	흡습 전(W_1, g)	흡습 후(W_0, g)	흡습 전-흡습 후(g)
1회			
2회			
3회			
평균(A)			

투습컵＋흡습제

	흡습 전(W_1, g)	흡습 후(W_0, g)	흡습 전-흡습 후(g)
1회			
2회			
3회			
평균(B)			

계 산 투습율과 투습도는 증발법과 동일한 방법으로 계산해 나타낼 수 있으며, 이는 3회 시험의 평균값으로 한다. 값은 소수점 이하 1자리까지 구하고 정수자리로 표시한다.

$$투습율(\%) = \frac{A}{B} \times 100$$

A : 시료를 덮었을 때의 흡습량(g)
B : 시료를 덮지 않았을 때의 흡습량(g)

(단위 : %)

1 회	2 회	3 회	평 균

$$\text{투습도 (g/m}^2 \cdot \text{h)} = \frac{W_0 - W_1}{S}$$

W_0 : 흡습 후의 시험체의 무게(g)
W_1 : 흡습 전의 시험체의 무게(g)
S : 투습면적(cm^2)

(단위 : g/m$^2 \cdot$ h)

1 회	2 회	3 회	평 균

토의문제

1. 증발법과 흡습법의 실험에서 동일한 시료를 같은 실험자가 증발법을 이용하여 투습도를 측정하였으나, 그 결과가 상이하였다. 그러한 결과가 나올 수 있는 가장 큰 원인은 무엇이며 그 이유는 무엇이라고 예측되는가?

실험 5-13 발수성 : 스프레이 시험법

목 적
발수성(water repellency)은 섬유, 실, 옷감의 습윤에 대한 저항성이라고 정의할수 있으며, 통기성 방수성이라고도 한다. 이는 외부의 비나 눈 등으로 직물 내의 침투를 막고, 투과가 가능한 공기로 쾌적한 의복의 기후를 유지하기 위해 필요한 특성으로 표면 습윤 저항을 측정하고자 하는 것이다. 섬유의 종류, 가공의 종류 및 가공의 정도에 따른 발수성을 비교함으로써 어떤 종류의 의복에 적합할 것인지 알아보도록 한다.

시 료
발수가공 전과 후의 면직물
발수가공 전과 후의 나일론 직물
DP 가공 전후의 면직물
기타 직물 및 편성물, 가공직물두 가함.
20cm×20cm 3매

기기와 기구
스프레이 시험기,
유리 깔때기 1개(직경 12cm), 링지지대, 표준 스프레이노즐, 0.95cm 고무튜브,

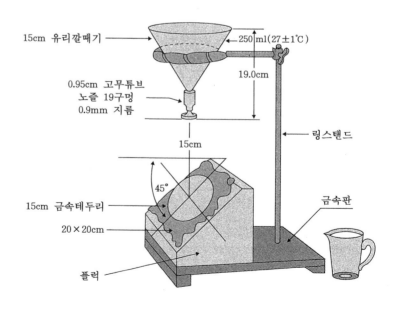

그림 5-14.
스프레이 시험기

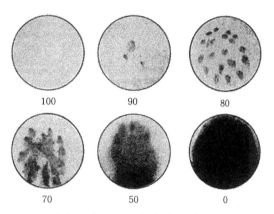

100 : 표면에 부착 또는 습윤이 없는 것
 90 : 표면에 약간의 부착 또는 습윤을 나타내는 것
 80 : 물이 떨어진 자리에 습윤을 나타내는 것
 70 : 전 표면에 걸쳐 부분적 습윤을 나타내는 것
 50 : 전 표면에 습윤을 나타내는 것
  0 : 표면과 이면이 완전히 습윤된 것

그림 5-15.
발수도 판정표준표

금속 수틀(직경 15~17.5cm), 블록(45° 각도), 증류수,
발수도 판정 표준표(그림 5-15)

실험방법 스프레이 시험법(KS K 0590)

① 시료는 표면을 위로 해서 표면이 고르고 평평하게 당겨 물이 경사방향으로 흐
　르도록 수틀에 끼운다.

② 수틀의 중심이 노즐 중심 바로 밑에 오도록 블록에 올려 놓는다. 깔대기 위부
　터 노즐까지의 거리는 19cm, 노즐 밑에서 시료 중심까지의 거리는 15.2cm 정
　도 되어야 한다.

③ 27±1℃ 의 증류수 250ml를 깔때기에 빨리 부어서 25~30초에 시료에 뿌려지
　도록 한다.

④ 물이 완전히 뿌려지면 수틀의 한쪽 끝을 잡고 젖은 쪽을 아래로 해 딱딱한 벽
　면에 쳐서 여분의 물방울을 턴 다음, 수틀을 180° 돌려 같은 방법으로 다시 한
　번 더 물방울을 털어준다.

⑤ 이를 발수도 판정 표준표와 비교해 발수도 등급을 결정한다.

결　과　　시료 3매 각각에 대해 결과를 표시한다.

시 료 A	시 료 B	시 료 C

토의문제

1. 발수성이 요구되는 의복에는 어떠한 것이 있는가 ?
2. 이 실험에서는 블록의 각도와 노즐에서부터 시료 중심까지의 거리를 일정하게 규정해 놓고 있다. 그 이유는 무엇이라고 생각하는가 ?
3. 표면장력과 접촉각을 정의하고 이들과 발수성과의 관계에 대해 간단히 설명해보시오.

실험 5-14 발수성 : 접촉각 측정법

목 적 실험 5-13과 같이 직물 표면에서의 표면 습윤 저항을 측정하되, 물방울이 직물 표면에 닿는 순간의 습윤 거동을 파악할 수 있으며 표면에 부착되는 물방울의 습윤되어가는 습윤 진행상태를 파악할 수 있다는 장점이 있다. 섬유의 종류, 직물의 표면 상태에 따른 발수성을 비교함으로써 각 용도에 맞는 의복재료의 표면특성을 파악하는 데 목적이 있다.

시 료 실험 5-13과 동일
2cm×4cm, 3매의 편평한 시료

기기와 기구 증류수, 접촉각 측정장치(현미경, 측각기, 마이크로 뷰렛, 유리 필터)

실험방법 **접촉각 측정**
① 표준상태에서 시료를 시료대 위에 올려 놓는다. 이때 시료는 수평으로 놓아야 하며, 양면 접착테이프를 이용하여 고정하되 시료를 너무 당기거나 느슨하지 않도록 한다.
② 편평한 시료 위에 마이크로뷰렛으로 적정 크기의 물방울을 물방울 적하 구멍을 통해 한 방울 떨어뜨린다.
③ 시료와 물방울이 접촉하여 공기와 만나는 점을 접촉점으로 하여 측각기를 고정시키고 측각기의 이동 분침을 조절하여 접촉점과 물방울 표면에 접선을 연결하여 접촉각을 측정하도록 한다. 시료는 표면을 위로 해서 표면이 고르고 평평하도록 당겨 수틀에 끼운다.

결 과 시측정된 접촉각을 분 단위로 소수 첫째자리까지 표시한다. 3회 반복 실험한다.

(단위 : 도)

1회	2회	3회	평균

토의문제

1. 발수가공 전후 시료의 접촉각은 어떻게 변화하였는가? 이 결과와 스프레이 시험법에 의한 결과와 비교하시오.

2. 실험에 사용된 액체의 표면장력은 접촉각의 결과에 어떻게 영향을 주는가?

3. 접촉각이 발수성에 미치는 영향을 간단히 설명하시오.

실험 5-15   내수성 : 저수압법

목 적   내수성은 물의 습윤 또는 침투에 대한 옷감의 저항성을 의미하며, 불통기성 방수성이라고도 표현한다. 이는 방수가공 옷감의 방수 효율성을 평가하고자 하는 것이다. 방수가공의 종류에 따라 수압이 낮은 경우 물의 침투성을 평가하고 내수성을 갖기 위한 직물의 가공조건을 알아본다.

시 료   100 % 폴리에스테르 태피터
100 % 폴리에스테르 초고밀도 직물
100 % 폴리에스테르(태피터) 방수가공 직물
기타 직물 및 방수가공직물도 가함.
20cm×20cm 5매

기기와 기구   저수압법에 의한 정수압 저항도 측정장치(그림 5-16)

실험방법   **저수압법(KS K 0591)**

① 깔대기와 연결된 다른 용기에 물을 채운 다음 시료의 표면에 물이 닿게 한다.

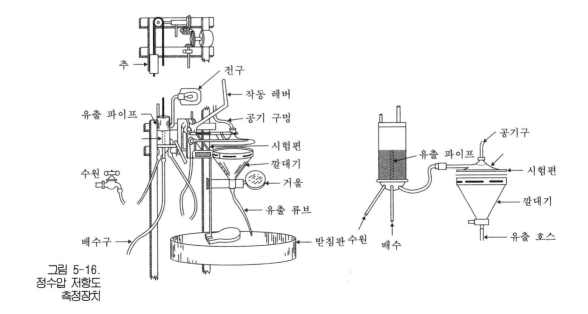

그림 5-16.
정수압 저항도
측정장치

② 깔때기와 동축의 링 클램프로 시료를 고정한다.

물이 들어 있는 용기를 일정 속도로 상승시켜 수압을 1cm/sec로 증가시킨다.

④ 시료면을 관찰해서 시료면에 침수되어 형성되는 물방울이 세 개째 발견되는 순간의 정수압 높이(cm)를 읽어서 정수압 저항도(hydrostatic resistance)로 한다.

결 과   소수점 이하 한자리까지 표시한다.

(단위 : cm)

1 회	2 회	3 회	4 회	5 회	평 균

토의문제
1. 불통기성 방수성 직물은 물의 침투는 물론 인체에서 발생하는 땀과 같은 수분도 배출하지 못한다. 이를 개선시키는 방법들에 대해 쓰시오.
2. 고밀도 직물과 코팅된 발수가공 직물의 장단점을 비교해보시오.

실험 5-16   내수성 : 고수압법

목 적   발수 또는 방수성을 갖도록 코팅된 직물의 고수압에서의 침투사항을 측정해 방수성을 갖기 위한 조건을 알아보도록 한다.

시 료   실험 5-15와 동일
20cm×20cm 5매

기기와 기구   뮬렌형 파열 강도 시험기(그림 3-10 참고. 고무막을 제거하고 압력실의 글리세린 대신 물을 채우고 85±5mℓ/min로 수압을 가할 수 있는 장치이어야 한다.)

실험방법   고수압법(KS K05 31)

① 압력실의 물과 접하는 시료의 표면은 가공된 면으로 하며, 양면 코팅인 경우에는 두껍게 코팅된 면으로 한다.

② 시료를 클램프로 꼭 조이고 일정 속도(85±5ml/min)로 수압을 높여서 시료 면에 침투된 물이 나타나는 순간의 수압(kg/cm^2)을 압력계에서 읽어 내수도의 지표로 한다.

③ 시료가 미끄러져 빠지면 그 시료는 버린다.

결 과   정수압저항도를 소수점 이하 한자리까지 표시한다.

(단위 : kg/cm^2)

1 회	2 회	3 회	4 회	5 회	평 균

토의문제   1. 액체의 표면장력과 미세가공의 지름에 따라 물이 침투하기 위한 최소압력을 구해보시오.

2. 고수압에 대해 내수성이 요구되는 직물은 어떤 용도에 필요한 것들인가?

실험 5-17   내수성 : 우수시험법

목 적   레인코트 등 보통 비에 대한 내수성이 요구되는 직물들의 침수저항을 측정하고, 비에 젖지 않기 위해 직물들이 어떤 조건을 갖추어야 할지 알아본다.

시 료   투습발수가공 직물
고밀도 직물
100% 나일론 태피터
20cm×20cm   3매

기기와 기구   우수 시험장치(그림 5-17), 흡수지 6매

실험방법   **우수시험법(KS K 0593)**

① 흡수지의 무게(W_0)를 측정한다.

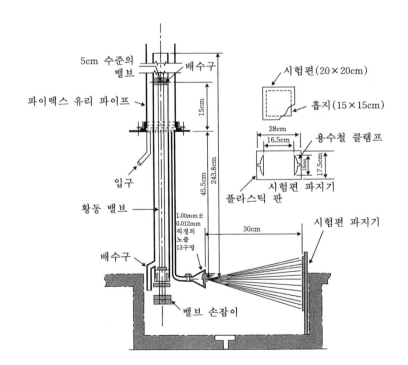

그림 5-17.
우수 시험장치

② 흡수지를 시료 뒷면에 부착하여 시료 파지기에 장착하여 수직으로 장치한다.

③ 노즐을 통해 수평방향으로 물을 5분 동안 분사한다. 이 때 물의 분사강도 즉, 수압은 0.6m~2.4m로 0.3m씩 증가시켜 가면서 조절할 수 있다.

④ 시료 뒷면에 부착되었던 흡수지의 무게(W_1)를 측정한다.

결 과

다음 식을 이용하여 침투도를 계산한다.

	시험 전(W_0, g)	시험 후(W_1, g)	시험 후-시험 전(g)
1회			
2회			
3회			
평 균			

$$침투도(\%) = \frac{W_1 - W_0}{W_0} \times 100$$

(%)

1 회	2 회	3 회	평 균

토의문제

1. 소나기, 이슬비 등 강우의 종류에 따른 물방울의 크기를 비교해보시오.

2. 일시적으로 비에 대한 내수성을 갖는 방법에 대해 쓰시오.

3. 양모로 된 레인 코트의 장점에 대해 쓰시오.

실험 5-18   내수성 : 적수침투시험법

목 적   소나기와 같은 큰 비에 대한 침수저항을 측정하고자 하는 것으로 가공의 종류, 가
공의 두께와 정도에 따른 물의 침투저항을 비교해본다.

시 료   투습성발수가공직물,
고밀도직물 20cm(위사)×25cm(경사) 3매

기기와 기구   적수 침투 저항 장치(그림 5-18)

실험방법   ① 시료를 시료파지판에 장치한다. 시료 파지판 아래에는 원형의 구멍이 있어 물
을 받도록 되어 있다.
② 모세관을 통해 60방울/분 정도의 물방울을 떨어뜨린다.
③ 시료를 통해 아래로 내려온 물이 1ml가 될 때까지의 시간을 측정한다.

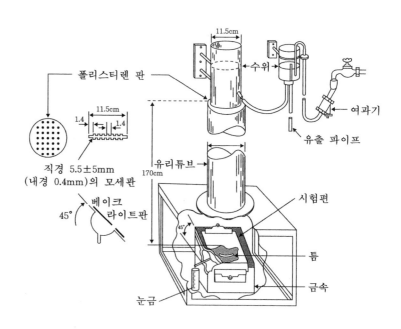

그림 5-18.
적수침투 저항장치

결 과

(초)

1회	2회	3회	평 균

토의문제

1. 내수성은 여러 가지 방법으로 측정될 수 있다. 시험방법의 종류에 따라 얻어지는 결과에 대해 비교해보시오.

2. 소나기와 같은 큰 비를 막을 수 있는 레인 코트의 소재, 디자인, 구성에 대해 생각해보고 좋은 코트를 만들기 위한 예를 드시오(예 : 어깨 부분을 두 겹으로 함).

4. 의복의 착용감

　의복의 착용감은 앞서 언급한 바와 같이 온열생리학적인 측면과 촉감, 그리고 심리적인 측면이 조화를 이루어야 얻어질 수 있다. 본 장에서는 이에 관련된 총체적인 측면으로 의복의 보온력, 발한 및 착용감을 측정하는 관능 평가에 대하여 살펴보고자 한다.

인체 생리　인체의 환경변화에 대응하는 생리적 조절 기구를 이해하기 위해서는 많은 관련 의학 지식을 갖추어야 한다. 여기서는 체온을 항온으로 유지하기 위한 인체의 체온조절 기구를 간단히 요약해보도록 한다.

1) 더운 환경

　인체가 더운 환경에 노출되면 혈관이 확장되고 피부온이 상승해 전도로 체열을 방산한다. 이것으로도 체온이 충분히 저하되지 않으면 땀을 흘리게 된다. 인체는 더운 환경이 아니어도 대기와의 수증기압 차이로 인해 끊임없이 수분을 방출하는데 이것을 불감발한이라고 한다. 불감발한이 수증기의 형태나 의복을 통해 외부로 발산되지 못하면 피부에 응축되거나 의복 내 공기층의 습도를 증가시켜 불쾌감을 느끼게 한다. 더울 때 흘리는 땀은 체열 방산에 아주 효과적이다. 또한 인체는 체열 방산을 위하여 되도록 활개를 펴는 자세를 취하기도 한다.

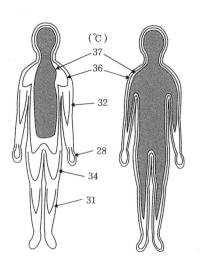

그림 5-19.
여름과 겨울의
체내 온도 분포 비교

2) 추운 환경

추위에 노출된 인체는 더운 환경과는 반대로 혈관이 축소되어 피부온을 저하시키고, 혈류량을 감소시켜 인체 심부온을 항온으로 유지하도록 한다. 피부에는 소름이 돋아 피부표면적을 감소시키며 기모를 통해 정지 공기층을 확보한다. 이것으로도 충분하지 않으면 떨림과 같은 신체 움직임에 의해 산열량을 증가시킴으로써 체온을 유지한다.

의복의 보온력 의복의 보온력은 옷감 자체의 보온력뿐 아니라, 디자인, 구성, 입는 방법 등에 따라 달라진다. 예를 들어, 두꺼운 직물이라도 개구부를 크게 하면 보온력은 그다지 좋지 않다. 공기층의 두께에 의해서도 보온력은 많이 달라지는데, 의복의 무게가 같다 하더라도 얇은 옷 여러 겹을 입는 것이 두꺼운 옷 한 벌을 입는 것보다 보온력이 더 커진다.

보온력을 나타내는 단위에는 여러 가지가 있으나, 현재 통용되는 것은 열절연값을 나타내는 clo치이다. clo는 Gagge 등에 의하여 제안된 것으로 실험적으로 얻어진 것이며, 열전도의 단위가 아니고 열절연의 단위이다.

1clo의 보온력이란 기온 21℃, 습도 50% 이하, 기류 10cm/sec 이하인 적절한 실내환경에서 안정하고 앉아 있는 피험자가 평균 피부온을 33℃로 유지하고 쾌적하게 느낄 수 있는 착의의 보온력이다. 이 때 피험자의 신진대사량은 $50Cal/m^2 \cdot hr$이다. 이 중 25%는 피부와 호흡기로 방열되고 의복을 통해방열되는 것은 $38Cal/m^2$이다. 이 때 의복을 통한 온도차는 피부온(33℃)과 기온(21℃)의 차인 12℃이므로 착의상태의 총절연력은 $12/38=0.32℃m^2hr/Cal$가 된다. 이 중에서 $0.14℃m^2hr/Cal$는 10cm/sec의 공기층이 갖는 절연력이고 의복의 절연력은 1clo $= 0.18℃ m^2hr/Cal$가 된다. 역으로

$$\frac{1}{0.18℃ \cdot m^2 \cdot hr/Cal} = 5.5Cal/℃ \cdot m^2 \cdot hr$$

의 관계가 성립해 열전도도로 나타낼 수도 있다. 우리가 보통 입는 바지와 긴 셔츠는 공기층의 절연치 0.8clo를 포함해 1.4clo이며, 이것은 반 이상이 공기층에 의한 것임을 보여준다.

의복의 보온력에 영향을 미치는 요인 ## 1) 공기층의 역할

옷을 입지 않은 상태에서도 우리는 대기 중의 기류와 같은 공기에 노출되어 있

는 것이 아니고, 피부 표면의 거의 움직이지 않는 공기층 즉, 정지 공기층에 노출되어 있다. 정지 공기층의 두께는 대기 중의 기류 속도가 낮을수록 두꺼워지며, 정지 공기층이 두꺼울수록 보온성은 커지게 된다. 의복을 겹쳐입었을 때 형성되는 정지공기층의 두께는 연구자마다 결과가 다르기는 하나 대강 0.5cm~1cm의 범주에 있다. 공기층이 지나치게 두꺼워지면 대류현상에 의하여 오히려 보온력은 저하되고, 활동에 방해가 될 수도 있다.

2) 개구부

의복의 칼라, 소맷부리, 단 트임과 같이 의복 내로 공기가 유입되거나 배출되는 곳을 개구부라 한다. 개구부의 크기, 위치 및 방향에 따라 환기정도가 달라지고 따라서 의복의 착용감에 크게 영향을 미친다. 특히 허리와 목 부분에 개구부가 크게 형성되면 인체에서 더워진 공기가 위로 올라가는 굴뚝현상 때문에 대류가 촉진되고 보온성은 감소하게 된다.

3) 피복면적

의복으로 덮인 부분은 정지 공기층이 형성되어 열저항이 증가하고 따라서 보온성이 증가한다. 피복면적과 보온성은 그림 5-20과 같이 거의 비례관계에 있다.

3) 피복 중량

의복의 중량이 증가할수록 보온력은 대체로 증가하는 경향을 나타내어 상관관계가 비교적 높다. 날씨가 추워질수록 더 두꺼운 옷, 더 많은 옷을 입는 것으로도

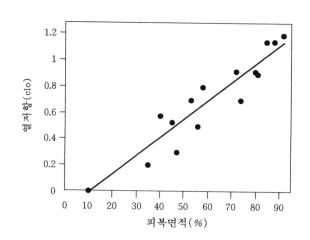

그림 5-20.
피복면적과 clo치

설명이 가능하다. 그러나 엄밀히 말하면 의류소재에 따라 가볍고 따뜻한 것이 있으므로 일정한 범위나 조건에서만 정적인 상관관계를 나타낸다.

4) 착의방법

의복의 겹침 매수뿐 아니라 통기성이 다른 각 의류들을 어떤 순서로 입느냐에 따라서도 달라진다. 겹침 매수의 경우 매수가 증가할수록 무조건 보온성이 증가하는 것은 아니며, 오히려 무게만 증가해 신체에 부담을 줄 수도 있다. 입는 순서에서 정지 공기층의 효과를 최대로 얻으려면 통기성이나 함기량이 큰 것을 안쪽에, 작은 것을 바깥쪽에 입는 것이 좋다.

측정법

1) 인체착용 실험

의복의 착용성능 평가는 의복을 직접 인체에 착용시키고, 의복의 착용조건 즉 환경조건이나 운동·작업 부하량에 따른 인체의 생리적 반응과 감각의 측정으로 이루어진다. 그러나 착용감각은 같은 피험자라도 생리적, 심리적 상태에 따라 다르게 나타나고 개인차도 크기 때문에 착용성능을 올바로 평가하기 위해서는 피험자 선정과 실험조건을 적절히 선택하는 것이 무엇보다 중요하다. 또 의복에 관한 항목이나 생리반응에 관한 항목도 모두 측정하기 어려우므로 실험목적에 따라 필요한 것을 선택하여 측정하도록 한다. 표 5-8에는 인체, 의복 및 환경의 요소별 측정항목을 예시하였다.

실제 착용환경조건에서 실험하게 되면 환경 조건의 조절이 어려운 경우가 많으므로, 대부분 인공기후실에서 실시하게 된다. 이 때 작업이나 운동부하는 트레드밀이나 에르고 미터를 사용해 에너지 대사를 맞추어 실험하는 경우가 많다. 실험의 반복성과 재현성을 위해 실험계획(test protocol)을 사전에 작성하고 예비실험을

표 5-8.
인체, 의복, 환경의
요소별 측정항목

인체	생리 반응	체중, 신장, 체표면적, 피하지방, 체온, 피부온, 심박수, 혈압, 혈류량, 뇌파, 불감발한, 증발된 땀, 유실된 땀, 피부잔류 땀, 혈액성분, 요성분 등
	착용감	국소 및 전신의 쾌적감, 습윤감, 온냉감, 압박감, 한서감 등
의 복		의복기후, clo치, 의복표면온도, 피복면적, 의복중량, 의복의 두께, 의복간 공기층 두께, 개구부 크기, 개구부 위치, 땀흡수량, 흡습량
환 경		온도, 습도, 기류, 복사

거쳐 수정한 후 본실험에 들어가는 것이 시간과 노력을 줄일 수 있는 경제적인 방법이다.

착용감은 주위환경에 관한 감각과 착용한 의복에 관한 감각이 동시에 평가되어야 한다. 표 5-9에서는 착용감에 관련된 평가 척도와 평점을 연구자 또는 기관별로 나타내고 있다. 위에서 서술된 생리반응 측정과 감각적 특성 측정방법 외에도 실험목적에 따라 다른 방법들을 사용할 수 있으며, 또 다른 생리적 반응과 감각적 특성을 측정할 수도 있다.

표 5-9.
착용감에 관련된
평가척도와 평점

온 열 감		습 윤 감		쾌 적 감	
ASHRAE	McGinnis	Hollies	일본공조 위생공학회	Vokac	일본공조 위생공학회
3. 덥다	1. 너무 추워 아무것 도 할 수 없음	4. 젖은	1. 매우 축축하다	1. 쾌적	1. 쾌적
2. 따뜻하다	2. 추워서 감각을 잃 어버림	3. 중간 정도 로 축축한	2. 축축하다	2. 아무 차이 없다	2. 조금 쾌적
1. 약간 따뜻하다	3. 매우 춥다	2. 약간 축축한	3. 조금 축축 하다	3. 약간 불쾌	3. 불쾌
0. 보통이다	4. 춥다	1. 건조한	4. 어느 쪽도 아니다	4. 불쾌	4. 매우 불쾌
-1. 약간 서늘하다	5. 기분나쁠 정도로 서늘하다		5. 조금 건조하다	5. 매우 불쾌	
-2. 서늘하다	6. 서늘하지만 꽤 쾌 한 편		6. 건조하다		
-3. 춥다	7. 쾌적하다		7. 매우 건조하다		
	8. 따뜻하지만 꽤 쾌 적한 편				
	9. 기분나쁠 정도로 따뜻하다				
	10. 덥다				
	11. 매우 덥다				
	12. 간신히 견딜 수 있을 정도로 더움				
	13. 너무 더워 지치 고 메스껍다				

2) 써멀 마네킹

써멀 마네킹(thermal manikin)은 인체와 같은 외형과 온열특성을 갖도록 하기 위하여 구리나 합금 등으로 인체모형을 만든 것이다. 전신 착의의 보온력을 구하는 데 이용되고 있으며, 의복 착용에 의한 열과 수분저항, 특히 국소별 저항을 평가하는 데 편리하다. 이것에 의한 측정결과는 반드시 인체에 의한 측정 결과와 일치하지 않을 수도 있다는 한 계점을 알고 이용해야 한다. 근래에는 인체의 기능을 모방하기 위하여 걷는 동작이나 발한의 기능을 갖는 새로운 모형들이 개발되어 연구에 이용되고 있다.

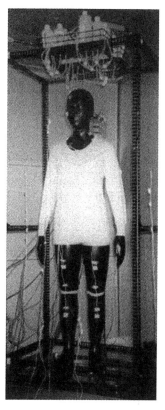

그림 5-21 써멀마네킹

3) 써모그래피

써모그래피(thermography)는 물체로부터 방사되는 적외선의 강도로 그 물체의 표면온도를 측정하는 방법이다. 써모그래피는 표면온도 측정에 한정되어 있으므로 착의시의 피부온의 측정은 불가능하다. 그러나 의복을 착용하지 않은 부위의 피부온은 쉽게 측정되며 그림과 같은 써모그램으로 분포를 관찰할 수 있는 장점이 있다.

그림 5-22.
써모그램을 이용한
직물의 표면온 측정

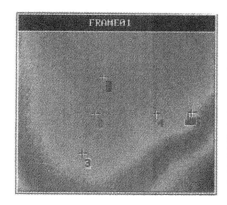
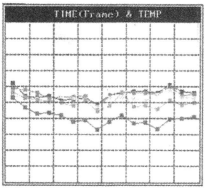

실험 5- 19   체온 측정 : 구강온 측정법

목 적
인체의 신체적 건강상태와 환경과의 열적 평형상태를 확인하기 위해 체온 측정의 가장 간단한 방법인 구강온 측정법으로 측정하도록 한다.

피험자
신체조건이 비슷한 20±1세의 성인남자 6명

실험의
의복 A — 반팔 셔츠, 반바지
의복 B — 긴팔 셔츠, 긴바지
(기능성을 부여한 가공 전후의 의복, 소재는 같으나 구성이나 디자인이 다른 의복, 또는 소재, 구성, 디자인 등에서 비교하고자 하는 의복을 한 쌍으로 하는 것이면 어느 것이나 가능하다.)
같은 소재로 된 팬티, 얇은 양말, 운동화를 공통으로 착용하도록 한다.
실험의는 매번 세탁하여 사용한다.

환경조건
온도 15±1℃, 25±1℃, 습도 50±5% R.H., 기류 무풍상태

기기와 기구
체온계, 물, 비커, 히터

실험방법
① 비커에 물을 담아 히터 위에 올려 놓고 체온계를 담궈 열탕소독한다.
② 측정 전 10~15분 동안 입을 다물어 구강 내 온도가 일정하게 유지되도록 한다. 음식섭취, 냉수양치질, 대화 등은 구강온을 변화시킬 수 있으므로 주의한다.
③ 의복 A, B를 각 환경조건에서 착용하고 30분 동안 의자에 앉아 휴식을 취하도록 한다.
④ 소독한 체온계를 혀 밑 중앙에 넣고 수은구를 점막에 밀착시켜 5분 후에 꺼내어 온도를 읽는다.

결 과

환경조건 \ 피험자		1	2	3	4	5	6
15±1℃	의복 A						
	의복 B						
25±1℃	의복 A						
	의복 B						

토의문제

1. 평균체온이란 무엇이며, 이를 측정하는 이유를 쓰시오.
2. 체온을 측정할 수 있는 다른 방법들에 대해 쓰시오.
3. 체온을 측정하는 온도계에는 어떤 것이 있는지 쓰시오.

실험 5-20   피부온 측정 : 써미스터 온도계

목 적   의복을 착용한 후 부위별 피부온을 측정함으로써 착용한 의복이 인체의 체온조절
이나 온열감에 미치는 영향을 평가해보도록 한다.

피험자   신체조건이 비슷한 20±1세의 성인남자 1명

실험의   실험 5-19와 동일.
환경조건 온도 25±1℃,   습도 50±5% R.H, 기류 무풍상태

기기와 기구   써미스터 온도계, 반창고 혹은 테이프

실험방법   ① 측정목적에 따라 신체의 측정점을 선택한다.
피부온 측정점은 그림 5-24와 같으며 측정갯수에 따라 5점법, 10점법, 22점법
등이 있다. 본 실험에서는 5점법을 이용한다.
② 써미스터 온도계의 온도센서를 측정부위에 부착한다.
③ 실험의를 착용한 후 30분 간 안정을 취하도록 한다.
④ 5분 간격으로 피부온을 30분 간
기록한다.

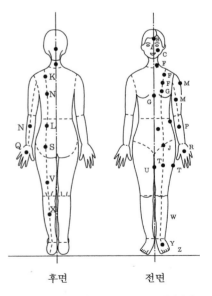

후면   전면

그림 5-24. 인체의 피부온 측정 부위

그림 5-23.
써미스터 온도계와 온도센서

표 5-10.
각 측정점에
따른 안분비율

피부구분	측정점	안분비율 %		10점법	5점법
		남 자	여 자		
두부	후두	4.3	4.8	10.3	9.8
안면부	앞이마	3.1	3.3		
	볼				
경부	목	2.4	2.2		
	턱				
흉부	가슴	16.6	16.2	16.2	
	등				
복부	윗배	8.1	7.7	7.7	32.8
	옆구리				
요부	샅	8.1	7.9	7.9	
	허리				
상완부	어깨끝	8.2	8.4	8.4	
	팔관절				19.6
전완부	팔전면	6.1	5.8	5.8	
	팔뒷면				
수부	손바닥	5.3	4.8	4.8	
	손등				
대퇴부	허벅지전면	17.2	19.7	19.7	17.2
	허벅지뒷면				
하퇴부	종아리전면	13.4	12.8		20.6
	종아리뒷면			12.8	
족부	발등	7.2	6.4	6.4	
전표면	계 22점	100.0 12점	100.0 12점	100.0	100.0

결 과

(단위 : ℃)

측정부위 시간(분)	머리	흉부	상완	대퇴부	하퇴부
0					
5					
10					
15					
20					
25					
30					
평 균					

다음 식에 의하여 평균 피부온을 산출한다.

$$성인남자의 \ 평균 \ 피부온 \ = \ (9.8A + 32.8B + 19.6C + 17.2D + 20.6E) \ \div \ 100$$

A : 두부, B : 윗배, C : 팔관절, D: 허벅지 전면, E : 종아리 전면

∴ 평균 피부온 _____ ℃

토의문제

1. 피부온을 측정할 수 있는 다른 방법들에 대해 쓰시오.
2. 평균 피부온 측정시, 안분비율에 대한 정의를 쓰시오.

실험 5-21   발한량 : 국소 발한량 측정-여과지법

목 적   의복의 착용감은 인체의 온열감뿐만 아니라 습윤감에 의해 큰 영향을 받으며 땀의 증발은 인체의 열전달 메카니즘 중 가장 효율적인 방법이므로 발한양의 측정을 통하여 의복의 열전달 특성과 인체의 습윤감을 예측하여 보도록 한다.

피험자   신체조건이 비슷한 20±1세의 성인남자 3명

실험의   실험 5-19와 동일

환경조건   온도 15±1℃, 25±1℃, 습도 50±5%R.H., 기류 무풍상태

기기와 기구   트레드밀, 흡수지(3×4㎠), 밸런스, 비닐시트, 테이프,

실험방법   ① 실험할 의복으로 갈아입힌 뒤 10분 간 의자에 앉아 안정시킨다.
② 흡수지 무게를 측정한다.
③ 피험자 신체의 정해진 위치(등 또는 가슴)에 흡수지를 부착하고 비닐시트로 덮은 후 주위는 테이프로 밀봉한다.
④ 작업부하량(트레드밀에서 2.5mile/hr로 보행, 이는 대략 150kcal/㎡·hr)에 따라 10분 간 운동을 시킨다.
⑤ 운동종료 후 흡수지를 떼내어 무게 변화를 측정한다.
⑥ 결과는 그 부위에서 단위시간, 단위면적당 발생된 땀양으로 나타낸다.

결 과

발한량 \ 피험자	1	2	3
젖은 흡수지 -건조 흡수지(g)			
단위시간·단위면적당(g/s·cm²)			

토의문제
1. 위에서 제시한 발한량 측정법 외의 다른 방법들을 자세히 기술하시오.
2. 수분 1g 증발시 필요한 증발잠열은 얼마인가?
3. 발한은 크게 3가지로 나눌 수 있다. 이를 설명하시오.

실험 5-22 의복의 공기층 두께

목 적 의복의 두께와 의복간 공기층의 두께는 의복의 전체 보온력에 크게 영향을 미친다. 이러한 두께 항목을 두 가지 다른 방법으로 측정해 측정방법간의 차이를 알아보고 의복의 보온력을 예측하도록 한다.

피험자 신체조건이 서로 다른 20±1세의 성인남자 2명

실험의 내의, 긴팔 티셔츠, 스웨터, 재킷 또는 파카
(착용하고 있는 어떤 의복들이라도 무방함)

기기와 기구 두께측정기, 바늘, 반창고, 코르크 또는 스티로폴(1cm×1cm×1mm), 줄자

실험방법 A. 바늘법

① 실험할 의복의 두께를 모두 잰 후, 의복을 입는다.
② 공기층 두께를 측정할 위치까지의 피부 또는 의복의 표면에 반창고를 붙인다.
③ 바늘 끝에 1mm 두께의 코르크나 스티로폴을 끼우고 그림 5-25와 같이 측정할 곳까지 공기층이 눌리지 않도록 밀어 넣는다.
④ 바늘끝이 표면에 닿으면, 코르크나 스티로폴이 움직이지 않도록 조심스럽게 잡아 뺀다.
⑤ 바늘 끝부터 코르크 까지의 거리를 잰다.
⑥ 옷을 한 겹씩 벗거나 입으며, 의복의 층마다 측정한다.

B. 원주법

① 실험할 의복의 두께를 모두 잰 후, 의복을 입는다.
② 공기층 두께를 측정하고자 하는 위치에서 공기층이 눌리지 않도록 줄자로 둘레를 잰다.
③ 의복을 한 겹씩 벗거나 입으며 같은 방법으로 잰다.
④ 그림 5-25와 같은 원리로 공기층 두께를 산출한다

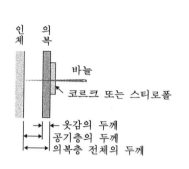
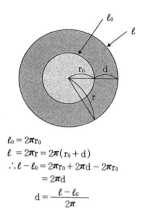

$$\ell_0 = 2\pi r_0$$
$$\ell = 2\pi r = 2\pi(r_0 + d)$$
$$\therefore \ell - \ell_0 = 2\pi r_0 + 2\pi d - 2\pi r_0$$
$$= 2\pi d$$
$$d = \frac{\ell - \ell_0}{2\pi}$$

그림 5-25.
공기층 두께
측정방법

결 과   **A. 바늘법**

(단위 : mm)

	피부-내의	내의-셔츠	셔츠-스웨터	스웨터-파카
바늘길이				
의복두께				
공기층 두께				

B. 원주법

(단위 : mm)

	피부-내의	내의-셔츠	셔츠-스웨터	스웨터-파카
원주길이				
의복두께				
공기층 두께				

토의문제

1. 단위 두께당 의복의 보온력을 계산하시오.

2. 공기층이 필요 이상으로 두꺼워지는 경우 어떤 점이 문제가 되는지 쓰시오.

3. 바늘법과 원주법은 어떤 장단점이 있으며 그 밖에는 어떤 방법으로 공기층을 측정하는지 쓰시오.

실험 5-23   의복의 보온력 : 써멀 마네킹

목 적 인체착용실험은 인체가 갖는 많은 제한 요소로 인해 재현성과 신뢰성높은 결과를 얻기 어렵다. 따라서 인체와 같은 외형과 온열특성을 갖도록 제작된 써멀 마네킹을 이용해 의복의 보온성을 객관적으로 평가해보도록 한다.

시 료 오리털 또는 보온성 부직포 솜으로 충진된 스키 재킷 각 한벌씩 그 외 여러 종류의 피복이 가능함.

기기와 기구 써멀 마네킹(그림 5-21 참고), 항온항습실

실험방법 ① 표준상태에 보관하였던 실험의를 마네킹에 입힌다.
② 마네킹의 각 부위에 정해진 온도를 유지하도록 전력을 공급하고 환경온도를 13군데에서 측정할 수 있도록 마네킹과 수평이 되도록 마네킹 주위에 나란히 온도계를 장치한다.
③ 마네킹이 정상상태에 도달하면 전력측정장치를 이용해서 30분 간 전력소비량을 측정한다.
④ 피부온과 실험실 기온은 실험시 5분 간격으로 30분 간 측정한다.
⑤ 각 부위의 피부온과 기온들을 평균한다.
⑥ 총 열차단력(I_T)을 구한다.
⑦ 실험을 3회 반복하여 평균값을 취한다. 총 열차단력(I_T)은 공기층저항을 포함하므로 환경조건이 달라지면 변할 수 있으니 환경조건을 반드시 일정하게 유지한다.
⑧ 누드 상태에서도 동일한 실험을 실시한다.

결 과

부 위	면적비	전력량 (kcal/h ·m²)	피부온							평균	Ts-Ta
			0	5	10	15	20	25	30(분)		
두 부	8.74										
흉 부	8.88										
등	8.44										
상완(좌)	4.07										
상완(우)	4.05										
전완(좌)	5.14										
전완(우)	4.99										
복 부	9.03										
둔 부	8.18										
대퇴(좌)	9.04										
대퇴(우)	8.95										
하퇴(좌)	10.29										
하퇴(우)	10.24										

이상의 값으로 다음 식에 의해 총 열차단력(I_T)을 구한다.

$$I_T = \frac{K(\overline{T_s} - T_a)A_s}{H}$$

> I_T : 총 열차단력(의복+공기층, clo)
> H : 전력공급량(W)
> K : 단위상수 = 6.45(clo · W/㎡ · ℃)
> A_S : 마네킹 표면적(㎡)
> T_S : 평균피부온(℃)
> T_a : 환경대기온(℃)

부 위	열저항			clo		
	R_{total}	R_a	R_{clo}	I_{total}	I_a	I_{clo}
두 부						
흉 부						
등						
상완(좌)						
상완(우)						
완(좌)						
완(우)						
복 부						
둔 부						
대퇴(좌)						
대퇴(우)						
하퇴(좌)						
하퇴(우)						

토의문제

1. 써멀 마네킹의 보온성 측정 원리를 쓰시오.

2. 다음 용어들을 정의하시오.

   I_{cle}(effective clothing insulation)

   I_{cl}(intrinsic clothing insulation)

   f_{cl}(clothing area factor)

3. 써멀 마네킹의 문제점은 무엇이고 이를 보완할 수 있는 방법은 어떤 것이 있는지 설명하시오.

실험 5-24 의복의 착용감

목 적 소재, 구성 및 디자인에 따른 의복의 요인과 환경적인 요인에 따른 온열 생리학적인 감각과, 촉감과 같은 착용성능을 평가함으로써 의복의 쾌적감에 영향을 미치는 요인을 파악하고자 한다.

피험자 신체조건이 비슷한 20±1세의 남학생 6명

이 때 인체의 생리적 조건을 될 수 있는 한 일정하게 한다. 측정은 식후와 운동직후는 피하고 자세도 일정하게 유지하도록 한다.

실험의 실험 5-19와 동일

환경조건 온도 25±1℃, 습도 50±5% R.H., 기류 무풍상태

기기와 기구 항온항습실 또는 인공기후실

(위와 같은 실험실이 없는 경우에는 가능한 한 실험실의 온도, 습도, 기류를 일정하에 유지해 줄 것)

운동부하장치, 온·습도계(환경측정용), 열선풍속계(환경측정용), 신장계,

체중계, 체온계, 설문지, 연필

실험방법 ① 착의 실험에서 묻고자 하는 쾌적감, 온열감, 습윤감 등에 관한 질문으로 구성된 설문지를 작성한다. 설문지 구성시 평가척도는 결과해석에서 중요한 역할을 하므로 실험목적에 맞는 적절한 평가척도를 사용하도록 한다(예 : 더운 환경조건일 경우, 덥다 - 보통의 형용사 쌍을 이용하여 이 사이를 5점척도 또는 7점척도를 사용하여 평가할 수도 있다.)

② 피험자의 신장과 몸무게를 측정한다.

③ 피험자는 30분 동안 의자에 앉아 휴식을 취하고 이 때 설문지에 응답하도록 한다.

④ 휴식이 끝나면 정해진 작업부하량(트레드밀에서 2.5mile/hr로 보행, 이는 대략 150kcal/㎡·hr)에 따라 10분 간 운동을 시킨다.

⑤ 운동을 끝낸 피험자를 다시 의자에 앉혀 설문에 응답하게 하고 20분 동안 안정을 취하게 한다.

⑥ 실험의를 탈의한다.

⑦ 실험의 B도 위와 같은 방식으로 하여 동일 피험자에게 실시하도록 한다.

⑧ 수거된 설문지를 이용하여 통계처리 등을 통해 의복의 착용성능을 평가한다.

결 과 **① 피험자의 신체적 특징**

체표면적은 아래의 식(DuBois의 식)을 이용한다.

체표면적(㎡) = 체중(kg)0.425×신장(cm)0.725×0.203

측정치＼피험자	1	2	3	4	5	6
체중(kg)						
신장(cm)						
체표면적(㎡)						

② 환경온·습도 및 기류 측정

환경온도(℃)

환경습도(% RH)

기류속도(m/sec)

③ 설문지를 통한 감각 평가

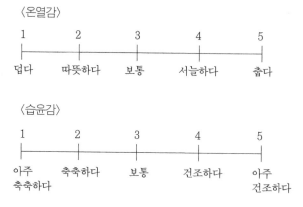

〈온열감〉

1	2	3	4	5
덥다	따뜻하다	보통	서늘하다	춥다

〈습윤감〉

1	2	3	4	5
아주 축축하다	축축하다	보통	건조하다	아주 건조하다

〈촉감〉

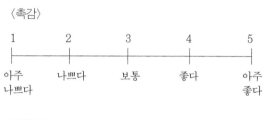

〈쾌적감〉

〈온열감〉

	1	2	3	4	5	6
운동 전						
운동 후						

〈습윤감〉

	1	2	3	4	5	6
운동 전						
운동 후						

〈촉감〉

	1	2	3	4	5	6
운동 전						
운동 후						

〈쾌적감〉

	1	2	3	4	5	6
운 동 전						
운 동 후						

토의문제

1. R.M.R이란 무엇인가?
2. 체표면적의 다른 계산법을 쓰시오.
3. 평균 피부온 계산시 성별에 따라 안분비율에 차이가 있다. 오점법의 경우 성인여자의 안분비율은 어떠한가?
4. 1clo란 무엇인가?
5. 피험자의 수가 착용감의 판정에 미치는 영향에 대해 쓰시오.

실험 5-25   접촉냉온감

목 적 옷감이 피부에 접촉할 때 느끼는 온냉감은 인체의 착용감각에 크게 영향을 미치는 요인이므로, 옷감의 표면 특성에 따른 순간적인 열손실량을 측정해 의복의 감각적인 요인을 예측해보도록 한다.

시 료 100% 면 포플린
100% 면 융
100% 마직물
100% 양모 트로피컬
100% 양모 플란넬
그 외 여러 종류의 직물 및 편성물이 가능함.
시료의 크기는 10cm×10cm 5매

기기와 기구 Thermo-Labo Ⅱ KES-7

실험방법 ① Thermo-Labo Ⅱ KES-7를 켜서 안정화시킨 뒤 0점을 맞춘다.
② 피부를 모델링하는 동판온도를 인체온(36.5℃)에 맞추어 놓는다.
③ 시료를 덮을 동판의 온도는 실험실 온도에 맞추어 놓는다. 이 때 피부를 모델링하는 동판의 온도와 시료를 덮을 동판의 온도 차이는 10℃로 한다.
④ 실험실의 온습도 조건에 따라 결과가 달라질 수 있으므로 이에 주의하도록 한다.
⑤ 두 동판의 온도가 일정온을 유지하게 되면 시료를 피부를 모델링하는 동판 위에 얹고 곧바로 또 다른 동판을 그 위에 덮는다.
⑥ 시료를 올려 놓는 손동작에 따라 값 차이가 나므로 일정한 속도로 빠르게 시료를 올려 놓는 연습을 충분히 한 뒤 실험하도록 한다.
⑦ 디지털로 나타나는 $Q_{max}(kw/m^2)$ 값을 읽는다.

결　과　　5회 실험을 실시해 결과는 그 평균값으로 하며 소수점 둘째자리까지 표시한다.

(kw/㎡)

1 회	2 회	3 회	4 회	5 회	평 균

토의문제　　1. 접촉온냉감과 보온성은 어떤 관계가 있는지 알아보시오.

2. 접촉온냉감에 영향을 미치는 직물의 구조적 특성 3가지를 쓰시오.

3. 나일론이나 폴리에스테르보다 면이나 양모로 된 직물이 더 따뜻한 접촉감을 유발시키는 이유는 무엇인지 쓰시오.

4. 건조상태와 습윤시의 접촉감은 어떠한지 예측해보고 그렇게 생각하는 이유를 쓰시오.

참고문헌
1. 김노수 · 김상용, 《섬유계측과 분석》, 1990.
2. 김은애 · 박순자(역서), 《기초피복위생학》, 경춘사, 1994.
3. 심부자, 《의복위생과 착장》, 태화출판사, 1984.
4. 장지혜, 《기초피복위생학》, 신선출판사, 1985.
5. 최혜선(역서), 《의복과 환경》, 이화여자대학교 출판부, 1987.
8. Cohen, A. C., *Beyond Basic Textiles,* Fairchild Publications, 1982.
9. Fourt, L. · Hollies, N., *Clothing Comfort and Function*, Marcel Dekker, 1970.
10. Lyle, D., *Performance of Textiles*, John Wiley and Sons, 1977.
11. Newburgh, L. H., *Phisiology of Heat Regulation and The Science of Clothing*, Hafner Publishing Co., 1968.
12. AATCC Technical Manual
13. ASTM D
14. KS K

제 6 장 안전성

S
AFETY

제6장 안전성

인류는 더위나 추위와 같은 자연환경으로부터 인체를 보호하기 위해 의복을 착하기 시작했으나 문명의 발달로 특수한 유해환경요소(미생물, 불꽃, 열, 화공약품, 유독가스, 증기, 전기, 방사능, 충격 등)로부터 인명을 보호하는 역할을 할 수 있는 보호복이 필요하게 되었다. 또한 생활의 질이 향상됨에 따라 심리적인 쾌적감뿐만 아니라 인체생리적으로도 쾌적한 의복에 대한 욕구가 증가되어, 의류 소재의 안전성에 더욱 관심을 갖게 되었다.

1. 항미생물성

우리 주변에 무수히 존재하는 미생물 중에서 일부 세균과 곰팡이류는 섬유에 영향을 주어 섬유의 손상과 오염을 초래하고, 내의나 양말 등에 악취를 발생시키며, 노인이나 유아에게 피부질환을 유발시키기도 한다. 곰팡이 성장의 촉진 조건으로는 수분과 20~40℃의 온도, pH 6.5~8.5의 액성, 산소, 영양을 들 수 있는데, 이런 조건을 갖춘 천연섬유의 경우, 즉 수분율이 높고 섬유 자체가 영양이 되는 면·견·양모는 고온다습한 여름철에 곰팡이에 의한 상해를 입기 쉽다. 그러므로 이를 방지할 목적으로, 섬유제품에 부착된 미생물이 증식되는 것을 억제 혹은 저지하려는 항미생물가공이 발전하였다.

항미생물가공   항미생물가공(antimicrobial finish)은 가공 목적에 따라 위생가공, 항균가공, 항균방취가공, 방미가공, 방부가공으로 불리는데, 섬유제품의 착용자를 보호하기 위함인지 혹은 섬유재료 자체를 보호할 목적인지에 따라 크게 두 가지로 나뉘어진다다. 그 첫째가 착용자의 보호를 위한 위생가공으로, 섬유제품에 항균가공과 항균방취가공을 함으로써 미생물의 인체침입에 대한 매개물이 되지 않게 하는 방법이다. 무좀, 피부염, 악취 등을 방지하기 위해 양말, 내의, 타월, 스포츠의류, 침구류, 환자복, 노인복, 유아용 턱받이와 귀저귀, 주방용 행주 등에 다양하게 이용된다. 둘째는 섬유 자체가 미생물로 인해 상해를 받지 않도록 하는 가공으로, 방미가공과 방부가공이 있다. 미생물이 많은 흙이나 물에 직접 노출되는 샌드백, 텐트, 로프, 범포, 부대와 공사장에서 사용하는 섬유 제품들에 적용해 미생물 침해로 인한 섬유의 강도저하를 막을 수 있다.

또한 항미생물 가공제품은 가공제의 미생물 제어기능에 따라 용출형(예 : 방향족할로겐화합물)과 비용출형(예 : 유기실리콘 제4급 암모늄염)으로 나뉜다. 용출형이 약제가 섬유로부터 서서히 이탈해 섬유뿐 아니라 피부표면에 있는 유익한 미생물까지도 살균하는 살멸형이라면, 비용출형은 섬유에 접촉, 서식하는 미생물만 죽이는 방어형의 항균제이다.

항미생물시험법 항미생물 가공처리를 한 의류제품의 효과시험은 항균(세균), 방미(곰팡이), 방취의 세 분야로 이루어지고 있으며, 섬유의 종류·가공목적·가공제의 종류·가공제품의 용도와 직물의 표면 특성에 따라 시험방법의 적용이 달라진다. 시판되는 항미생물 가공제품은 상품명에 따라 가공제의 종류(용출형 또는 비용출형)가 다르므로 시험 전에 미리 확인해야만 한다.

실험자와 주변환경의 안전을 위해서, 실험하기 전에 미생물에 대한 일반적 지식과 실험기구의 취급법 및 관리법, 특별 지시사항, 실험실 규칙 등을 정확히 익혀야 한다.

(1) 균사상 침해법(페트리 접시법)

KS K 0691에 규정된 직물의 곰팡이 저항도 시험방법으로 토양과 접촉하지 않는 직물의 방미성, 살진균제의 효력과 살진균제 분포의 균일성을 평가하기 위한 시험이다. 또한 이 시험은 주로 셀룰로오스 섬유의 강도저하 관찰에 이용되므로 셀룰로오스를 침식할 수 있는 진균이 이용된다. 시험편을 전처리한 후 무기염 한천배지에 첨부하고 접종원을 접종해 28~30℃에서 14일 간 배양한 다음, 일정한 처리를 거쳐 직물의 인장강도를 측정해 곰팡이 저항시험을 하지 않은 시험편에 대해 인장강도 저하율(%)로 직물의 방미성을 평가한다.

(2) 토양매립법

AATCC 30에 규정된 이 시험은 직물제품을 가장 심하게 미생물 환경에 노출시키는 방법으로, 샌드백이나 텐트같이 토양과 직접적으로 접하기 쉬운 직물제품의 방미성 평가에 적용된다. 또한 살진균제의 효능을 시험하기 위해서도 이용된다. 미생물을 함유하는 흙 속에 시험편을 일정 기간 묻어둔 후, 토양매립 전후의 시험편에 대해 곰팡이에 의한 손상도를 인장강도 저하율(%)로 평가한다.

(3) 한천평판 배양법(할로 테스트법)

KS K 0692와 AATCC 90에 규정되어 널리 쓰이고 있는 이 방법은 공시균으로 접종한 한천배지 위에 멸균한 시험편을 올려 놓고 배양한 후에, 시험편 주위에 세균의 성장이 억제되어 생긴 세균 저지대 즉, 무균지대(halo)의 크기를 측정하고 관찰해, 이것을 직물의 항균성으로 평가한다. 이 방법은 다음과 같은 경우에 사용할 수 없다.

① 한천배지에 쉽게 확산되지 않는 비용출형 항균제를 사용하여 가공한 경우
② 방수가공같이 한천배지와의 접촉을 방해하는 표면처리 가공을 한 경우
③ 배양기와 반응하는 항균제로 가공한 경우
④ 표면에 긴 털을 많이 갖고 있는 직물이라 한천배지와 접촉이 어려운 경우

(4) 생물학적 정량법

KS K 0693와 AATCC 100에 규정되어 있는 시험법으로 시험편과 대조편을 공시균으로 접종, 배양시킨 후 일정량의 액체 속에 진탕시켜 배양된 세균을 추출한다. 이 액체 속에 존재하는 세균의 수가 측정되면, 항균성이 있는 시험편의 세균감소율(%)이 계산되므로, 직물의 항균성의 정도를 정량적으로 나타낸다. 비용출형 가공제를 이용한 가공제품에는 불가능한 시험법이다.

(5) 항미생물 가공직물의 내세탁성

JIS L 0217의 103호에 규정되어 있으며 세탁 후의 항미생물성을 관찰한다. 세탁 방법은 가정용 세탁기를 이용해 0.2% 비이온계면활성제액에 1 : 30의 액비로 20℃에서 5, 10, 20, 30, 40, 50회 세탁으로 구분해 세탁한 후 항미생물성을 측정한다.

실험 6-1   항미생물성

목 적   곰팡이에 의한 섬유의 손상정도 혹은 저항성을 측정해 섬유 종류별로 방미성을 비교하고, 항미생물 가공직물의 효능을 미가공 직물과 비교해 가공 효과를 평가한다.

시 료   각종 섬유직물(면, 마, 양모, 견, 레이온, 아세테이트, 폴리에스테르, 나일론 등)
시판 항미생물가공 직물 혹은 편성물

기기와 기구   인장시험기, 건조기, 용기(흙을 담을 수 있는 20cm×20cm×20cm 정도의 크기),
화학천칭, 체(6mm 간격), 토양

실험방법   **토양매립법(AATCC 30)**

(1) 시험편의 준비

① 직물을 경·위방향으로 15cm×4cm 맞추어 자른 후 올을 풀어 정확하게 위
사방향 폭이 2.5cm 되도록 한다. 각 시료별로 5개씩 준비한다.

② 준비한 시료는 실험 전에 100~105℃로 맞춘 오븐에서 24시간 동안 멸균시킨
다.

(2) 시험토양의 적합성 검토

미처리 시험포(면직물, 271g/m²)를 흙 속에 7일 동안 묻어두었다가 인장강도가
90% 감소하게 되면, 사용된 흙은 미생물이 존재하는 것으로 추정하고 본 실험에
적합한 토양으로 판정한다. 유기질 함유량이 많은 텃밭의 흙, 정원용 부엽토 등을
이용할 수 있다.

(3) 시험토양의 준비

① 깊이가 적어도 13cm 이상 되는 용기에 실험용 흙을 담는다.

② 6mm 간격을 지닌 체로 흙을 고르게 체친다.

③ 균일한 함수량(25±5%)을 유지시키기 위해 물을 계속 첨가해 흙이 덩어리지지
않도록 섞어준 후 용기 뚜껑을 닫는다.

(4) 시험편의 방미성 측정

① 시험편을 흙 위에 수평으로 2.5cm 간격을 두어 흙과 균일하게 접촉하도록 놓은 뒤 여분의 흙으로 덮는다. 28±1℃의 일정 온도에서 약 2~16주 사이의 적당 기간을 두고 시험편을 꺼낸다.

② 꺼낸 시료는 물로 세척해서 하룻동안 자연 건조시킨다.

③ 실험실 표준상태에서 컨디쇼닝시킨 후 인장강도를 측정한다(실험 3-1 참고).

④ 미매립 시험포와 비교해 직물의 강도 유지율을 백분율로 계산한 후, 섬유 종류별, 또는 면직물의 매립 시간별로 강도유지율을 도표로 작성한다. 실험에 사용한 시료를 적당 크기로 잘라 결과의 표에 첨부한다.

결 과

(1) 섬유종류별 방미성

시료(직물 무게) :

매립 일수 :

인장강도 측정조건 :

시료종류 시험번호	시료 1		시료 2		시료 3	
	미매립	매립	미매립	매립	미매립	매립
1						
2						
3						
4						
5						
평균인장강도						
강도 유지율	100%		100%		100%	
시료부착						

(2) 면직물의 매립시간별 방미성

시료 :

인장강도 측정조건 :

매립일수 / 시험번호	미매립 시료	일	일	일	일	일
1						
2						
3						
4						
5						
평균 인장강도						
강도 유지율	100%					

토의문제

1. 의류의 폐기방법 중의 하나로 쓰레기 매립장에 의류를 묻었을 경우, 땅 속에서의 섬유종류별 분해 속도를 알아보시오.

2. 섬유의 방미성 관점에서 볼 때 샌드백, 흙을 담는 부대, 텐트 등의 용도로는 어떤 섬유직물이 적당하며, 수의의 경우에는 어떤 섬유직물이 적당한지 쓰시오.

3. 분묘발굴에 의한 출토 복식을 살펴보면, 같은 장소에서 나온 옷일지라도 염색이 된 복식의 부패 정도가 덜한 경우를 볼 수 있으며, 4천년 전 이집트의 미라를 덮은 천이 아직도 형태를 보존하고 있는 경우가 있는데 그 이유를 설명하시오.

4. 조상으로부터 물려받은 전통의류들을 후손에게 섬유의 강도저하와 색상의 변화없이 물려주려는 데에 고려되어야 할 전시장 혹은 수장고의 적정 환경조건(특히 미생물의 번식과 관련지어서)을 알아보시오.

5. 시판되고 있는 항균방취 가공제품의 상품명, 재질, 가공제의 종류, 제조회사명 등의 현황을 조사해 분석하시오.

6. 섬유재료에 발생, 증식하는 미생물의 종류를 알아보시오.

7. 일상생활에서 의류제품의 착용·세탁·건조·보관 등 미생물 침해에 의한 불쾌감과 섬유의 손상을 경험한 적이 있는지, 그럴 땐 어떻게 대처했는지 각자 말해보시오.

8. 섬유제품관련 시험검사소에서 인정하는 위생가공제품의 품질을 보증하는 위생 마크와 SF 마크를 알아보시오(제1장 참고).

2. 방염성

방염성(flame resistance)이란 섬유가 불꽃에 접촉되었을 때 연소방지, 연소억제 또는 화재전파의 방지 등 불꽃에 저항하는 성질로서 인명피해와 관련되므로 소방복, 화재위험이 있는 작업장의 보호복, 화재에 대해 방어능력이 없는 어린이·노인·장애자의 잠옷, 카펫과 커튼 등의 실내 가정용품, 텐트·침구류·자동차 시트커버·항공기 내장재 등에 고려되어야 할 가장 중요한 성질이다.

방염성은 주로 섬유의 종류와 옷감의 무게, 가공처리의 유무에 영향을 받는다. 면·레이온·아세테이트 등은 이연성 섬유이고, 견·나일론·폴리에스테르·양모는 난연성 섬유이며, 모드아크릴·아라미드는 내연성 섬유이고, 유리와 금속섬유는 불연성 섬유이다. 또한 옷감의 무게가 무거울수록 방염성이 좋다.

방염가공　방염가공은 자기 소화성을 갖지 않는 이연성 섬유나 난연성 섬유에 약품을 첨가함으로써 이들 섬유에게 내연성을 부여한다. 즉 "섬유가 타지 않게 하는 것"이 아니라 불꽃을 섬유에 가까이 접근시켰을 때 쉽게 불붙지 않도록 하고, 불꽃을 멀리하면 즉시 꺼지는 능력을 갖게 하는 가공이다. 방화가공, 난연가공, 내연가공으로도 불린다. 섬유별로 연소과정이 다르므로 그 가공방법과 방염가공제의 종류와 역할이 다르다. 가공효과는 50회 이상의 세탁 후에도 지속되어야 하며 가공제는 인체에 해를 끼치지 않아야 한다.

방염규제　현대사회에 들어 사회구조와 산업구조의 변천으로 인구의 집중화와 생활공간의 집단화 현상이 일면서 대형화재의 발생이 빈번해지자 각국은 소방법과 건축법 등에 방화도나 방염도에 대한 규정을 엄격히 해, 의류를 비롯해 내장재와 건축재에 이르기까지 화재안전을 위한 방염과 방화규정을 제품의 기준으로 정하고 있다.

우리나라에서는 소방법(법률 제 3675호), 소방법 시행령(대통령령 11461호), 소방법시행규칙(내무부령 418호)을 제정하여 방염 대상물품, 방염성능 기준을 마련했으며, 〈한국 소방복 복제 규정〉편에는 소방수의 근접복(방수복)과 진입복(방화복)의 요구조건, 소재의 종류와 방염성 및 방염성 측정법을 규정하고 있다.

방염성 시험법　국가나 단체에 따라 제품 용도별로 시험방법도 여러 가지가 있으므로 사전에 점검해야 할 중요한 사항이다. 시험방법은 섬유의 방염성, 방염가공 유무, 직물조직, 직물두께 및 최종용도에 따라 달라진다. 직물의 방염도, 난연도 및 연소성 시험방법과 적용범위는 다음과 같다.

(1) 45° 경사법

시료를 45°로 걸어 놓고 불꽃의 전파속도를 측정하는 방법으로 인화성이 강한 직물의 방염도를 측정한다(KS K 0580).

(2) 30° 경사법

방염가공을 하지 않은 직물의 연소도 측정에 적당하며, 연소할 때 시험편 파지장치의 철사에 가공제 또는 섬유가 융착될 수 있는 직물에는 적용할 수 없다(KS K 0581).

(3) 수평법(연소도)

파일 또는 기모직물을 포함한 모든 직물의 연소도(연소시간) 측정에 쓰이나, 방염가공을 하지 않는 직물 시험에 적합하다(KS K 0582).

(4) 수평법(난연도)

방염가공된 직물 및 네트와 같이 조직이 성근 가공되지 않은 직물의 난연도를 측정하는 방법이다(KS K 0583).

(5) 표면연소시험법

시료표면에 대한 연소확산 정도를 측정하는 방법으로, 두꺼운 섬유제품의 연소성 시험에 적당하다(KS K 0584).

(6) 수직법

잔염·잔진 시간, 탄화거리를 측정하는 방법으로 고도의 방염성이 요구되는 섬유제품의 연소성 시험에 적당하다(KS K 0585).

(7) 연소속도시험법

시료의 연소속도를 측정하는 방법으로 얇은 섬유제품의 연소성 시험에 적당하다(KS K 0586).

실험 6-2   방염성

목 적   일반의류, 실내장식제품 또는 소방복 등에 사용되는 소재의 방염성을 측정함으로써 섬유제품의 용도에 따른 적합성을 판정한다. 또한 직물의 연소성에 따라 적용되는 다양한 시험방법을 익힌다. 방염가공직물의 경우 세탁전·후의 방염성을 측정해 방염가공제의 세탁에 대한 내구성을 평가한다.

시 료   각종 섬유직물 : 이연성 섬유직물(면, 레이온, 아세테이트 등),
난연성 섬유직물(견, 나일론, 폴리에스테르, 양모),
내연성 섬유직물(모드아크릴, 아라미드),
불연성 섬유직물(유리섬유, 금속섬유)
시판 방염가공직물(물 세탁 20회 이상 전후 직물, 드라이클리닝 전후 직물)

기기와 기구   수평연소도 시험기(캐비닛, 시험편파지프레임, 연소도측정용 와이어, 코움, 버너)
수직연소도 시험기(연소시험상자, 시험편 꽂이, 분젠버너, 추, 연료)
초시계, 자, 항온건조기, 데시케이터, 건조제, 분말세제

그림 6-1.
수평연소도
시험기

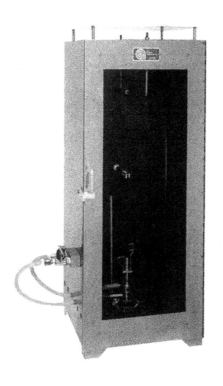

그림 6-2.
수직연소도 시험기

실험방법　　　**A. 수평법(KS K 0582)**

(1) 시험편의 준비

① 시험편의 크기는 11.4cm×31.8cm의 직사각형으로 하되, 시험편의 긴 방향이 경사방향과 평행되게 하며, 경·위방향이 명확하지 않은 기모직물은 기포가 잘 보이지 않는 방향과 평행되게 한다. 각 시료 단위마다 5매씩 자른다.

② 시험 전에 시험편을 60~62.8℃의 건조기에서 4±1/4시간 동안 컨디셔닝한다.

(2) 기모하지 않은 직물의 경우

① 시험편을 시험편 파지기구에 팽팽하게 파지시키되, 프레임 양 끝에서 1.3cm씩 떨어지게 파지한다.

② 버너의 불꽃 높이를 최저로 조절한 다음, 시험편 파지기구를 홈으로 통하여 캐비닛 내에 삽입한다. 시험편이 캐비닛 안에 전부 들어갈 때까지 넣은 상태에서 2분 간 재컨디셔닝한 후 시험편 파지기구를 약간 뒤로 빼내고, 불꽃의 높이를 3.8cm로 조절한다.

③ 시험편 파지기구를 시험 지점까지 수평지지대 위로 밀어넣는다. 이 때 시험편

이 점화되며, 시험 중 캐비닛 내부 온도는 약 60℃로 유지되어야 한다.

④ 초시계를 사용하여 와이어 사이에 있는 시험편(25.4cm)의 연소시간을 측정한다.

⑤ 시험편 5개를 측정해 그 값들의 차가 시험 평균값의 40% 이상일 때는 10개의 시험편을 다시 채취, 시험해 그 중 큰 시험값 5개의 평균값으로 표시한다.

⑥ 연소도(cm/min, 또는 cm/sec)는 소수점 이하 한자리까지 표시한다.

(3) 기모직물의 경우

① 기모직물은 코우밍 장치로 코우밍한 후 시험한다.

② 양면 기모직물은 스톱을 장치하고 시험한다.

③ 기타 모든 조작은 위의 (2)항과 동일한 방법으로 시험한다.

B. 수직법(KS K 0585)

① 시험편의 크기는 약 7.0cm×30cm로서, 경·위사방향으로 각각 5매씩 지른다. 건조기에 넣고 105±2℃에서 1시간 건조시킨 후 데시케이터에서 냉각한다.

② 연소시험 상자 안에 버너를 장치하고, 시험편 꽂이를 부착하지 않은 상태로 불꽃의 길이가 38mm가 되게 조절한다.

③ 시험편을 1매씩 데시케이터에서 꺼내, 즉시 시험편 꽂이에 물려서 시험편의 밑부분이 끝에서부터 19mm 높이가 되도록 시험편 꽂이를 조절한다.

④ 유리문을 닫고 시험편 나비 중앙에 불꽃이 닿게 버너를 조작봉으로 시험 상자의 바깥쪽부터 조작한다.

⑤ 12초 간 불꽃을 댄 다음 불꽃을 제거하고, 잔염 시간(시료에 불꽃이 지속되는 시간, 초)과 잔진 시간(시료가 불꽃을 내지 않고 연소가 지속되는 시간, 초)을 측정한다.

⑥ 시험편을 시험편 꽂이에서 제거해 다음과 같은 방법으로 탄화 거리(탄화부분의 최대거리, cm)를 측정한다. 연소하고 남은 시험편 한쪽 밑부분에 직물의 무

표 6-1.
탄화거리 측정용
추의 무게

직물의 무게 g/m²	추 gf { N }
68 이상 203 미만	113 { 1.11 }
203 이상 509 미만	227 { 2.23 }
509 이상 780 미만	340 { 3.33 }
780 이상	454 { 4.44 }

게에 따라 표 6-1에 표시한 추를 걸어 다른 방향으로 살며시 집어올리고, 그 결과 시험편의 밑부분에서 찢긴 끝부분까지의 길이를 탄화거리로 측정한다.

결 과　　　**A. 수평법**

시료 :

세탁횟수와 조건 :

시료 연소	시험번호	시료1	시료 2	시료 3	시료 4
연소 시간 (초)	1				
	2				
	3				
	4				
	5				
	평균				
연소도 (cm/sec)	1				
	2				
	3				
	4				
	5				
	평균				
시료부착					

B. 수직법

시료 :

세탁횟수와 조건 :

연료명 :

연소 \ 시료	시험번호	시료 1	시료 2	시료 3	시료 4
잔염 시간 (초)	1				
	2				
	3				
	4				
	5				
	평균				
잔진 시간 (초)	1				
	2				
	3				
	4				
	5				
	평균				
탄화 거리 (cm)	1				
	2				
	3				
	4				
	5				
	평균				
시료부착					

토의문제

1. 실험에 사용한 시료 중에서 어떤 섬유직물이 연소할 때 가장 유독한 가스를 발생시키는가? 그 이유를 쓰시오.

2. 시판되는 방염가공직물의 섬유조성을 확인해보고, 똑같은 섬유로 된 미가공직물과의 방염성을 비교해보시오.

3. 여러 가지 직물의 방염도 혹은 연소성 시험방법의 특징을 서술하고 적용 가능한 섬유직물의 예를 드시오.

4. 화재예방과 사람의 안전을 위해 용도에 따라 방염성이 요구되는 의류 및 실내 장식용 섬유제품이 있다. 그 예를 들어보시오.

5. 방염복의 경우 소재의 방염성만이 강조될 경우, 의류를 착용했을 때 어떤 문제가 야기될 수 있는가?

6. 섬유의 자기소화성(自己消火性)의 정의는 무엇인가?

7. 〈한국 소방복 복제 규정〉에서 소방수의 근접복(방수복)과 진입복(방화복)의 요구조건, 소재의 종류와 방염성 및 방염성 측정방법을 알아보시오.

3. 대전성

소수성 합성섬유의 경우 마찰에 의한 정전기의 발생과 축적으로, 옷을 입고 벗을 때 옷끼리 달라붙어 불쾌감을 주기도 하며, 대기 중의 먼지를 흡착해 섬유제품을 오염시키기도 하고, 방적공정이나 가공공정 중에 종종 작업 장애를 일으키기도 하며, 또한 카펫에 미끄러질 경우 인체에 전기쇼크를 주어 위험에 빠지게도 한다. 그래서 전기작업자의 방전복이나, 반도체를 제조하는 크린 룸에서 입는 무진복은 방진성뿐만 아니라 대전성이 절대적으로 요구된다.

대전성은 천연섬유에 비해 합성섬유에서 강하게 나타나는데, 즉 섬유의 흡습성이 적을수록, 대기중의 습도가 낮을수록 대전이 심해진다. 그러므로 우리나라에서는 습도가 높은 여름철보다는 습도가 낮은 겨울철에 정전기 현상을 쉽게 경험할 수 있다.

대전방지가공 섬유표면을 평활하게 하여 마찰에 의한 정전기 발생을 줄이거나, 섬유에 이온성 혹은 친수성 물질을 부여해 전기 전도도를 높힘으로써 정전기의 축적을 영구적으로 방지하려는 대전방지가공제에 관한 개발이 계속되고 있다. 가공효과가 일시적이긴 하지만, 세탁의 헹구기 과정 중에 섬유린스제(양이온계면활성제)를 첨가함으로써 손쉽게 얻을 수도 있다. 이 때 섬유에 흡착한 계면활성제는 섬유표면에 피막을 형성하여 섬유의 마찰계수를 저하시키고 섬유의 전도성을 높인다.

또한 친수성 섬유나 도전성 섬유(탄소섬유, 금속섬유)와 혼방, 또는 교직해 대전성을 줄이기도 한다.

대전성 시험법 대전성은 직물의 특성과 시험 목적에 따라 한 가지 또는 두 가지 이상의 시험법을 선택한다.

(1) 반감기 측정법

시험편을 고정 전장에 대전시킨 다음 대전압이 반으로 감소하는 데 소요되는 시간(반감기)을 측정하는 방법이다(KS K 0555).

(2) 마찰 대전압 측정법

시험편을 회전시키면서 마찰포로 마찰시켜 발생된 대전압을 측정하는 방법이다 (KS K 0555).

(3) 클링(cling) 측정법

시험편을 마찰포로 마찰, 대전시켜 금속판에 달라붙게 한 다음 떨어뜨림과 달라붙임을 반복해서 더 이상 달라붙지 않을 때까지의 시간을 측정하는 방법이다. 이때 시험편-금속판의 관계는 의복-인체 사이에 일어나는 정전기 현상을 모형화한 것이다. 이 시험은 직물의 중량, 강연성, 조직, 표면특성, 가공제 등에 의해 영향을 받지만, 너무 무거운 소재의 평가에는 부적당한 평가방법이며, 란제리용과 같이 가벼운 의류소재를 평가하는 데 유용한 시험법이다(KS K 0555, AATCC 115).

실험 6-3   대전성

목 적   제직 또는 편성제품을 가공처리하거나 착용 때 마찰에 의해 발생하는 정전기의 대
전압을 측정한다. 섬유린스제로 처리한 섬유의 대전방지효과를 비교해본다. 또한
정전기발생으로 인해 소재가 달라붙는 현상을 상대적으로 평가한다.

시 료   합성섬유직물 혹은 편성물, 천연섬유직물 혹은 편성물
대전방지가공직물,
마찰포 : 면과 나일론 직물(염색견뢰도 시험용 첨부 백포)

시 약   시판 섬유린스제

기기와 기구   마찰 대전압 측정기,
금속판(두께 1.3mm, 45cm×10cm 크기의 스테인리스 강판을 한 끝으로부터 15cm
지점에서 70° 구부려 제작),
마찰판(약 2cm×5cm×15cm 크기의 나무상자에 마찰포를 붙인 것, 무게 65.0g),
폴리우레탄 대(polyurethane foam으로 크기 2.5cm×10cm×30cm, 밀도 21kg/m³),
접지선판(20cm×35cm 크기의 스테인리스 판)
7cm폭의 금속 클램프, 2cm폭의 양면접착테이프, 초시계, 절연된 핀셋, 항온항습기

그림 6-3.
마찰 대전압 측정기

실험방법

A. 마찰 대전압 측정법(KS K 0555)

(1) 시험편의 준비

① 시험편은 4cm×8cm 크기로, 경·위방향으로 각각 6매 자른다.

② 대전방지가공 처리효과를 관찰해보고자 할 경우, 폴리에스테르 직물을 시판 섬유린스제(대전방지제)로 제품에 표시된 규정에 따라서 처리해 둔다.

(2) 마찰포의 제작

마찰포는 KS K 0905(염색견뢰도 시험용 첨부 백포)에 규정된 면과 나일론 직물을 2.5cm×16cm의 크기로 각각 6매 자른다. 이 때 마찰포의 폭은 시험편 누르게틀의 중공부보다 작게 해서 마찰포가 직접 시험편에 접하게 해야 한다.

(3) 마찰 대전압의 측정

① 마찰 대전압 측정기, 오실로스콥, 기록계를 접속시킨다.

② 수전부의 전극판과 시험편 부착틀 면과의 거리를 약 15mm로 한다.

③ 제전된 면 또는 나일론 마찰포를 소정의 위치에 부착하고 높이를 조절하여, 500gf { 4.903N } 의 하중을 건다.

④ 시험편 부착틀 한 개에 시험편 1매를 직물표면이 마찰면이 되도록 붙이고 대전한다(시험편을 붙일 때 부착틀의 양측에 양면 접착테이프를 붙이고, 이것에 시험편을 부착한 다음 이어서 누르게틀로 고정시킨다. 편성물 시험편처럼 시험 도중 늘어나기 쉬운 시험편은 편면 접착테이프를 이면에 붙여 시험편 부착틀에 부착하는 것이 좋다).

⑤ 회전드럼을 회전시키면서 시험편을 마찰시키고, 마찰개시로부터 60초 후의 대전압(V)을 측정한다. 시험편과 마찰포를 바꾸고, 경·위방향 각각 3매의 시험편에 대하여 측정한다.

⑥ 다른 소재의 마찰포로 바꾸고 같은 순서로 경·위 방향 각각 3매의 시험편에 대하여 측정한다.

⑦ 마찰포마다 경·위방향 합계 6매의 시험편의 평균치를 구한다.

B. 클린징(clinging) 측정법(KS K 0555)

(1) 시험편의 준비

① 시험편은 7.5cm×23cm크기로 경·위방향에 대하여 각각 9매를 자른다. 실험 전에 컨디셔닝시킨다.

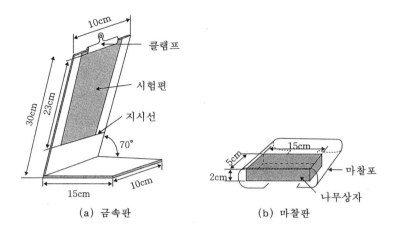

그림 6-4.
클린징 측정기

(a) 금속판   (b) 마찰판

② 대전방지 가공처리 효과를 관찰해보고자 할 경우, 폴리에스테르 직물을 시판 섬유린스제(대전방지제)로 제품에 표시된 규정에 따라서 처리해 둔다.

(2) 마찰판의 제작

① 마찰포는 KS K 0905(염색견뢰도 시험용 첨부 백포)에 규정된 면 또는 나일론 직물 중 하나를 택해 10cm×20cm의 크기로 잘라서 마찰포로 사용한다.

② 마찰포는 긴 쪽을 마찰용 나무상자의 긴 쪽 방향에 맞추어 마찰포의 표면이 마찰면이 되도록 하고, 양면 접착테이프를 이용해서 나무상자의 네 면을 감싸면서 단단히 붙인다. 이를 마찰판으로 사용한다.

(3) 시험방법

① 금속판을 잘 닦은 후, 긴 부분을 폴리우레탄 대 위에 닿도록 눕혀 놓는다. 이때 측정자는 숨결이 시험편에 닿지 않는 거리에서, 금속판의 접힌 변이 가슴 쪽을 향하도록 위치한다.

② 금속판의 긴 부분의 안쪽에 시험편을 대고 금속클램프로 끝부분을 고정시킨다.

③ 마찰판을 마찰포의 긴 변과 시험편의 긴 변이 직각이 되도록 클램프 쪽에 놓은 후, 양손 가운데 손가락으로 마찰판의 뒷부분에 대고 힘을 가하지 않고 앞으로 살짝 당겨서 마찰판을 클램프 반대쪽의 끝부분까지 옮긴다. 같은 방법으로 1초에 1회 정도의 속도로 시험편을 12회 마찰한다(그림 6-5(a) 참고).

④ 마찰 후 바로 금속판을 접지선판 위에 세우고 절연된 핀셋을 사용해서 시료 아래 끝부분을 잡고 시험편을 금속판으로부터 1초 간 호를 그리듯 떼어냈다가 놓는다(그림 6-5(b) 참고). 그러면 시험편은 다시 금속판에 달라붙게 되는데,

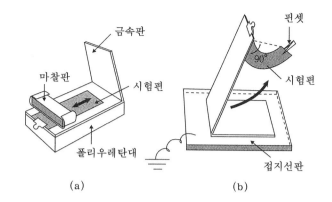

금속판

마찰판

시험편

폴리우레탄대

핀셋

90°

시험편

접지선판

그림 6-5.
클린징 측정법

(a)   (b)

이 떼어내는 순간 초시계를 눌러 작동시킨다.

⑤ 같은 방법으로 30초에 한 번씩 시험편을 약 1초 간 잡아 뗀 다음 달라붙게 하는 조작을 반복함으로써 시험편이 무게에 의해 완전히 금속판에서 떨어지는 시간(초)을 측정한다. 시간이 300초를 경과할 경우 300초에서 시험을 중단한다.

⑥ 다른 시험편을 이용해서 경·위방향으로 각각 3매의 시험편에 대해 측정한다. 이어서 다른 소재의 마찰포를 사용해서 같은 순서로 측정한다.

⑦ 마찰포마다 경·위방향 합계 6매의 시험편에 대해 측정하고, 그 평균시간을 유효숫자 두자리까지 구한다.

결   과   **A-1. 섬유종류별 마찰 대전압**

시료 :

실험실 온도 및 습도 :

시료종류 시험번호		시료 1		시료 2	
		면마찰포	나일론마찰포	면마찰포	나일론마찰포
경사 방향	1				
	2				
	3				
위사 방향	1				
	2				
	3				
평균					
시료부착					

A-2. 섬유린스제로 처리한 폴리에스테르의 마찰 대전압

시료 :

실험실 온도 및 습도 :

시험번호 \ 시료종류		섬유린스제 미처리포		섬유린스제 처리포	
		면마찰포	나일론마찰포	면마찰포	나일론마찰포
경사 방향	1				
	2				
	3				
위사 방향	1				
	2				
	3				
평균					
시료부착					

B. 섬유종류별 클린징 시간

시료 :

실험실 온도 및 습도 :

시료종류 시험번호		시료 1		시료 2	
		면마찰포	나일론마찰포	면마찰포	나일론마찰포
경사 방향	1				
	2				
	3				
위사 방향	1				
	2				
	3				
평균					
시료부착					

토의문제

1. 직물의 대전성에 영향을 주는 인자를 설명하시오.

2. 합성섬유에 행해지는 대전방지가공 방법을 설명하시오.

3. 의류의 대전성 때문에 불쾌했던 경험과 그 상황을 어떻게 대처했는지 설명하시오.

4. 시판되고 있는 대전방지가공 제품의 상품명, 섬유명, 가공방법, 가공제의 종류, 제조 회사명 등의 현황을 조사하여 분석하시오.

참고문헌

1. 김노수 · 김상용, 《섬유계측과 분석》, 문운당, 1992.

2. 김성련, 《피복재료학》, 교문사, 1992.

3. 장병호 외 5인, 《섬유가공학》, 형설출판사, 1994.

4. 조환, 《섬유가공학》, 형설출판사, 1993.

5. 《섬유제품의 항균방취가공 및 성능 시험방법》, 한국원사직물시험검사소, 1987.

6. 〈소방법(법률 제 3675호)〉, 〈소방법 시행령(대통령령 11461호)〉, 〈방법시행규칙(내무부령 418호)〉

7. 〈한국 소방복 복제 규정〉, 소방본부, 1992.

8. Robert S. Merkel, *Textile Product Serviceability*, Macmillan Publishing Co., 1991.

9. AATCC Technical Manual

10. JIS L 0217-103

11. KS K

12. 환경부 홈페이지 http://www.moenv.go.kr

제7장 관리성

MAINTENANCE

제7장 관리성

의류를 사용하는 동안에 의류의 외관과 청결을 유지하려면 부착된 외부로부터의 오염 물질을 제거하고, 착용했을 때 의류가 받은 장력을 해소시켜주는 등의 적절한 관리를 필요로 한다. 이 때 의류소재에 따라 적절히 취급해야 섬유손상을 최소화하고 의류의 변형을 방지할 수 있다. 그러므로 의류소재에 관한 지식뿐만 아니라 세탁용수·세제·세탁방법·표백, 그리고 염색된 의류의 취급법 등을 습득해야 한다.

1. 세탁 용수

경 수　세탁할 때 물은 오염을 제거하고 제거된 오염을 분산시키는 중요한 역할을 한다. 세탁용수로는 상수도물, 지하수, 하천수 등이 많이 이용된다. 그런데 지하수에는 칼슘, 마그네슘, 철 등의 금속이온이 용해되어 있어서 이러한 경수와 비누를 함께 사용해 의류를 세탁할 경우에는 불용성 금속비누가 생성되는데, 이는 섬유에 부착되어 백색의 세탁물을 황변시키고, 비누낭비를 가져오며, 더불어 세탁효과를 떨어뜨린다. 이러한 현상은 연수를 사용하거나 또는 합성세제를 사용할 때는 거의 일어나지 않는다. 우리 나라의 가정용 수돗물의 경도는 50ppm 이하이므로 비누세탁에 큰 영향을 주지 않는다. 그러나 경도 100ppm 이상의 세탁용수를 사용할 때에는 비누의 세척성이 훨씬 감소된다. 경도란 물 속에 함유되어 있는 Ca^{2+}과 Ma^{2+} 이온 함유량의 정도를 숫자로 표시한 것으로, 1리터 안에 함유되어 있는 이들 이온을 모두 $CaCO_3$으로 환산한 mg수가 경수의 ppm이 된다.

경수의 연화법　세탁용수로 부적합한 경수의 경우 연화하여 사용할 수 있는데, 경수의 연화법에는 4가지가 있다. 첫째는 증류법으로, 일시적 경수의 탄산염 때문에 경도가 높으므로 끓여서 연화시킨다. 둘째는 알칼리법으로, 경수의 성분이 $CaCl_2$, $CaSO_4$일 경우 수산화나트륨 혹은 탄산나트륨을 넣어주어 불용성의 염류가 침전되도록 한다. 셋째는 이온봉쇄법으로, 에틸렌디아민테트라초산(EDTA)을 사용해 경도 성분 중의 금속성분과 결합시켜 수용성 착화합물로 만들어 봉쇄한다. 넷째는 이온교환법으로, 이온교환수지를 사용하여 Ca^{2+}, Mg^{2+} 등을 제거한다.

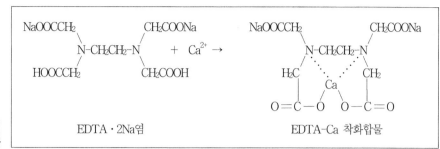

그림 7-1.
경수 내 금속이온의
수용성 착화합물

경도 측정법   경도의 측정방법으로는 경수 내의 Ca^{2+} 또는 Mg^{2+}이온과 착화합물을 형성하는 EDTA를 이용하는 킬레이트(Chelate)분석법과, 표준비누액을 일정량의 물에 떨어뜨려 물 속에 존재하는 금속이온 성분을 없애는 데 든 비누액의 양으로 측정하는 클라크(Clark) 비누법이 있다.

그림 7-2.
경수 내 금속이온의
불용성 금속비누

$$2RCOONa + Ca^{2+} \rightarrow (RCOO)_2Ca\downarrow + 2Na^+$$
비누   불용성 금속비누

실험 7-1   물의 경도 측정

목 적   일상 세탁에서 사용할 수 있는 주변의 물에 대한 경도를 측정해 세탁용수로서의 적합성을 알아본다. 또한 상수도물, 증류수, 이온교환수의 경도를 비교하여 경수 연화효과를 관찰한다.

시 료   상수도물, 하천물, 지하수(혹은 시판 생수), 빗물, 증류수, 이온교환수(식용 정수기 물, 또는 실험실용)

시 약   EDTA(ethylenediamine tetraacetic acid) : 시판 경도 측정용 0.01M표준용액 혹은 EDTA · 2Na염, EDTA · Mg염, EBT(Erichrome Black T, $C_{20}H_{12}N_3NaO_7S$) 지시약, 염화암모늄, 메탄올, 표준완충용액(pH 10), 6N 염산용액, 6N 암모니아수, 탄산칼슘(특급), 비누(지방산염 비누) 10g, 결정 염화바륨($BaCl_2 · 2H_2O$) 1g, 에탄올 600ml

기기와 기구   뷰렛(50ml), 뷰렛스탠드, 피펫(50ml), 삼각플라스크(250ml, 300~500ml), 갈색시약병(100ml), 화학천칭, 데시케이터, 항온 건조기, 용량병(250ml, 1L), 메스실린더, 비커, 초시계

실험방법   A. EDTA법

(1) 시약의 준비

① EDTA 0.01M 표준용액 : 시판되는 것을 구입하거나, 다음과 같이 제조할 수 있다. EDTA · 2Na염 4g을 80℃에서 5시간 건조시킨 후에 데시케이터 안에서 냉각시켜 3.722g을 정확하게 재어서, 증류수 1000ml로 용량병에서 용해한다.

② EBT 지시약 : 산성염료 EBT 0.5g을 메탄올 100ml에 용해시킨 후 갈색병에 밀봉해서 보관한다.

③ 완충용액 : 염화암모늄 6.75g과 EDTA · Mg염 0.5g을 진한 암모니아수 57ml를 넣고 증류수로 전체 용량이 100ml가 되게 하면 pH가 약 10이 되는데, 이를 밀봉해서 보관한다.

④ 염화칼슘 표준액 : 항온 건조기를 사용해 탄산칼슘(특급)을 110℃에서 2시간

건조시킨 후 데시케이터에서 냉각한 것을 화학천칭을 이용하여 0.25g 내외로 정확하게(소수점 세째자리까지) 무게를 재어(Wg) 작은 비커(100ml)에 옮기고 6N 염산 2ml 가한다. 이 때 심하게 끓으므로 시약이 밖으로 튀지 않도록 비커를 약 30° 기울인다. 반응이 끝나면 내용물을 250ml 용량병에 옮기고 물로 비커를 몇 차례 씻어 용량병에 모두 옮긴 다음 눈금까지 물을 채워 마개를 막고 잘 흔들어 섞는다.

(2) EDTA 용액의 표준화

시판되는 경도 측정용 0.01M 표준용액을 사용하는 경우에는 (1)의 ①과 ④, (2)의 전체 부분은 불필요하며, EDTA 용액을 제조한 경우에는 다음의 방법으로 그의 역가를 구해야 한다.

① 위의 (1)의 ④에서 얻은 염화칼슘 표준액 50ml를 피펫으로 취해서 250ml 삼각 플라스크에 옮기고 1.0ml의 완충액과 2~3방울의 EBT 지시약을 떨어뜨려 용액을 붉은색으로 만든다.

② 뷰렛에 넣은 EDTA 용액으로 색이 엷은 적자색에서 청색으로 변할 때까지 적정한다. 이 때 적정에 소요된 EDTA의 용량(V_1 ml)을 기록해 둔다. 3회 반복해 적정하고 평균값을 구한다.

③ EDTA 용액의 역가(F)를 다음 식에 따라 계산한다.

$$F = \frac{W}{V_1} \times 50$$

W: (1)의 ④에서 취한 $CaCO_3$의 양(g)
V_1: (2)의 ②에서 적정에 소요된 EDTA표준액의 용량(ml)

(3) 시료의 경도 측정

① 시료 물을 피펫으로 50ml 취해서 250ml 삼각플라스크에 옮긴 후, 완충액 1ml 와 EBT 지시약 2~3방울을 떨어뜨려 플라스크 안의 용액을 붉은색으로 만든다.

② 뷰렛에 넣은 EDTA 표준용액을 ①의 용액에 떨어뜨리며 붉은색이 파란색이 될 때까지 적정한다. 이 때 적정에 소요된 양(V_2 ml)을 기록해 둔다. 3회 반복해 적정하고 평균값을 구한다.

③ 다음 식에 따라 물의 경도를 계산한다.

$$경도(CaCO_3) \; ppm = V_2 \times F \times \frac{1000}{50}$$

V_2: 물의 적정에 소요된 EDTA 표준액의 용량(ml)

B. 클라크 비누법

(1) 표준 비누액 제조와 표준화

① 비누 약 10g을 56%(V/V) 희석 에탄올 용액 1L에 용해시킨 후 뷰렛에 옮겨 놓는다.

② 결정 염화바륨 0.523g을 증류수 1L에 용해시킨 후, 100ml를 취하여(염화바륨 0.0523g은 $CaCO_3$ 0.02142g에 해당하므로 경도 214.2ppm의 표준액 : 표준경수) 200~500ml 삼각플라스크에 넣고, ①의 용액으로 적정한다.

③ 비누액 45ml를 가해 플라스크를 격렬히 흔들면 액의 표면이 거품으로 덮이는데, 5분 동안에 사라지지 않을 경우는 이를 표준비누액으로 정한다. 비누액이 덜하거나 더 첨가된 경우에는 표 7-1에서의 경도를 그 비율로 환산하여 보정한다.

(2) 시료의 경도 측정

① 300~500ml 삼각플라스크에 메스실린더로 100ml 시료의 물을 넣은 후 격렬히 진탕하여 물 속의 CO_2를 제거한다.

② 표준비누액을 떨어뜨려 격렬히 흔든 후 5분 간 가만히 두고 표면의 기포가 사라지지 않을 때까지 적정한다(V_3 ml). 3회 반복해 평균값을 취하고 표 7-1에서 경도를 구한다.

표 7-1. 표준비누액에 대한 경도

표준 비누액 (ml)	경 도 (ppm)	표준 비누액 (ml)	경 도 (ppm)	표준 비누액 (ml)	경 도 (ppm)
4	12.5	18	76.8	32	144.6
5	16.1	19	80.3	33	150.0
6	21.4	20	85.7	34	155.3
7	25.0	21	91.0	35	160.7
8	30.3	22	94.6	36	166.0
9	33.9	23	100.0	37	171.4
10	39.3	24	105.3	38	176.7
11	42.8	25	110.7	39	182.1
12	48.2	26	116.0	40	187.4
13	53.6	27	119.6	41	192.8
14	57.1	28	125.0	42	198.1
15	62.5	29	130.3	43	203.5
16	67.8	30	135.7	44	208.9
17	71.4	31	139.2	45	214.2

결 과   A. EDTA법

(1) EDTA 용액의 표준화

W (g)	EDTA 표준용액 V_1(ml)				역 가
	1회	2회	3회	평 균	

(2) EDTA법에 의한 물의 경도

시료번호	시료종류	EDTA 표준용액 V_2(ml)				경도(ppm)
		1회	2회	3회	평 균	
1						
2						
3						
4						
5						

B. 클라크 비누법에 의한 물의 경도

시료번호	시료종류	EDTA 표준용액 V_2(ml)				경도(ppm)
		1회	2회	3회	평 균	
1						
2						
3						
4						
5						

토의문제

1. 상수도물과 증류수, 이온교환수의 경도를 비교하여 경수의 연화효과를 비교하시오.

2. EDTA 표준용액을 적정할 때 pH 10을 유지해야 하는 이유는 무엇인가?

3. EDTA법과 클라크법으로 측정한 경도의 결과를 비교해보시오.

4. 경도 측정 결과를 볼 때, 실험에 사용한 시료 중에서 세탁용수로 사용하기에 적합하지 않은 물은 어떤 것인가?

5. 연수와 경수를 구분 짓는 경도 기준은 얼마인가?

6. 경수에서 비누로 세탁할 때 일어나는 현상과 세척성의 저하를 일으키는 이유를 설명하시오.

7. 염색용수, 세탁용수, 식수에 적합한 물이라고 판정하는 경도의 기준은 각각 얼마인가?

2. 세 제

세 제   우리는 일상생활에서 세탁, 설거지, 집안 청소 등을 할 때 더러움(汚垢)을 좀 더 쉽게 제거하기 위해 각종 세제를 사용하고 있다. 세제는 첨가된 계면활성제의 원료에 따라 크게 합성세제와 비누, 둘로 나뉜다. 비누는 세척성이 우수하고, 사람의 피부를 거칠게 하지 않으며, 사용 후 거품이 빨리 꺼지고 생분해성이 매우 좋아서 많이 이용되지만 몇 가지 결점을 지닌다. 즉 언제나 알칼리성을 띠어 중성비누를 만들기 어렵고, 바닷물과 지하수 같은 경수에서의 사용이 곤란하다는 것이다. 그러나 합성세제는 중성세제를 만들 수 있으며 바닷물, 지하수, 산성수에서도 사용할 수 있다. 가정용 전기 세탁기의 보급과 함께 비누의 소비량이 줄어드는 반면에 합성세제의 소비량은 계속 늘어나는 추세이다.

시중에 판매되고 있는 많은 세제들은 사용 용도에 따라 의류세탁용, 모발용, 인체세정용, 주방용, 욕실용 세제 등으로 분류되거나, 세제의 형태에 따라 고형비누, 분말세제, 액체세제로 나뉜다. 또한 세제의 특성에 따라 중성세제, 무인산세제, 농축세제, 고밀도세제, 저포성세제, 효소세제, 유연제함유세제, 항균세제 등으로 불리기도 한다. 최근에는 소비자의 지구환경 보존의식과 의류소재의 다양화에 따라 우수한 세척성과 의류의 보호기능 및 인체와 환경에 안전한 세제의 개발에 관심을 기울이고 있다.

세제에는 세척작용의 주성분인 계면활성제를 비롯해 세척효과를 높이고 세제의 상품가치를 높이는 여러 종류의 조제가 배합되어 있다. 특히 의류세탁용 세제의 경우에는 섬유의 종류나 의복의 형태에 따라 적절한 세제를 선택해야 세척효과를 높일 수 있고, 세탁 중에 일어날 수 있는 섬유의 손상을 줄일 수 있으며, 의복의 외관을 본래대로 유지할 수 있다. 표 7-2는 의류세탁용 세제를 중심으로 계면활성제와 조제의 종류와 특성 및 역할을 나타낸다.

계면활성제   세제의 주성분은 계면활성제인데, 그 종류와 성질은 표 7-2에서 보는 바와 같다. 계면활성제 수용액은 물에 비해서 표면장력이 낮아서 직물 내부로 쉽게 침투하고, 옷에서 떨어져나온 오구를 잘 분산시켜 재오염을 방지하고, 거품을 일게 하며, 기타 여러 물리·화학적 특성을 가지고 있다.

합성세제중의 계면활성제 함유량은 20~40%를 차지하며, 세제의 용도에 따라 적당한 계면활성제가 선택된다. 대부분 단독보다는 여러 종류의 계면활성제가 배합되어 세척력, 헹굼성, 생분해성 등의 향상을 꾀하고 있으며, 일반적으로 음이온과 비이온계면활성제가 주로 사용되며, 혼합조성은 9:1~8:2의 비율로 되어 있다.

표 7-2.
의류세탁용 세제에
적용되는 대표적 계면
활성제의 종류와 성질

이온성	종 류	분 자 식	용도와 원료	성 질
음	지방산염	R–COONa (R=C$_{12\sim18}$)	고형, 분말비누 천연계	수용액은 알칼리성, 고온에서 세척성 우수, 내경수성 나쁨
음	직쇄 알킬벤젠계(LAS)	R–◎–SO$_3$Na (R=C$_{10\sim13}$)	분말, 액체 세제, 석유계	탈지성이 우수
음	지방산계 (FAES 혹은 AES)	R–(OCH$_2$CH$_2$)nO–SO$_3$Na (R=C$_{12\sim16}$, n=2~3)	액체세제, 천연, 석유계	내경수성 최우수 용해성 우수
음	알파올레핀계 (AOS)	R–CH=CH–SO$_3$Na (R=C$_{14\sim18}$)	분말, 액체세 제, 석유계	세척성 최우수 용해성 우수
음	알파술폰지방산 에스테르 (MES)	R–CH–COOCH$_3$ | SO$_3$Na (R=C$_{14\sim18}$)	분말세제 천연계	생분해성, 세척성, 내경수성, 유화력, 가용화력, 효소안정성 등이 우수
비	고급알코올계 (FAS 혹은 AS)	R–O–SO$_3$Na (R=C$_{12\sim18}$)	중성세제 천연계	수용액은 중성 단백질섬유에 흡착, 유연작용, 생분해성과 내경수성 우수

고형 세탁비누의 경우에는 순비누분의 함량이 약 80%를 차지한다.

조 제 세제에는 계면활성제 외에 각종 성분의 조제가 합리적으로 배합된다. 조제 자체는 계면활성을 나타내지는 않지만 계면활성제와 함께 사용되면 표 7-3에서처럼 세척성을 높이고, 후처리 효과를 주며, 기타 성능을 향상시키는 작용을 한다.

표 7-3.
의류 세탁용 세제에
적용되는 대표적
조제의 종류와 역할

조제의 종류	조제의 역할
규산나트륨(알칼리성)	세액의 알칼리 완충 작용
알칼리조제, EDTA, 제오라이트	경수연화, 금속이온봉쇄 작용
황산나트륨(중성)	계면활성제의 한계미셀농도 저하
알칼리조제, CMC	분산의 안정화·재오염방지 작용
표백제, 형광증백제, 향료, 유연제	세탁 후처리 효과의 상승 작용
프로테아제, 셀룰라제(효소)	오구성분 분해 작용
제포제, 기포안정제, 케익방지제, 가용화제	세제의 상품가치 향상

세제액의 성질 세제의 수용액은 물과 비교해볼 때, 세제 종류나 세제 농도에 따라서 여러 가지 물리·화학적 성질에 커다란 차이가 있으며, 이 성질들은 의류의 세척성에 많은 영향을 미친다. 세제액의 성질로는 표면 혹은 계면장력의 저하(섬유-세액, 오구-세액 사이의), 미셀형성과 가용화, 섬유와 오구 내부로 침투·팽윤작용, 분산(유화·현탁)작용, 거품의 형성 등을 들 수 있다. 이러한 성질들은 세제성분, 즉 계면활성제와 조제의 종류와 배합 정도에 따라서 달라진다.

세제의 안전 성과 환경문제 세제는 사용 중에 인체의 피부에 자극을 주거나 피부질환을 유발하지 말아야 하며, 사용 후에는 수중 생물의 생존에 해를 주지 않아야 한다. 또한 하수도를 통해 하천에 흘러간 계면활성제가 상수도를 통해서 재공급되지 않게 빠른 시간 내에 생분해되도록 해야 한다. 세제에 함유된 인산과 질소 성분은 하천과 호수 그리고 바다에 사는 수중 식물들의 영양분이 되어서 식물을 과도하게 생장하게 하며, 호수의 부영양화와 바다의 적조현상을 초래한다. 그러므로 최근 들어 합성세제의 인체에 대한 안전성과 환경오염 문제가 끊임없이 제기되고 있으며 무공해 무독성세제에 관한 관심이 늘고 있다.

실험 7-2　　고형 비누의 제조

목 적　　동·식물성 유지와 수산화나트륨을 반응시켜 감화법으로 얻는 비누의 제조 원리와 방법을 익힌다. 또한 각 가정이나 영업소에서 조리할 때에 사용하고 남은 폐식용유를 하수구에 방출할 경우 수질오염의 원인이 되므로, 폐식용유를 이용한 재활용 고형 세탁비누를 간편하게 제조하는 방법을 익혀 세탁과 환경에 관심을 갖게 한다.

시 료　　우지 50g, 유화제(sodium oleate) 2g, 식물성 기름 50g, 폐식용유 100g,

시 약　　수산화나트륨(NaOH, 공업용 가성소다도 무관) 50g, 소금(NaCl) 40g,

기기와 기구　　비커(500ml), 메스실린더(100ml), 가열기, 교반기, 유리막대, Büchner 깔때기, 체, 비누건조용기(예 : 종이컵, 우유팩), 스테인리스용기(2~3L), 항온 건조기, 저울

실험방법　　**A. 우지 비누 제조법**

(1) 우지의 감화

① 50g의 식물성 기름과 따뜻하게 데운 50g의 우지를 잘 섞어 유지 혼합물을 만든다.

② 물 100ml에 수산화나트륨 19g을 녹여 둔다.

③ 약 2g의 유화제(sodium oleate)를 물 20ml에 녹인 후, 대략의 무게를 재어 둔 2~3L 스테인리스 용기에 옮긴다. 이 용액을 가열하면서, 약 20ml 유지 혼합물과 20ml의 수산화나트륨 수용액 20ml를 격렬하게 저으면서 잘 섞는다.

④ 용액이 걸쭉해지면 나머지 수산화나트륨 수용액과 유지를 번갈아 가며 30분 동안 조금씩 첨가한다. 계속 저으면서 2시간 정도 가열한다.

⑤ 증발에 의해 용액의 무게가 줄지 않도록 가끔 무게를 재어보고, 필요하다면 물 50m씩 부어준다. 내용물의 무게가 약 500g을 유지하도록 한다.

⑥ 전체 3시간 경과 후에 약한 불에서 끓여주면, 상부에 투명한 갈색액이 나타난다. 이 때 용기에 뚜껑을 닫아 105℃ 항온 건조기에서 하룻동안 재운다.

(2) 염석(salting-out)

① 곱게 갈은 소금 30~40g을 뜨거운 비누 표면에 천천히 뿌리면서 재빨리 젓는다.

② Büchner 깔때기에서 비누층을 분리하고 물로 헹군 후 건조용 용기에서 모양을 잡고 건조시킨다.

③ 제조된 비누의 중량, 색, 무른 정도, 냄새 등을 시판되는 세제와 비교해 관찰한다. 관찰 후 세제액의 성질을 측정하는 실험 7-3에서 실험 7-7의 시료로 이용한다.

B. 재활용 비누 제조법

① 체나 망으로 (폐)식용유 내에 있는 이물질을 제거한다.

물 30ml에 NaOH(수산화나트륨) 16g을 넣고 잘 저어 완전히 녹인다. 이 때 수용액이 뜨거워지므로 주의가 요구되며, 특히 수용액이 피부에 닿아 다치지 않도록 비닐 장갑을 착용한다.

③ 500ml 비커에 폐식용유 100ml를 넣고, ②에서 만든 NaOH 수용액을 천천히 붓는다. 유리(또는 나무)막대로 실온에서 30~40분 간 반드시 한쪽 방향으로만 저어준다(반응하면 따뜻할 정도의 열이 발생함).

④ 걸쭉해져 막대 젓기가 힘들 정도까지 젓는다.

⑤ 원하는 모양의 비누 건조용 용기에 옮겨 부어, 실내에서 자연건조시킨다. 3시간 정도 지나면 두부 정도의 굳기가 되며, 완전히 굳는 데는 2주 정도 걸린다.

⑥ 제조된 비누의 중량, 색, 무른 정도, 냄새 등을 시판되는 세제와 비교해 관찰한다.

결 과 ## A. 우지 비누

제조된 비누의 육안 관찰	제조된 비누조각의 부착

B. 재활용 비누

제조된 비누의 육안 관찰	제조된 비누조각의 부착

토의문제

1. 감화법으로 비누를 제조할 때 일어나는 화학반응식을 쓰시오

2. 재활용 고형 비누를 제조할 때, 공정 도중에 생성된 글리세롤을 분리하지 않고 그대로 건조시켰는데, 이렇게 해서 얻어진 비누의 특징을 설명하시오.

3. 비누를 제조할 때 계속해서 같은 방향으로만 교반하는 이유를 설명하시오.

4. 비누를 제조할 때 소금을 첨가하는 이유를 설명하시오.

5. 시판되는 의류세탁용 비누에 첨가되는 조제의 종류와 역할을 쓰시오.

6. KS M 2730의 세탁 비누의 공업규격에서는 비누의 수분 함유량을 얼마 이하로 규정했는가?

7. KS M 2751에 규정된 재활용 고형 세탁비누의 품질 합격기준을 알아보시오.

8. 폐식용유의 수집에서 정제와 제조에 이르기까지 재활용 고형 비누의 제조 과정에서 일어날 수 있는 문제점과 해결방안을 생각해보자(예: 폐식용유에 잔류된 음식물 찌꺼기, 충분히 비누화가 일어나지 않았을 경우, 과량의 가성소다를 첨가했을 경우, 폐식용유의 고유한 냄새 등).

실험 7-3   pH 측정

목 적   세제는 계면활성제의 종류나 알칼리 조제의 첨가 유무에 따라 세액의 pH가 다르게 나타나는데, 세제액이 알칼리성을 띨 경우 세척성은 향상되지만 단백질 섬유를 세탁할 때에는 섬유에 손상을 가져오므로 사용하고자 하는 세제액의 pH를 파악하는 것은 적절한 세제의 선택을 위해서 꼭 필요한 일이다.

시 료   시판세제(고형비누, 다목적 의류세탁용 합성분말세제, 단백질섬유 전용 액체세제) 실험 7-2에서 제조한 고형비누

시 약   pH표준완충용액(pH 7, pH 4 또는 10)

기기와 기구   만능 pH 시험지,
pH 시험지(0.1자리까지 읽을 수 있는 것)
– B.C.P.(brome cresol), P.R.(phenyl red), T.B.(thimol blue),
　A.Z.Y.(aryzaline yellow), B.O.B.(pollar blue) A.L.B.(alkali blue)
비커(300ml), 화학천칭, pH 미터, 메스실린더, 항온 건조기, 데시케이터, 증발접시, 유리막대

실험방법   A. pH 시험지법

① 모든 세제는 상당량의 수분을 함유하므로, 각각의 시료를 약 2g씩 재어 증발접시에 놓고 105±2℃의 항온 건조기에서 2시간 건조시킨 후 데시케이터에서 냉각해 건조 시료의 무게로 사용한다.

② 각 시료를 0.25% 농도의 세제액으로 만들기 위해, 1.25g의 세제를 증류수 500ml에 용해시킨다. 실온에서 용해가 되지 않는 세제의 경우는 고온에서 용해시킨 후에 식혀준다(실험 7-3에서 실험 7-6까지 동일한 세제액을 쓰도록 충분히 준비하면 편리하다).

③ 세제액을 유리막대의 끝에 묻혀서 만능 pH 시험지 끝에 묻히고, 그 색상의 변화를 표준색표와 비교해 대략의 pH를 결정한다.

④ 이 pH 범위에 따라 적정 범위의 pH 시험지를 선정해 다시 유리막대로 세제액

을 시험지 끝에 묻혀 그 색을 표준색표와 비교하고 동일색의 범위 pH를 소수점 이하 한자리까지 읽는다. 참고로 사용한 증류수의 pH를 측정해 pH가 6.5~7.0 사이에 있음을 확인한다.

B. pH 미터법(KS M 0011)

① 위의 A의 ①에서 준비한 동일한 세제액을 사용한다.
② 유리전극 pH 미터 사용법에 따라 두 가지 pH 표준완충용액으로 pH를 조정한다.
③ 측정하고자 하는 세제액을 비커에 넣고 전극을 담궈 잘 저은 다음 pH를 읽는다(20℃에서 측정).
④ 참고로 사용한 물의 pH를 측정한다.

결 과

시 료	상 품 명	세제액의 pH	
		pH 시험지법	pH 미터법
물			
제조 고형비누 A			
시판 고형비누 B			
시판 분말합성세제 A			
시판 분말합성세제 B			
시판 액체세제 A			
시판 액체세제 B			

토의문제

1. 의류세탁용 세제 외에 일상생활에서 쓰이는 주방용세제, 화장비누, 샴푸 수용액의 pH를 측정하여 비교해보자.
2. 가정용 전기세탁기로 의류를 세탁한 후에 세제액을 채취해, 세탁 후 세제액의 pH는 그 전과 비교해 어떻게 변하는지 관찰해보시오.
3. 두 종류의 pH 측정방법에 따른 시료 세제액의 pH를 비교해보시오.
4. 시판세제를 용도별로 시장 조사하여 세제액의 pH를 비교분석해보시오.
5. 시판 세제 중에 알칼리 조제가 함유된 세제를 분류하고 첨가된 알칼리 조제의 종류를 알아보시오.
6. KS M 2730 세탁비누의 공업규격과 KS M 2715 의료용 분말 합성세제 공업규격에서 정하는 세제의 수분율을 알아보시오.

실험 7-4   유화성과 현탁성

목 적   세탁하는 동안에 섬유로부터 제거된 지용성 오구 또는 불용성 고형 오구가 잘게 부수어지고 오구 주변에 계면활성제가 흡착되어서 세제액에 안정된 상태로 분산될 경우에는 재오염이 방지되므로 세척성 향상의 한 요인이 된다. 그러므로 세제액 내의 유지류의 유화성과 고형물질의 현탁성 관찰은 세척성을 이해하는 데 도움을 준다.

시 료   시판세제(고형비누, 다목적 의류세탁용 합성분말세제, 단백질섬유 전용 액체세제) - 실험 7-3에서와 동일

시 약   올리브유(또는 올레산), 카본블랙 분말

기기와 기구   눈금 시험관(25ml, 20개), 시험관 마개, 시험관대, 피펫(1ml, 5ml, 10ml), 공진 플라스크(100ml), 항온 진탕기, 메스실린더(50ml), 용량병(50ml), 화학천칭, 분광광도계

실험방법   A. 유화성

A-1. 시험관 이용법

① 세제종류별 유화성을 관찰하기 위해 모든 시료를 0.25% 농도의 세제액으로 준비해 둔다(실험 7-3에서 준비한 동일한 세제액을 쓴다).

② 세제농도별 유화성을 알아보기 위해서 한 가지 세제를 택해 0, 0.05, 0.1, 0.25, 0.5, 1.0% 농도의 세제액을 준비해 둔다.

③ 물 또는 ①과 ②에서 준비한 세제액을 각각의 시험관에 10ml씩 넣는다.

④ ③의 모든 시험관에 올리브유(또는 올레산) 5ml씩을 첨가한다.

④ 시험관 마개를 닫고 실온에서 일정 시간(30분) 동안 격렬히 흔들어준 후 시험관대에 가만히 놓아 둔다.

⑤ 놓은 직후, 시험관 속의 물(하층)과 기름(상층)이 두 층으로 분리되는지, 전체의 경계선이 없어지고 유백색으로 분산되는지를 육안으로 관찰하고 기록한다.

⑥ 소정 시간(1~12시간) 방치 후, 혼합액이 올리브유(투명한 상층), 유화층, 물의

3층으로 분리되면 유화층의 용적을 측정해 전체 용적에 대한 유화층(중간층)의 용적(시험관의 눈금을 읽거나 전체와 유화층의 높이를 자로 재어서)을 유화 안정도(%)로 계산한다.

A-2. 항온 진탕기 이용법

① 실험 A-1의 ①과 ②에서 준비한 동일한 세제액을 쓴다.
② 항온 진탕기를 20℃로 맞추어 놓는다.
③ 100ml 공전 플라스크에 세제액 20ml와 올리브유(또는 올레산) 10ml를 함께 넣는다.
④ 항온 진탕기에서 100rpm으로 혼합액을 1시간 동안 진탕시킨다.
⑤ 진탕 후, 즉시 50ml의 메스실린더에 옮긴다.
⑥ 위의 A-1의 ⑤와 ⑥의 방법으로 유화성을 관찰하고, 유화도를 계산한다.

B. 현탁성

B-1. 시험관 이용법

① 위의 A-1의 ①과 ②에서 준비한 동일한 세제액을 쓴다.
② 각각의 시험관에 물 또는 시료 세제액을 15ml씩 넣고, 각 시험관에 카본블랙 분말 0.1g씩을 첨가한다.
③ 시험관 마개를 닫고 일정 시간(1분) 동안 격렬히 흔들어준 후 시험관대에 가만히 놓아 둔다.
④ 시험관 속의 물과 고체 분말(하층)이 두 층으로 분리되는지, 검정색의 불투명한 현탁액으로 분산되는지를 육안으로 관찰한다. 흔든 직후 1시간, 24시간 등, 시간 경과별로 분리 또는 현탁의 상태를 관찰, 기록한다.

B-2. 항온 진탕기 이용법

① 위의 A-1의 ①과 ②에서 준비한 동일한 세제액을 쓴다.
② 각각의 100ml의 공전 플라스크에 세제액 50ml를 넣고, 카본블랙 분말 0.1g씩 넣는다.
③ 20℃로 예열된 항온 진탕기에서 20분 간, 100rpm으로 진탕한다.
④ 위의 혼합액을 희석시키기 위해 1ml 피펫으로 취해 50ml 용량병에 옮기고 동일한 세제액으로 눈금까지 채운다. 세제액을 참고로 해, 파장 520nm에서 분광 광도계로 각 진탕액의 흡광도(D_1)를 잰다.

⑤ 진탕액의 나머지는 50ml 실린더에 옮겨 24시간 방치한 다음, 윗부분을 1ml 피펫으로 취하여 50ml 용량병에 옮기고, 위의 ④에서와 동일한 방법으로 하여 각각의 흡광도(D_2)를 측정한다.

⑥ 각각의 세제액에 대한 현탁의 안정도를 다음 식으로 계산한다.

$$현탁의\ 안정도\ =\ \frac{D_2}{D_1}\ \times\ 100(\%)$$

결 과

(1) 세제종류별 유화성과 현탁성

실험방법 :

세제액의 온도(℃) :

시 료 세 제	상품명	유화성			현탁성		
		즉시	1시간	12시간	즉시	1시간	24시간
물							
제조 고형비누 A							
시판 고형비누 B							
시판 분말합성세제 A							
시판 분말합성세제 B							
시판 액체세제 A							
시판 액체세제 B							

(2) 세제농도별 유화성과 현탁성

실험방법 :

시료세제 :

세제액의 온도(℃) :

세제액의 농도(%)	유화성			현탁성		
	즉시	1시간	12시간	즉시	1시간	24시간
0.00						
0.05						
0.10						
0.25						
0.50						
1.00						

토의문제

1. 물과 세제액의 종류별, 농도별로 유화성과 현탁성의 결과를 비교하시오.

2. 유화와 현탁의 정의를 알아보고, 세제액의 유화성과 현탁성에 영향을 주는 인자를 쓰시오.

3. 지용성 오구의 분산(유화)과 고형오구의 분산(현탁)이 세척성에 미치는 영향 알아보시오.

4. 세제의 유화성 실험에 사용한 올리브유와 같이 실제로 일상생활에서 의류에 부착되는 지용성 오구에는 어떠한 것이 있는가?

5. 세제의 유화성 실험에서 올레산을 쓰는 이유는 무엇인가?

6. 세제의 현탁성 실험에 사용한 카본블랙과 같이 실제로 일상생활에서 의류에 부착되는 고형오구에는 어떠한 것이 있는가?

실험 7-5   내산성과 내경수성

목 적　세탁용수 중에는 액성이 산성이거나 경도가 높아서 세탁용수로 부적합한 경우가 있다. 이 때 내산성과 내경수성의 세제를 선택할 경우 세척성 향상에 도움이 되므로 세제액의 내산성과 내경수성의 관찰은 세척성을 이해하는 데 도움을 준다.

시 료　시판세제(고형비누, 다목적 의류세탁용 합성분말세제, 단백질섬유 전용 액체세제)
－ 실험 7-3에서와 동일

시 약　6N 염산용액(진한 염산과 물을 1:1로 희석),
경수 : 염화칼슘(2수염) 수용액(염화칼슘 0.270g을 물 1L에 용해)

기기와 기구　시험관(25ml, 20개), 시험관 마개, 시험관대, 스포이드(10ml), 비커, 화학천칭,
메스실린더(500ml), 항온 수조, 판정판

실험방법　**A. 내산성(시험관 이용법)**

① 세제종류별 내산성을 관찰하기 위해 모든 시료를 0.25% 농도의 세제액으로 준비해 둔다(실험 7-3에서 준비한 동일한 세제액을 쓴다).
② 비누의 농도별 내산성을 알아보기 위해서 한 가지 고형비누를 택하여 0, 0.05, 0.1, 0.25, 0.5% 농도의 세제액을 준비해 둔다. 이 때 고농도의 비누액을 제조하기 어려울 때가 있다.
③ 물 또는 ①과 ②에서 준비한 세제액을 각각의 시험관에 10ml씩 넣는다.
④ ③의 모든 시험관에 스포이드로 염산을 한 방울씩 떨어뜨려 세제액을 산성으로 만든다.
⑤ 시험관 마개를 닫고 일정 시간(10초) 동안, 실온에서 잘 흔들어준 후 시험관대에 가만히 놓아 둔다.
⑥ 10분 내에 시험관 속에 흰색의 침전물이 생성되는지를 관찰한다.

B. 내경수성

B-1. 시험관 이용법

① A의 ①과 ②에서 준비한 동일한 세제액을 쓴다.

② 각각의 시험관에 시료 세제수용액을 7ml씩 넣는다.

③ ②의 시험관에 염화칼슘액 3ml씩을 첨가한다.

④ 시험관 마개를 닫고 일정 시간(10초) 동안, 실온에서 잘 흔든 후에 시험관대에 가만히 놓아둔다.

⑤ 10분 내에 시험관 속에서 유백색의 현탁으로 불용성 침전물이 생성되는지를 관찰한다.

B-2. 메스실린더 이용법(KS M 2709)

① A의 ①과 ②에서 준비한 동일한 세제액을 쓴다.

② 시료세제액 100ml를 메스실린더에 넣고, 50℃의 염화칼슘수용액을 첨가한다.

③ 실린더의 마개를 닫고 10초 동안 흔든 후에, 50℃의 항온 수조에서 10분 간 둔다.

④ 10분 후 꺼내, 그 즉시 그림 7-3의 판정판 위에 올려 놓고 판정판 위의 십자가 보이는 것을 합격으로 한다.

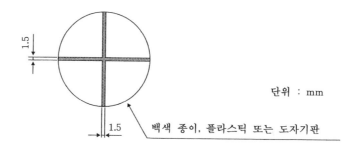

단위 : mm

백색 종이, 플라스틱 또는 도자기판

그림 7-3.
내경수성 판정판

결　과　　　**(1) 세제종류별 내산성과 내경수성**

내경수성 실험방법 :

시　료	상품명	내산성	내경수성
물			
제조 고형비누 A			
시판 고형비누 B			
시판 분말합성세제 A			
시판 분말합성세제 B			
시판 액체세제 A			
시판 액체세제 B			

(2) 고형비누 농도별 내산성과 내경수성

시료비누 :

내경수성 실험방법 :

비누액의 농도(%)	내 산 성	내 경 수 성
0.00		
0.05		
0.10		
0.25		
0.50		

토의문제

1. 비누와 합성세제액의 내산성과 내경수성의 결과를 비교하시오.

2. 비누가 산 또는 경수와 반응할 때 나타나는 흰색 침전물의 성분은 무엇인지 반응식을 쓰고 설명하시오.

3. 시판 세제의 조성 중에서 세제의 내경수성을 부여하기 위해 첨가된 계면활성제와 조제의 종류를 알아보고 그들의 역할과 특징을 설명하시오.

4. 세제액의 내산성과 내경수성이 세제의 세척성에 미치는 영향을 알아보시오.

5. 우리 나라와 외국의 경우, 세탁할 때에 물의 산성과 경수가 문제가 되는 시기 또는 지역을 알아보시오.

6. 내산성 실험에서 첨가하는 염산의 양을 변화시켜보고, 내경수성 실험에서는 경도 (0, 25, 50, 100, 200, 300, 500ppm)를 변화시키거나, 제올라이트의 첨가 효과를 관찰하는 등, 각 조별로 위의 실험방법을 응용해보시오.

실험 7-6   표면장력

목 적 세제는 계면활성제의 종류나 조제의 첨가 유무에 따라 표면장력이 다르게 나타나
며 표면장력이 저하될수록 세척성이 향상되므로, 사용하고자 하는 세제액의 표면
장력을 파악하는 것은 세제의 적정 사용량을 결정하거나 세척의 원리를 이해하는
데 중요하다. 수직으로 세운 가느다란 관의 끝으로부터 분리된 방울의 수를 측정
하는 적수계 이용방법과 백금고리를 세제액으로부터 떼어내는 데 필요한 힘을 측
정하는 드 누이 표면장력계의 사용방법을 익힌다.

시 료 시판세제(고형비누, 다목적 의류세탁용 합성분말세제, 단백질섬유 전용 액체세제)
– 실험 7-3에서와 동일

기기와 기구 적수계(Traube), U자관, 항온 수조
드 누이(Du Noüy) 표면장력계, 시료 용기(비커, 지름 약 45mm),
백금환(백금선의 길이 약 40mm)

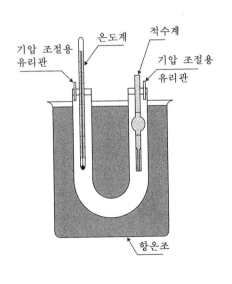

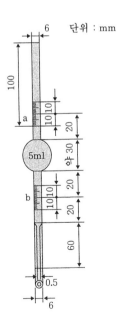

그림 7-4.
적수계

실험방법

A. 적용법(KS M 2709)

① 세제종류별 표면장력을 측정하기 위해서 모든 시료를 0.25% 농도의 세제액으로 준비해 둔다(실험 7-3에서 준비한 동일한 세제액을 쓴다).

② 합성세제의 농도별 표면장력을 알아보기 위해서 한 가지 합성세제를 선택하고 0, 0.05, 0.1, 0.25, 0.5, 1.0% 농도의 세제액을 준비해 둔다.

③ 적수계의 방울 출구의 면은 사용 전에 질산과 과산화수소와의 혼합액(6N 질산 : 30% H_2O_2=3:1)으로 잘 닦아 수세, 건조시켜 사용한다

④ 적수계를 시료액으로 씻은 후 여기에 물 또는 ①과 ②에서 준비한 세제액으로 채운다.

⑤ 소정의 온도(측정 온도를 기록해 둔다)로 유지한 항온 수조 안에 장치한 U자 관 속에 수직으로 세운다.

⑥ 적수계 윗부분의 표시선까지 시료액을 맞춘 후 그로부터 세제액을 아래로 흘러 내리게 해 아랫부분 표시선에 다다를 때까지 떨어진 방울의 수를 센다. 물방울의 낙하 속도는 매분 12±2방울을 기준으로 한다.

⑦ 물을 사용해 같은 방법으로 측정하고, 다음 식으로 표면장력을 소수점 이하 둘째자리까지 계산한다.

$$\gamma = \frac{n_o}{n} \times \gamma_o$$

n_o: 증류수의 방울수
n : 세제액의 방울수
γ_o: 측정온도에 있어서의 물의 표면장력(dyne/cm)(표 7-4 참고)
γ : 측정온도에 있어서의 세제액의 표면장력(dyne/cm)

B. 윤환법(드 누이법, KS M 2709)

(1) 장치의 조정

① 강선(a)이 처져 있는 대의 위(강선의 바로 아래)에 수준기를 놓고, 장치가 수평

표 7-4.
온도에 따른 물의
표면장력

온도(℃)	표면장력(dyne/cm)	온도(℃)	표면장력(dyne/cm)
5	74.90	15	73.48
10	74.20	16	73.34
11	74.07	28	71.47
12	73.92	29	71.31
13	73.78	30	71.15
14	73.64	35	70.35

이 되도록 수평조절 나사(s)를 사용해서 조절한다.

② 백금환(g)을 장대(c) 끝에 매달고, 눈금(k)의 영점에 지침(l)을 맞춘다. 백금환에 종이 조각을 올려 놓고, 지지대(f)의 위 끝과 장대(c)가 가까운 거리가 되도록 손잡이(z)를 사용해서 조절한다.

③ 종이 조각 위에 무게를 잰 물체를 올려 놓고, 재차 장대(c)가 (f)와 가까운 거리가 되도록 손잡이(m)를 조절하고, 이 때의 눈금을 읽는다. 이 눈금이 다음 식에서 계산한 θ와 일치하지 않으면, 손잡이 (n)을 조절해 일치할 때까지 이 조작을 반복한다. 지시 눈금의 한 눈은 1dyne/cm를 나타낸다.

$$\theta = \frac{Wg}{4\pi R}$$

θ : 지도
W : 백금환에 올려놓은 종이편 및 물체의 전 무게(g)
g : 중력의 상수(980cm/s^2)
R : 백금환의 반지름(cm)

(2) 장치의 검정

물의 표면장력을 3번 측정해 평균한 값이 표 7-4와 일치하면 (1)장치의 조정은 생략해도 좋다.

(3) 세제액의 표면장력 측정

① A의 ①과 ②에서 준비한 동일한 세제액을 쓴다. 세제액이 안정되도록 30분 후

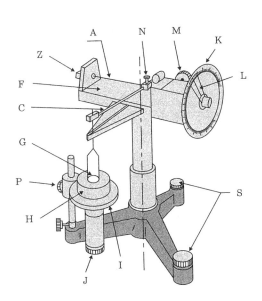

그림 7-5.
드 누이 표면장력계

에 측정한다.

③ 백금환을 청정한 용제(아세톤, 에틸 에테르) 또는 물로 완전히 씻는다. 환을 흡수지로 건조시킨 후 장대(c)의 끝에 매달고 재차 지침(l)을 눈금(k)의 영에 맞추어 장대(c)가 지지대(f)와 가까운 거리가 되도록 손잡이(z)를 조절한다.

④ 시료 용기(h)에 소정 온도 ±1℃로 유지된 일정 농도의 시험액을 넣어 대(i) 위에 올려 놓고, 손잡이(p)를 늦추어 대를 적당한 높이까지 올리고, 다시 나사(j)를 돌려 백금환을 수용액 표면상 약 1mm 정도의 위치에 유지시켜 수면과 백금환의 면이 평행인지의 여부를 액면에 비치는 환의 상과 실물의 평행선으로부터 확인하고, 만일 평행이 아니면 나사(j)를 돌려서 백금환을 수용액 표면에 조용히 닿게 한다.

⑤ 백금환이 액면에서 떨어지지 않도록 주의하면서 나사(j)를 돌려 용기를 대와 함께 내리면 고리는 표면장력 때문에 당겨져서 장대(c)가 내려간다. 이것을 원위치로 되돌리기 위해 손잡이(m)를 돌려 강선을 비틀어서 지지대(f) 가까이에 장대(c)가 놓이도록 한다. 이와 같이 나사(j)와 손잡이를 움직여 간다. 고리가 수면을 떠나기 직전에는 특히 천천히 움직여서 고리가 수면으로부터 떨어졌을 때의 지도(θ)를 읽는다. 동일한 시료액으로 3회 측정을 하고, 그 측정 결과와 평균값과의 차가 2%를 넘지 않는 것의 평균값(θ)을 취해 다음 식으로 표면장력을 산출한다.

$$\delta = \theta \times F$$

    δ : 표면장력(dyn/cm)
    θ : 지도의 평균값
    F : 보정 팩터

이 때 보정 팩터(F)는 백금환에 의해서 들어 올려지는 액량의 영향을 보정하는 것으로 다음 식으로 구한다.

$$F = 0.7250 + \sqrt{\frac{0.01452\,\theta}{C^2(D-d)} + 0.04534 - \frac{1.679}{R/r}}$$

    θ : 지도의 평균값
    C : 백금환의 원둘레 $2\pi R$(cm)
    D : 25℃에 있어서의 아랫상의 밀도(g/ml)
    d : 25℃에 있어서의 윗상의 밀도(g/ml)
    R : 백금환의 반지름(cm)
    r : 백금선의 반지름(cm)

합성세제의 희박한 수용액을 측정할 때는 D=수용액의 밀도, d=공기의 밀도가 되므로 근사값으로 D-d=1을 사용해도 된다.

(4) 정밀도

다른 사람이 다른 장치를 한 2개의 측정 성적과 그 평균값과의 차가 5%를 초과하지 않을 경우에는 그 성적은 모두 정당한 것으로 본다.

결 과

(1) 세제종류별 표면장력

측정온도(℃) :

표면장력 세제종류	적 용 법		윤 환 법	
	물방울수	표면장력	지도	표면장력
물				
제조 고형비누 A				
시판 고형비누 B				
시판 분말합성세제 A				
시판 분말합성세제 B				
시판 액체세제 A				
시판 액체세제 B				

(2) 세제농도별 표면장력

세제 종류:

세제액온도(℃) :

세제농도(%) \ 표면장력	적용법		윤환법	
	물방울수	표면장력	지도	표면장력
0.00				
0.05				
0.10				
0.25				
0.50				
1.00				

토의문제

1. 두 종류의 표면장력 측정방법에 따른 시료 세제액의 표면장력을 비교해보시오.
2. 특정 세제액의 농도별로 측정한 표면장력을 그래프로 그려보고, 표면장력이 어느 농도 이하에서 비례하여 감소하는지 또한 그 농도 이상에서는 어떻게 변화하는지를 관찰해보시오.
3. 세제액의 표면장력을 측정하여 한계미셀농도(cmc)를 구하는 방법을 설명해보시오.
4. 적수계를 사용할 때, 표면장력이 떨어질수록 물방울수가 많아지는 이유를 설명하시오.
5. 세제액의 온도가 표면장력에 미치는 영향을 알아보시오.
6. 세제액의 표면장력이 세척성에 미치는 영향을 알아보시오.
7. 위의 두 가지 측정방법 외에 액체의 표면장력을 측정하는 방법을 알아보시오. 특히 간편하게 표면장력을 측정할 수 있는 표면장력 측정기에 대해서 조사해보시오.

실험 7-7   기포력과 거품 안정성

목 적   세제액의 거품성과 세척성은 상관관계가 없으며 오히려 거품 안정성이 큰 세제가 하천에 방출될 경우 수질오염의 원인이 되므로, 세탁과 환경문제의 관점에서 세제의 기포력과 거품 안정성에 대한 정보는 용도에 따른 세제의 선택에 도움이 된다.

시 료   시판세제(고형비누, 다목적 의류세탁용 합성분말세제, 단백질섬유 전용 액체세제) − 실험 7-3에서와 동일

기기와 기구   뚜껑 있는 메스실린더(100㎖, 15개) 혹은 반경의 크기가 같은 시험관(25㎖, 15개), 로스마일즈(Ross-Milles) 기포력 측정장치, 항온 수조, 눈금자

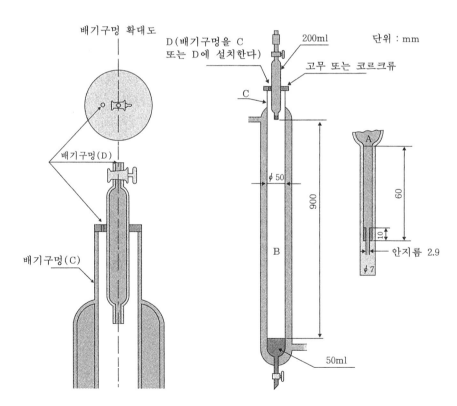

그림 7-6.
로스마일즈 기포력
측정장치

실험방법

A. 메스실린더법

① 세제종류별 기포력과 거품 안정성을 측정하기 위해서 모든 시료를 0.25% 농도의 세제액으로 준비해 둔다(실험 7-3에서 준비한 동일한 세제액을 쓴다).

② 세제농도별 기포력과 거품 안정성을 측정하기 위해서 한 가지 세제를 택하여 0, 0.05, 0.1, 0.25, 0.5, 1.0% 농도의 세제액을 준비해 둔다.

③ 물 또는 ①과 ②에서 준비한 세제액을 각각의 시험관에 5ml씩 넣는다. 모든 세제액를 특정 온도에서 동일하게 시행하거나, 항온 수조를 이용해 온도별(20, 40, 60℃)로 관찰한다.

④ 메스실린더에 시료 세제액 20ml를 넣고, 10초 동안 상하로 30회 흔든 후 시험대 위에 가만히 놓는다(시험관을 사용할 경우에는 5ml를 넣는다).

⑤ 거품의 용량을 실린더의 눈금을 읽어서 ml 단위로 측정한다(시험관을 사용한 경우에는 눈금자로 거품의 높이를 잰다).

B. 로스마일즈법(KS M 2709)

① A의 ①과 ②에서 준비한 동일한 세제액을 쓴다.

② 그림 7-5에 나타낸 기포력 측정장치의 B 부분을 수직으로 세우고, 펌프로 소정 온도의 물을 바깥 통으로 순환시켜 일정한 온도로 유지시킨다.

③ 그림 7-5의 A를 부착시키고, 세제액을 같은 온도로 유지해, 그 50ml가 B의 관벽을 통해 측면 전체를 적시도록 살며시 흘려 넣는다.

④ 피펫 A(부피 200ml)에, 위에서 기술한 세제액 200ml를 채취해 그림에 나타낸 위치에 놓고, 그 상단의 콕을 열어 시료 용액이 약 30초 사이에 유출되도록 하고, 또한 액방울이 B 부분 액면의 중심에 떨어지도록 흘러내리게 한다. 용액 전부가 유출되면 즉시 거품의 양(눈으로 평균한 높이 mm)을 측정하고, 수회 측정한 값의 평균을 정수자리까지 구해 기포력으로 한다.

⑤ 5분 후의 거품의 양을 같은 방법으로 측정해 거품의 안정도로 한다.

결 과

(1) 세제종류별 기포력과 거품 안정성

측정방법 :

측정온도(℃) :

세제종류 \ 기포력·거품안정도	상품명	기포력(ml 또는 mm)				거품안정도
		직후	5분 후	3시간후	24시간 후	5분 후
물						
제조 고형비누 A						
시판 고형비누 B						
시판 분말합성세제 A						
시판 분말합성세제 B						
시판 액체세제 A						
시판 액체세제 B						

(2) 세제농도별 기포력과 거품 안정성

세제 종류 :

측정방법 :

측정온도(℃) :

세제농도(%) \ 기포력·거품안정도	기 포 력 (ml 또는 mm)				거품안정도
	직후	5분 후	3시간 후	24시간 후	5분 후
0.00					
0.05					
0.10					
0.25					
0.50					
1.00					

(3) 세제온도별 기포력과 거품 안정성

세제종류 :

세제농도 :

측정방법 :

기포력·거품 안정도 / 세제액온도(℃)	기 포 력 (ml 또는 mm)				거품안정도
	직후	5분 후	3시간 후	24시간 후	5분 후
20					
40					
60					

토의문제

1. 실험 결과를 보고, 기포력과 거품 안정도와의 상관관계를 분석해보시오.
2. 거품의 안정성을 결정하는 인자를 설명하고, 물방울에 비해 세제액 방울이 더 안정 된 이유를 설명하시오.
3. 세탁할 때 발생한 거품은 세척성에 어떠한 영향을 미치는지 알아보시오.
4. 세탁으로 하천에 유입된 거품이 수질오염에 미치는 영향을 설명하시오.
5. 저포성 세제의 제조 원리를 설명하고, 저포성 세제가 꼭 필요한 경우를 들어보시오.
6. 각 조별로 나누어서 의류세탁용 세제 외에 주방용 세제, 샴푸, 화장비누 등의 기포 력과 거품 안정성을 측정하고, 세탁기와 같이 기기를 사용할 때 쓰이는 세제류와 직접 인체에 닿는 세제류로 분류해서 그 결과를 분석해보시오.

3. 세 탁

최근 국민소득의 향상과 섬유산업의 발전으로 의류제품이 고급화되고 새로워져서 의류의 취급방법에 대한 관심이 높아지고 있다. 의류는 착용하는 동안에 인체로부터는 생리작용에 의한 분비물과 탈락물로, 외부로부터는 먼지와 기름 등에 의해 더러워지는데, 그 종류는 주거환경이나 작업환경에 따라 다양하다. 이 오염물질은 위생상 불결할 뿐만 아니라 제품의 성능과 가치를 떨어뜨리고 미관상에도 좋지 않으므로 제거되어야 한다.

세탁 전에, 세탁성의 향상과 의류손상의 방지를 위해 섬유조성과 염색가공, 직물조직, 의류형태, 오구종류와 부착상태, 세탁용수, 드라이클리닝용제, 세제종류와 특징, 세탁시험기, 세탁평가방법 등 세탁과 관련된 여러 분야의 전문적이고도 과학적인 지식을 익혀야 한다. 이러한 세탁원리와 세탁조건은 세제와 세탁기의 신제품을 개발하는 지침이 되고, 소비자에게는 세제·세탁기의 선택과 합리적인 사용방법을 결정하는 척도가 된다. 세탁시험을 통해서는 세탁성뿐만 아니라 섬유손상도, 재오염성, 엉킴도, 헹굼도, 구김도, 탈수도 등을 측정한다.

세탁원리

세탁이란 오염된 섬유에서 오구를 제거하는 과정을 말하며, 물과 세제 등 물리적인 힘에 의해 작용하는데, 세제는 그 과정을 도와주는 물질을 말한다. 다음의 표 7-5에서는 세제액의 작용을 중심으로 세탁의 원리를 요약하였다.

표 7-5.
세제액의 작용과
세탁의 원리

세제액의 작용	세탁의 원리
섬유-세액, 오구-세제액 사이의 표면 혹은 계면장력의 저하	섬유와 오구 내부로 세액의 침투가 쉬워짐, 섬유-오구간의 계면장력이 상대적으로 증가되어 오구가 저절로 분리됨(롤링 업 현상)
미셀형성과 가용화	미셀 안으로 불용성 오구를 흡입
침투작용	섬유와 오구 사이에 흡착하여 두 물질 사이를 분리
팽윤작용	섬유와 오구를 팽윤시켜 두 물질간의 인력을 저하시킴
분산(유화·현탁)작용	지용성 및 고형 오구를 세제액에 안정시켜 재오염방지
거품의 형성	오구를 분리, 제거하는 데 직접적인 작용을 하지 않음

세탁조건

(1) 액 비

액비는 세탁물의 무게와 세제액의 양을 무게 비율로 나타낸다. 액비가 너무 적을 경우 세탁물의 움직임이 적어 세탁성이 저하되고, 액비가 너무 클 경우에는 세탁물간의 마찰 기회가 적어서 세탁성이 감소된다. 일반적으로 적정 액비를 약 1:15(세탁물 1kg : 세액 15L)로 본다.

(2) 세제농도

세탁물의 양, 수량, 오염정도, 세탁온도에 따라 적정하는 세제의 양이 달라지나, 표준 사용량은 일반 세제의 경우 약 0.2%~0.3%이며, 농축세제의 경우 약 0.07%이다. 효소세제의 경우 세제농도가 증가하면 효소에 의해 분해되는 오구의 세탁성은 향상되지만, 일반적으로 세제농도는 일정 농도 이상 증가하면 세탁성이 크게 향상되지 않으며, 헹구는 데 많은 물이 필요하게 되고, 하천의 수질오염을 더욱 촉진시킨다.

(3) 세탁온도

세탁온도가 올라가면 세제의 용해성이 증가하고, 섬유와 오구의 팽윤이 커져 섬유 내부로 세제액의 침투가 쉬워져 세탁성이 향상된다. 특히 효소세제의 경우 효소의 활동도가 최적인 60℃ 정도에서 효과적이다. 그러나 알킬황산에스테르염(AS)은 고온에서 가수분해가 일어나고, 비이온계면활성제는 수분을 탈락시켜 용해도를 떨어뜨린다. 단백질 오구의 경우 고온에서 응고하므로 제거가 더욱 어려워진다. 또한 내열성이 낮은 섬유나 수지가공품, 세탁견뢰도가 낮은 염색물은 고온세탁을 피하는 것이 섬유 손상 방지에 좋다. 세탁 장애를 최소화하는 적정 세탁온도는 40℃이다.

(4) 세탁시간

세탁성은 세탁시간 5~10분이 지나면 일정해진다. 그 이상으로 오래 세탁할 경우 섬유 손상과 재오염이 우려되고 전력이 소모되므로 비효율적이다.

세탁시험

(1) 오염포

세탁시험을 위해서는 오염포를 제작해야 하는데, 같은 세제라도 오염포의 종류에 따라서 세탁성이 달라지므로 세탁시험 목적에 맞는 오염포를 선택해서 제작하거나 구입해야 한다. 오염포의 종류에는 실제 세탁물 내의 오구 성분과 유사하게

표 7-6.
시판 표준 인공
오염포의 예

인공오염포	섬유	세탁 또는 표백평가 용도	오구의 주요 조성	반사율 (%)	제작기관 (부록13참고)
EMPA-101	면	지용성	올리브유, 카본블랙	11±1	
EMPA-104	T/C	지용성	올리브유, 카본블랙	11±1	스위스 연방 재료 및 엠파 시험연구소
EMPA-114	면	착색물질	붉은 포도주		
EMPA-116	면	단백질	혈액, 우유, 카본블랙	11±1	
습식인공 오염포	면	지용성 단백질혼합	올레산, 콜레스테롤, 젤라틴, 점토 등	40±5	일본 세탁 과학협회
일본유화학협회 비극성오염포	면	지용성	유동 파라핀, 우지, 카본블랙	30±2	일본 유화학협회
Testfabrics CS-1	면	단백질	혈액		미국 시험포 제작소
Testfabrics CS-8	면	착색물질	잔디 추출물		

만든 인공오염포와 사람이 착용해 오염시킨 천연오염포가 있다.

① 천연오염포의 제작방법은 실제로 섬유제품을 각 가정에서 착용하게 하는 번들 테스트법(bundle test)과 흰 포를 목둘레에만 착용해 얻는 옷깃 오염포법이 있다. 이 방법은 제작할 때에는 시간과 경비가 많이 들고, 세탁 후에는 세탁평가용 기기 이용이 곤란하므로 관능평가로 세탁성을 평가해야 한다. 주로 세제의 효과를 평가하는 데 쓰인다.
② 인공오염포는 비교적 제작이 쉽고 재현성이 있으며, 다량으로 제작할 수 있다. 또한 기기를 이용한 세탁평가가 쉽고, 다수의 결과를 수치로 비교할 수 있는 장점이 있다. 그리고 오구의 조성과 비율을 조정할 수 있으므로 특정한 오구의 세탁원리를 연구하는 데 적당하다. 그러나 오구의 조성에 따라 같은 세제에 대한 평가라도 다르게 나타나고, 실제 착용한 의류의 세탁성과도 다른 평가를 보이는 문제점이 있다. 세계 각국에서는 다양한 표준인공오염포를 개발해 판매하고 있으므로 용도에 맞게 선택, 구입할 수 있다(표 7-6 참고).

(2) 세탁시험기

오염포로 세탁시험을 할 때에는 일반 가정용 전기세탁기를 사용하거나, 론더오미터(Launder-OMeter)나 터그오토미터(Terg-O-Tometer)와 같은 세탁시험기를 이용한다(그림 7-7 참고).

(a) 가정용 전기세탁기(와류식)

(b) 론더오미터

(c) 터그오터미터

그림 7-7.
세탁시험기

① 가정용 전기세탁기를 기계작용과 수류종류에 따라 분류해보면, 주로 많이 이용되는 와류식·교반식·드럼식 세탁기로 나눌 수 있는데, 최근에는 분류식·제트식·진동식 세탁기들이 개발되었다. 우리 나라에서 가장 많이 사용하는 세탁기는 와류식으로, 비교적 단시간에 세탁이 가능하고 세탁효과가 좋으나 수류가 강하므로 세탁 도중에 세탁물이 서로 엉켜서 구김이 많고, 세탁성이 불균일하며, 세탁물의 관리가 불편하며, 섬유 손상이 심한 단점이 있다. 그리고 고온세탁이 불가능하다.

특히, 가정용 전기세탁기를 세탁시험에 사용할 경우는 오염포에 대한 액비가 너무 크므로 세탁용량에 맞추어 세탁시험 보조포를 함께 넣어야 하며, 첨가되는 매수와 오염포의 부착위치는 규정에 따른다(표 7-7, 그림 7-8, 부록 12 참고).

표 7-7.
세탁용량에 따른 세탁
시험포의 첨가매수
(KS K 9608)

세탁용량 (kg)	시트	셔츠	타월	손수건	합 계
1미만	–	–	3	2	5
1이상~ 2미만	–	1	6	3	10
2이상~ 3미만	3	2	3	2	10
3이상~ 4미만	3	2	3	2	10
4이상~ 5미만*	6	4	3	2	15
5이상~ 6미만*	6	4	3	2	15
6이상~ 7미만	9	6	3	2	20
7이상~ 8미만	9	6	3	2	20
8이상~ 9미만	12	8	3	2	25
9이상~10미만	12	8	4	2	25

* 현재 국내에서 가장 많이 보급된 세탁기의 용량이며, 점차적으로 커져가는 추세이다.

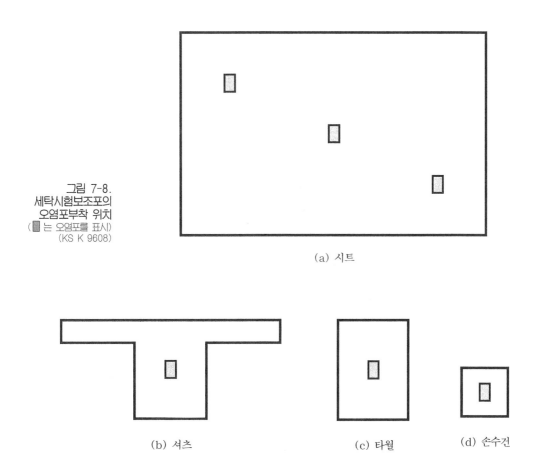

그림 7-8.
세탁시험보조포의
오염포부착 위치
(█ 는 오염포를 표시)
(KS K 9608)

(a) 시트

(b) 셔츠   (c) 타월   (d) 손수건

② 론더오미터는 드럼식 전기세탁기와 비슷한 기계작용을 한다. 회전축에 방사형으로 약 450ml의 세탁병이 6~12개 위치한다. 기계적인 힘이 실제 세탁과 다른 단점을 지닌다.

③ 터그오토미터(교반식 세탁시험기)는 교반식 전기세탁기와 비슷한 기기로 2000 ml의 용량을 지닌 4개의 스테인리스 세탁병으로 구성된다.

세탁평가   **1) 관능 평가방법**

(1) 쉐페(Sheffê)의 일대비교법

세탁 전에 동일한 오염포를 반으로 잘라서, 두 가지 다른 세제로 각각을 세탁한 후, 원래의 위치대로 다시 붙여 놓는다. 3명의 관찰자가 육안으로 좌(표준세제)·우(비교세제)측의 세탁포 한 쌍에 대한 세탁성의 우열을 비교한다. 표 7-8의 평가기준에 따라 표준세제에 대해서 비교하고자 하는 시료세제의 세탁성을 점수로 평

표 7-8.
표준세제에 대한
비교세제의 세탁성
평가점수

평 가	점 수
매우 세탁성이 나쁘다	-2
약간 세탁성이 나쁘다	-1
세탁성이 같다	0
약간 세탁성이 좋다	+1
매우 세탁성이 좋다	+2

가한다.

15개의 오염포를 이용해 동일한 방법으로 세탁하고, 그 결과를 통계분석하고 해석한다. 유의도 검정을 하여 위험율 5%에서 유의도가 없을 때와, 유의도 평가 전의 합이 0 이상일 때를 표준세제와 동등 이상으로 판정한다.

(2) 세탁성 지수법

동일한 오염포를 표준 세탁조건(표준세제 또는 표준세탁기)와 비교 세탁조건(비교세제 또는 비교세탁기)에서 세탁한 후, 한 시료당 3명의 관찰자가 육안으로 세탁정도를 판정한다. 즉 오구가 전혀 제거되지 않은 경우에는 1점을, 오구가 완전히 제거된 경우에는 5점을 부여해 크게 5단계의 점수로 평가한다. 정수 사이의 판정은 ±0.5점을 부여할 수 있다. 15매의 시험편에 대한 평가점수로 다음 식에 의해 세탁성 지수를 구한다. 표준 세탁조건에 대한 비교 세탁조건의 세탁성 지수가 100 이상이면 표준 세탁조건보다 우위의 세탁성을 의미한다.

$$\text{세탁성 지수} = \frac{W_T}{W_S} \times 100$$

W_S : 표준세탁조건에서의 세탁성 평가점수 총합계
W_T : 비교세탁조건에서의 세탁성 평가점수 총합계

2) 표면반사율에 의한 평가방법

(1) 해리스(Harris)식에 의한 세탁률

원포, 오염포, 세탁포는 분광광도계를 이용해 파장 520nm에서 시험포의 앞면과 뒷면 등, 네 군데의 표면반사율을 측정하고 평균값을 구한 후, 다음의 식으로 세탁률(D)을 산출한다.

그림 7-9.
분광광도계

(a) 고정형   (b) 휴대형

$$D(\%) = \frac{Rw - Rs}{Ro - Rs} \times 100$$

Ro : 원포의 표면반사율(보통 84%)
Rs : 오염포의 표면반사율
Rw : 세탁포의 표면반사율

(2) 쿠벨카 뭉크(Kubelka Munk)식에 의한 세탁률

위에서 측정한 원포, 오염포, 세탁포의 표면반사율로부터 다음의 식에 의해 K/S 값을 구하고, 세탁률($D_{K/S}$)을 계산한다.

$$K/S값 = \frac{(1-R)^2}{2R}$$

R : 표면반사율

$$D_{K/S}(\%) = \frac{(K/S)s - (K/S)w}{(K/S)s - (K/S)o} \times 100$$

(K/S)o : 원포의 K/S값
(K/S)s : 오염포의 K/S값
(K/S)w : 세탁포의 K/S값

3) 오구성분의 정량에 의한 평가방법

(1) 지용성 오구

세탁 전후의 오염포를 각각의 속스레 추출기에 넣고 유기용제에 용해되는 지용성 오구를 추출해 용매는 증발시키고 잔유지질의 양을 측정한다. 세탁 전후의 잔유량의 차를 오구제거량으로 보고 세탁 전의 오구부착량에 대한 비율로 제거율을 계산한다. 지용성 오구의 혼합오염일 때에는 각종 크로마토그라피 기기를 이용하여 지질종류별로 정량할 수 있다.

(2) 단백질 오구

오염포를 황산에 탄화시켜 킬달(Kjeldahl)법으로 질소원자(N)를 정량하거나, 0.1M 수산화나트륨 수용액으로 추출해 발색시킨 후, 분광광도계를 이용해서 비색 정량할 수 있다.

(3) 고형 오구

산화철(Fe_3O_4) 혹은 α-Fe_2O_3과 같은 철 성분의 오구는 6N 염산에 용해, 추출한 뒤 환원, 발색시켜 비색 정량할 수 있으나, 그 밖의 카본블랙과 짐도 같은 고형오구는 용해추출에 의한 정량분석이 불가능하다.

실험 7-8   오염포의 제작

목 적   시중에서 판매되는 각종 의류세탁용 세제와 전기세탁기의 세척성을 비교하기 위해서는 천연오염포가 필요하며, 또한 세탁조건에 따른 세척성의 비교와 세척원리의 이해를 위해서는 일정조건의 인공오염포가 더욱 유용하다. 그러므로 세척시험에 필요한 오염포의 제작방법을 익힌다.

시 료   정련 표백한 100% 백면직물

시 약   카본블랙(일본유화학회 세척시험용 규정품, 0.5~0.8g), 유동파라핀 3.0g, 우지 1.0g, 1,1,1-트리클로로에탄 600g

기기와 기구   재봉틀, 가위, 자, 재봉사, 분광광도계, 화학천칭, 유리막대, 핀셋, 중탕기, 비커(1L), 트레이(15cm×20cm), 후드

실험방법   **A. 천연오염포의 제작방법(옷깃오염포법, KS M 2704)**

① 흰 면포를 11cm×13cm로 2매 재단하고 시접을 1cm로 봉제하여 셔츠칼라 형태의 11cm×24cm 크기의 옷깃시험포를 만든다.

② 이 시험포를 착용자의 상의 칼라 위에 솔기가 중앙에 오도록 부착(단추나 양면 테이프를 이용)하고 2~7일 동안 착용해 옷깃오염포를 만든다.

③ 얻어진 오염포 중에서 솔기를 중심으로 좌우의 오염의 정도가 같은 것을 선별한 후 다시 오염의 정도에 따라 세 단계로 분류(매우 오염된 것, 중간정도, 조금 오염된 것)해 각 단계마다 5매씩 모두 15매를 준비한다.

④ 각 오염포의 양쪽에 번호를 붙인 다음 중앙의 솔기를 타서 2조로 나누고 한 조는 표준세제로, 다른 한쪽은 비교하고자 하는 시료세제로 세탁하도록 분리해 둔다.

B. 인공오염포의 제작방법(일본유화학회법, KS C 9608, JIS C 9609)

① 경화 우지 1g과 유동파라핀 3g을 비커에 넣고 중탕으로 가열하면서 용해한다.

② 여기에 카본블랙 0.5~0.8g과 1,1,1-트리클로로에탄을 넣고 유리막대로 골고루

저어서 분산시킨다. 분산액을 트레이에 붓는다(냄새가 인체에 유해하므로 후드 안에서 실험한다).

③ 실온에서 10cm×20cm 백면포를 한 장씩 담궈 핀셋으로 뒤집으면서 적당 시간 (약 1분 정도) 동안 균일하게 오염시킨다. 육안으로 보아서 오염포의 표면반사 율이 30±2% 정도의 어둡기가 되면 핀셋으로 꺼내어 후드 안에서 건조시킨다.

④ 세탁시험에 사용할 수 있도록, 표면반사율을 측정하여 30±2%의 범위인 오염 포만을 취해서 데시케이터에 넣어 냉장고에 보관하고, 제작 후 1주~3개월 안 에 사용하도록 한다.

결 과

천연오염포의 부착	인공오염포의 부착

토의문제

1. 위의 실험에서 얻은 인공오염포와 천연오염포의 특징과 장단점을 비교하고 제작하 면서 어려웠던 점을 토론하시오.

2. 각 나라에서 시판되고 있는 표준인공오염포에는 수십 종류가 있다. 그들의 종류에 따른 오구조성과 기타 특징을 조사해보시오.

3. 단백질 분해효소가 첨가된 효소세제의 세탁효과를 평가하려면 어떠한 오염포를 사 용해야 적당한가?

4. 표백제가 첨가된 세제의 표백성능을 평가하려면 어떤 오염포를 사용해야 가장 적당 하겠는가?

5. 과일즙, 커피, 간장, 김칫국물, 토마토 케첩, 혈액, 립스틱, 포도주, 잉크 등 일상생활 에서 쉽게 접 할 수 있는 오구를 이용해서 인공오염포를 만들려면 어떤 방법이 좋 은지 생각해보시오.

6. 의류에 부착된 오구 중 어떤 오구를 제거하기가 가장 힘들었으며, 어떻게 대처했는 지 실제 세탁의 경험을 토론해 보시오.

실험 7-9   세탁성

목 적   세탁할 때에 섬유-오구-세제액 사이의 상호관계와 세탁성에 영향을 주는 세탁조건과 세탁원리를 익히고, 시판되는 세제의 평가 및 최적의 세탁조건을 밝힌다.

시 료   실험 7-8에서 제작한 천연오염포 및 인공오염포, 혹은 오염조성별 시판 표준인공오염포(예 : EMPA 101과 EMPA 116)

시 약   시판 의류세탁용 세제(실험 7-3의 시료 중에서 선택), 표준 가루세탁비누

기기와 기구   세탁시험기 : 전자동 가정용 전기세탁기, 론더오미터, 터그오토미터, 세탁시험보조포, 분광광도계, 온도계

실험방법   **A. 가정용 전기세탁기 이용법(KS C 9608)**

(1) 오염포 시험편의 준비

① 옷깃오염포를 사용할 경우 : 옷깃오염포 양쪽에 유성펜으로 같은 번호를 붙인 다음 중앙의 솔기를 타서 2조로 나누고 한 조는 표준세제로, 다른 한쪽은 비교하고자 하는 시료세제로 세탁하도록 분리해 둔다. 15조의 시험편을 준비한다.

② 인공오염포를 이용할 경우 : 오염포를 5cm×10cm 크기로 4매를 자른 후, 표면 반사율을 측정해 둔다.

(2) 세탁시험

① 세탁시험보조포의 규정 위치에 (1)에서 준비한 오염포의 폭이 좁은 한쪽 끝을 바늘로 꿰매어 고정시킨다(그림 7-8 참고).

② 세탁기 사용법에 따라 표준코스로 조작해 두고, 물을 받은 다음 표준세제를 넣는다.

③ 세탁용량에 따라서 규정 매수만큼의 오염포를 부착시킨 세탁시험보조포를 넣고 세탁기를 작동시켜 세탁, 헹굼, 탈수한 후 자연 건조시킨다(표 7-7 참고).

④ 시료세제의 농도는 표준사용량(농축세제 0.07% : 20g/30L, 일반세제 0.25% : 70g/30L)을 따르며, 위의 ①~③에서와 동일한 방법으로 세탁한다.

⑤ 탈수 후, 세탁포는 자연 건조시킨다. 세탁포의 세탁성을 평가한다.

B. 터그오토미터 이용법(JIS K 3371)

① A의 (1)에서와 같이 오염포를 준비해 둔다.

② 스테인리스 세탁병에 세제액 1000ml를 넣고 시험기에 고정시킨다.

③ 세제액의 온도가 실험하고자 하는 규정 온도(예 : 40℃)에 도달하면, 각 병에 오염포 4매씩를 넣고 20분 동안 교반수 40strokes/min로 세탁한 후, 같은 조건에서 물 1000ml로 3분 동안 2회 헹군 다음 자연 건조시킨다.

④ 건조한 각 세탁포의 표면반사율을 측정하고, 식에 의해 세탁률을 계산한다. 동일한 방법으로 세탁조건을 변화시켜 세탁하면(예 : 교반수, 세제종류, 세제농도, 세탁온도, 세탁시간, 오염포종류 등) 세탁조건에 따른 세탁성을 관찰할 수 있다.

C. 론더오미터 이용법(JIS K 3371)

① A의 (1)에서와 같이 오염포를 준비해 둔다.

② 론더오미터의 세탁병에 세제액 100ml를 넣고 병을 시험온도(40℃)에서 오염포 1매씩과 스테인리스 강철 구슬 10개를 넣는다. 이 때 세탁병의 크기에 따라 세제액과 오염포의 수를 조정할 수 있다.

③ 세탁병의 뚜껑을 닫아 밀폐하고 시험기의 고정틀에 확실하게 장치한 후, 30분 간 42r.p.m.에서 세탁한다. 세탁 후, 같은 양의 물로 5분 간 2회 헹군 다음 세척포를 자연 건조시킨다.

④ 건조한 각 세탁포의 표면반사율을 측정하고, 식에 의해 세탁률을 계산한다.

결　과

A. 쉐페(Sheffé)의 일대비교법에 의한 세탁평가

(1) 평가결과(예 : 표준세제에 대한 비교세제의 세탁성비교)

오염포의 종류 :

세제의 종류 :

세탁시험기의 종류 :

오염포 번호	평가점수			오염포 번호	평가점수		
	관찰자1	관찰자2	관찰자3		관찰자1	관찰자2	관찰자3
1				9			
2				10			
3				11			
4				12			
5				13			
6				14			
7				15			
8							

(2) 평가점수의 도수

	평가점수 (N)					평가점수의 합계
	-2	-1	0	+1	+2	
도수 (f)						

(3) 최종 세탁평가 보고

표준세제에 비해서 시료세제의 세탁성이 (불량, 동등, 우수)하다.

B. 세탁성 지수법에 의한 세탁평가

(1) 세탁성 평가점수

오염포의 종류 :

세제의 종류 :

세탁시험기의 종류 :

세탁성 (W) 시험 번호	관찰자 1		관찰자 2		관찰자 3	
	표준조건 W_{S1}	비교조건 W_{T1}	표준조건 W_{S2}	비교조건 W_{T2}	표준조건 W_{S3}	비교조건 W_{T3}
1						
2						
3						
4						
5						
6						
7						
8						
9						
10						
11						
12						
13						
14						
15						
합계 $\sum W_i$						

(2) 세탁성 지수

$$세탁성\ 지수 = \frac{(\sum W_{T1}i + \sum W_{T2}i + \sum W_{T3}i)\ /\ 3}{(\sum W_{S1}i + \sum W_{S2}i + \sum W_{S1}i)\ /\ 3} \times 100$$

(3) 최종 세탁평가 보고

표준세제(또는 표준세탁기)의 세탁성에 대해서 비교하고자 하는 비교세제(또는 비교세탁기)의 세탁성이(불량, 동등, 우수)하다.

C. 표면반사율에 의한 세탁평가

(1) 세제종류별 세탁성

오염포의 종류 :

세탁의 온도(℃) :

세탁시험기의 종류 :

세탁성 ＼ 세제	세제 농도 (%)	표면반사율(%)		세탁률(%)		시험편의 부착	
		오염포	세탁포	D	$D_{K/S}$	오염포	세탁포
물							
고형비누							
합성분말세제							
중성액체세제							

(2) 오염포종류별 세탁성

세제의 종류 :

세탁의 온도(℃) :

세탁시험기의 종류 :

세탁성 / 오염포	오구 조성	표면반사율(%)			세탁률(%)		시험편의 부착	
		원포	오염포	세탁포	D	$D_{K/S}$	오염포	세탁포
오염포 A								
오염포 B								
오염포 C								

(3) 가정용 전기세탁기 종류별 세탁성

오염포의 종류 :

세탁의 온도(℃) :

세제의 종류 :

세탁성 세탁기	표면반사율(%)			세탁률(%)		시험편의 부착	
	원포	오염포	세탁포	D	$D_{K/S}$	오염포	세탁포
와류식							
교반식							
드럼식							

토의문제

1. 실험에 사용한 세제의 특성을 알아보고 세탁성과 비교해보시오.

2. 실험에 사용한 인공오염포의 섬유종류와 오염조성을 상기하고, 각 인공오염포의 세탁원리와 세탁성을 분석해보시오. 또한 인공오염포를 천연오염포와 비교해서 세제의 세탁성을 비교 평가하기에 부적당한 이유를 제시하시오.

3. 가정용 전기세탁기의 종류에 따른 따른 세탁성을 분석하시오.

4. 오염포의 종류(오구의 조성)에 따른 세탁성을 비교해보시오

5. 세탁성 평가방법에 따른 결과를 비교 분석하시오.

실험 7-10 헹굼도

목 적 시판 세제 중의 주성분인 음이온계면활성제는 클로로포름에 단독으로 용해되지 않으나 메틸렌블루와 착화합물을 형성할 경우 클로로포름에 용해되어 푸른빛을 띤다. 이 원리를 이용하여 세탁할 때 세탁액과 헹굼액에 존재하는 음이온계면활성제를 정량함으로써 세탁물의 헹굼도를 측정해 전기세탁기의 성능을 평가할 수 있다.

시 료 전기 세탁기를 이용한 세탁 중의 세탁액 및 헹굼액
  − 세탁용량, 세탁시간, 액비 세탁 및 헹굼온도, 헹굼시간, 탈수시간을 변화시켜서 다양한 시료를 준비한다.

시 약 SLS(Sodium Lauryl Sulfate) 2g, 0.1N HCl(119ml H$_2$O+1ml 12N HCl)
  메틸렌블루용액(0.085g/L), 클로로포름(2L), 시판세제

기기와 기구 화학전칭, 비커(30ml, 6개), pH 미터, 분액깔때기(120ml), 용량병(50ml, 1L),
  항온건조기, 피펫(10ml), 메스실린더, 칭량병, 데시케이터, 전기세탁기, 분광광도계

실험방법 메틸렌블루법(ANSI/AHAM-1-1987)

(1) 음이온계면활성제의 검량선 작성

① SLS 2g을 칭량병에 넣고, 약 2시간 동안 104℃ 오븐에서 건조시킨 후 데시케이터에서 냉각시킨다.

② 건조시킨 SLS 1g의 무게를 재어 1L 용량병에 넣고, 증류수로 눈금까지 채운다(#1 용액이라 칭함).

③ #1 용액을 피펫으로 10ml 취하여 1L 용량병에 옮기고, 증류수로 눈금까지 채운다(#2 용액이라 칭함).

④ #2 용액을 0, 2, 4, 6, 8, 12, 16ml 취하여 30ml 비커에 옮기고, 증류수를 약 10ml씩 각각 넣는다.

⑤ 0.1N HCl 용액을 유리막대로 찍어 넣어 각 비커 용액의 pH를 2.6±0.2가 되도록 한다(pH 미터 사용).

⑥ 120ml 분액깔때기에 클로로포름 약 10ml와 메틸렌블루용액 10ml을 넣는다. 또

⑤에서 준비된 용액을 넣는다.

⑦ ⑥을 잘 흔들고(이 때 한 번 흔들 때마다 분액깔때기의 뚜껑을 열어 안에 생성된 가스를 빼준다) 뷰렛스탠드에 가만히 놓아 두어 클로로포름이 분리되기를 기다려 밑의 클로로포름층을 50ml의 용량병에 옮긴다(비커를 사용해서 클로로포름을 받은 후 용량병에 옮겨도 된다).

⑧ ⑥과 ⑦의 과정을 2번 되풀이해 합친다. 만약 이 과정 중에 윗부분 물의 층에 있는 메틸렌블루의 양이 너무 흐려지면 메틸렌블루용액을 더 넣어준다.

⑨ 추출은 클로로포름층이 투명해질 때까지 하며 50ml 용량병에 합치고 눈금까지 클로로포름을 채운다.

⑩ ⑨를 셀(cell)에 넣어 분광광도계에 장치시킨 후 650nm 파장에서 흡광도를 측정한다.

(2) 세탁액과 헹굼액 중의 음이온 계면활성제의 정량

① 세탁액은 세탁 직후 배수 직전에 비커로 채취한다. 헹굼액은 각 헹굼이 끝날 때마다 배수 직전에 채취한다.

② 실험 (1)의 ⑤~⑩의 방법으로 채취 시료의 흡광도를 측정한다.

③ ②에서 구한 흡광도를 위의 (1)에서 구한 검량선에 적용해 세탁액과 헹굼액에 포함된 음이온계면활성제의 양을 구한다.

(3) 헹굼비의 계산

다음 식으로 헹굼비를 구하고 세탁기의 헹굼도를 평가한다.

$$\text{헹굼비} = \frac{A - B}{A}$$

A : 세탁액 중의 음이온계면활성제의 양
B : 헹굼액 중의 음이온계면활성제의 양

결 과

(1) 음이온계면활성제의 농도별 흡광도

흡광도 측정 파장 : 650nm

SLS농도 (mg)	0	2×10^{-6}	4×10^{-6}	8×10^{-6}	12×10^{-6}	14×10^{-6}	16×10^{-6}
흡광도							

(2) 음이온계면활성제의 검량선 그래프

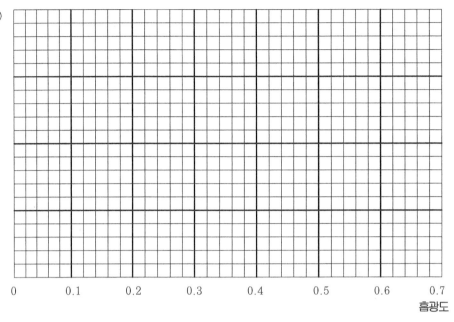

SLS의 양(mg)

0   0.1   0.2   0.3   0.4   0.5   0.6   0.7

흡광도

Y(직선의 함수식)$= aX =$

r(상관계수)$=$

(3) 세탁액과 헹굼액 내의 음이온계면활성제의 양과 헹굼비

시 료	세탁액	1차 헹굼액	2차 헹굼액	3차 헹굼액
흡광도				
계면활성제의 양				
헹굼비				

토의문제

1. 실험에서 얻은 헹굼비의 결과를 보고, 사용한 전기세탁기의 적정한 헹굼 횟수를 제시해보시오.

2. 세탁할 때의 세탁온도와 헹굴 때의 헹굼온도가 다를 경우에 헹굼비에 미치는 영향을 서술하시오.

3. 세탁온도 외의 세탁조건(세탁용량, 액비, 세탁시간, 헹굼시간, 탈수시간)을 변화시켜 시험해보고 헹굼비에 가장 큰 영향을 미치는 인자를 찾아보시오.

실험 7-11   잔유세제량과 제거율

목 적   세탁 후에 기저귀나 내의, 양말 같은 세탁물 중에 남아 있는 세제의 양이 과다할 경우 유아나 민감성 피부의 사람에게는 피부 장애를 일으킬 수 있으므로 세제의 잔유량을 정량하는 것은 매우 의의있는 일이다. 또한 세탁할 때에 세제 제거율을 높이는 적정 세탁조건을 제시할 수 있다.

시 료   100% 백면직물

시 약   SLS(Sodium Lauryl Sulfate) 2g, 0.1N HCl (119ml H₂O+1ml HCl(12N))
메틸렌블루용액(0.085g/L), 클로로포름(2L), 시판세제

기기와 기구   저울, 비커(30ml×6개), pH 미터, 분액깔때기(120ml), 용량병(50ml, 1L), 건조기, 분광광도계, 피펫(10ml), 메스실린더, 칭량병, 데시케이터, 가정용 전기세탁기, 둥근플라스크, 속스레 추출기, 냉각기, 가열기, 건조기

실험방법   **메틸렌블루법(ANSI/AHAM-1-1987)**

(1) 잔유세제량의 측정

① 백면포를 7.5cm×7.5cm로 20장 자른 후 올이 풀리지 않도록 오버록 처리한다. 10장은 WCS(Wash Concentration Swatches, 세액에 침지할 면포)로 사용하고, 10장은 RCS(Rinse Concentration Swatches, 세탁·헹굼·탈수 후 세제잔유량 측정용 면포)로 사용한다.

② 5개의 세탁시험보조포에 RCS 2장씩 10장을 실로 꿰매어 부착시킨다.

③ 소정의 세탁조건에서 소정량의 세제를 투입하여 RCS를 붙인 세탁시험보조포를 넣고 세탁을 시작한다.

④ 세탁시간 10분 경과 후 세탁기를 멈추고 WCS시험포 10장을 세액에 15초 동안 침지한 후, 완전히 젖은 시험포를 짜지 말고 그대로 널어 자연 건조시킨다.

⑤ 세탁기를 재작동해 탈수까지 마친 세탁물로부터 RCS포를 떼내어 자연 건조시킨다.

⑥ WCS와 RCS포를 속스레 추출기를 이용해 증류수로 6회 이상 추출한 후, 추

출액을 일정량 채취해서 섬유 안에 잔존하는 계면활성제의 양을 메틸렌블루법으로 실험 10에서와 동일한 방법으로 정량한다.

⑦ WCS와 RCS를 110℃ 오븐에서 2시간 건조한 후 실온에 다다를 때까지 데시케이터에서 냉각시켜 무게를 잰다

(2) 세제제거율의 계산

$$세제제거율(\%) = \frac{\dfrac{a}{b} - \dfrac{c}{d}}{\dfrac{a}{b}}$$

a : WCS 내의 음이온계면활성제의 양(mg)
b : WCS 시료(10장)의 총 무게(mg)
c : RCS 내의 음이온계면활성제의 양(mg)
d : RCS 시료(10장)의 총 무게(mg)

결　과

세제종류 :

세탁기종류 :

세탁 및 헹굼온도(℃) :

WCS 내의 음이온계면활성제의 양(mg)	
WCS 시료(10장)의 총 무게(mg)	
RCS 내의 음이온계면활성제의 양(mg)	
RCS 시료(10장)의 총 무게(mg)	
세제제거율(%)	

토의문제

1. 세탁할 때 채취한 세제액 내에 있는 세제의 양과, 세척포에서 추출한 세제의 양으로 헹굼도(실험 7-10) 또는 세제잔유량과 제거율(실험 7-11)을 측정하였는데, 두 결과를 비교하시오.

2. 각 조별로 세탁조건(세탁용량, 세탁시간, 세탁 및 헹굼온도, 헹굼시간, 탈수시간, 세제의 종류, 세제농도)을 다양하게 변화시켜 실험한 후, 세제 잔유량과 제거율에 가장 큰 영향을 미치는 인자들을 토론하고, 세제제거율을 향상시키기 위한 최적의 세탁조건을 제시해보시오.

실험 7-12   재오염성

목 적   세탁이란 섬유에서 오구를 제거하는 과정뿐만 아니라, 그 오구를 세제액에 잘 분산시켜 안정화함으로써 섬유에 재부착하는 것을 방지하는 과정까지를 포함한다. 그러므로 섬유 또는 오염의 조성과 양, 세제의 종류 및 농도, 세탁조건 등에 따라 재오염 현상을 관찰해봄으로써 재오염방지를 위한 적정 세탁조건을 구할 수 있다.

시 료   4종류의 첨부 백포: 예) 100% 폴리에스테르, 나일론, 레이온, 견
  - KS K 0905에 규정된 염색견뢰도 시험용 첨부백포를 이용한다
  표준인공오염포, 시판세제

기기와 기구   분광광도계, 론더오미터, 화학천칭, 메스실린더, 비커, 온도계, 다리미

실험방법   (1) 재오염성 실험

① 인공오염포와 첨부백포를 5cm×10cm로 자른 후 표면반사율을 측정해 놓는다.

② 세척병에 소정 농도의 세제액(표준 사용량) 200ml를 넣고 40℃가 되도록 예열한다.

③ 세척병에 4매의 인공오염포와 4종류의 첨부백포 각 1매씩을 넣고, 스테인리스 강철 구슬 10개를 추가한다.

④ 40℃의 세탁온도에서 42rpm의 회전수로 30분 동안 세척한 후, 동일 조건에서 3분 동안 2회 헹군다.

⑤ 첨부백포를 자연 건조시킨 후 다림질해 표면반사율을 측정한다.

(2) 재오염성 평가

재오염률은 세탁 전후에 측정한 첨부백포의 표면반사율로 다음 식에 의해 구한다.

$$재오염률(\%) = \frac{Ro - Rw}{Ro} \times 100(\%)$$

  Ro: 세탁 전 첨부백포의 표면반사율
  Rw: 세탁 후 첨부백포의 표면반사율

결과

첨부백포 \ 세제		물			비누			합성세제 A		합성세제 B		시험편의 부착
폴리에스테르	Ro											
	Rw											
	R											
나일론	Ro											
	Rw											
	R											
레이온	Ro											
	Rw											
	R											
견	Ro											
	Rw											
	R											

토의문제

1. 어떤 섬유의 첨부백포가 재오염성이 심하며, 그 이유는 무엇인지 설명하시오.
2. 재오염을 방지하기 위해 세제에 첨가하는 조제의 종류를 들고 역할을 설명하시오.
3. 실험에 사용했던 오염포의 세척률을 구하고, 세척률과 재오염성 사이의 상관관계를 설명하시오.
4. 세탁조건(세탁용량·시간, 헹굼 온도·시간, 탈수시간, 세제농도·종류)을 변화해 실험해 보고 재오염이 가장 큰 인자를 찾아 그 방지를 위한 최적 세탁조건을 제시하시오.

실험 7-13 섬유 손상도

목 적   적정 세탁조건이란 세탁성 향상뿐만 아니라 섬유손상을 최소화하는 조건이라고 볼 수 있다. 세탁기종류별, 세탁조건별 또는 세탁의 각 과정별 섬유손상도를 측정함으로써 세탁기의 성능을 비교 평가하고 적정 세탁조건을 구한다.

시 료   100% 백색 폴리에스테르 마퀴셋(Marquisette, 사직의 망사직물)
EMPA 116(시판 인공오염포), 또는 옥스퍼드 면직물

기기와 기구   가정용 전자동 전기세탁기, 재봉틀, OHP 필름(22cm×30cm), 칼라 마커(진한색),
유성펜, 자, 가위, 실, 바늘, 세탁시험보조포

실험방법   ## A. ANSI법(ANSI/AHAM HLW-1-1987)

① 손상도 측정용 직물을 21cm×28cm로 10매 자른다.

② 짧은 쪽을 세탁시험보조포 끝부분에 2.5cm들여서 재봉질하여 부착시킨다.

③ 1회 세탁할 때마다 10개의 시험편을 넣고, 전기세탁기의 사용 기준에 따라 세탁한다(세 종류의 세탁코스 혹은 세탁기의 종류별로 반복 실험한다).

④ 세탁 후 보조포로부터 손상된 시료를 떼어낸 후 자연 건조시킨다(동일 방법으로 5회 세탁을 하고 평균값을 구한다).

⑤ 세탁 전에 정사각형을 이루고 있었던 마퀴셋의 경사와 위사의 올들을 관찰해 손상 부분(뒤틀려 굽은 부분)에 모두 칼라 마커(color marker)로 대충 칠해 둔다.

⑥ 투명한 OHP 필름 위에 가는 유성펜으로 사방 1.25cm 간격의 격자판을 만든다.

⑦ 그림 7-10에서와 같이 손상 부분이 표시된 손상포 위에 ⑥에서 준비한 필름을 올려 놓고 칼라마커로 표시한 부분 중에서 특히 뒤틀린 올을 포함하는 격자수를 모두 센다. 숫자가 클수록 손상 정도가 심한 것으로 판정한다.

B. ISO 법(ISO 7772-1: 1998(E))

① 면직물 (옥스퍼드, 또는 소창)을 24cm×24cm로 자른다. 한 실험 당 8매의 시험
편을 준비한다.

② 각각의 직물에 지름이 3.5㎝의 구멍을 5개씩 정교하게 뚫는다. 또한 정사각형의
한 모서리에서 1/3(8cm)과 2/3(16cm) 위치에서 1.5cm 절개하여 시험편을 제작
한다. 이때 구멍과 절개 위치는 <부록 13>의 그림을 참고한다.

③ 세탁시험 보조포(100±20cm 길이의 정사각형) 중앙에 위에서 제작한 시험편
크기보다 작게(16×16cm 정도) 구멍을 뚫는다. 그곳에 시험편의 상하좌우를
바늘이나 핀 또는 스테이플러로 박아 고정시킨다(부록 14 참고).

④ 세탁 중 마지막 탈수과정 전에 보조포를 꺼내서 시험편을 떼어내어 자연건조
시킨 후 다림질을 한다.

⑤ 각 시험편당 5개의 동그란 구멍 안에 풀어져 있는 경·위사 중에서 양쪽 끝이
끊어지지 않은 총 올수를 세어(부록 15 참고) 섬유손상도를 평가한다.

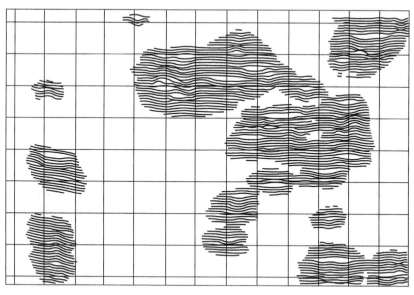

그림 7-10.
섬유손상도 표시의 예

손상부분의 격자수 = 43

결 과　　　**A. ANSI법**

(1) 손상포 중의 손상부분을 포함하는 격자수

시료번호／시험횟수	1	2	3	4	5	6	7	8	9	10	합계	평균
1												
2												
3												
4												
5												
총 합 계												
총평균(손상도)												
표 준 편 차												
변 동 계 수												

(2) 세탁조건별 손상도의 최종 보고

세탁조건／손상도	세탁기 종류별			세탁코스 종류별		
	와류식	교반식	드럼식	강력세탁	중간세탁	약한세탁
손상도						
표준편차						
변동계수						

B. ISO 법

세탁조건 시료번호	세탁기 종류별			세탁코스 종류별		
	와류식	교반식	드럼식	강력코스	표준코스	울코스
1						
2						
3						
4						
5						
6						
7						
8						
평균						
표준편차						
시험편의 부착						

토의문제

1. 가정용 전기세탁기의 종류에 따른 섬유손상도를 비교해보시오.

2. 세탁기의 선택 사항인 세탁코스별로 물리적인 힘과 세탁시간을 알아보고 각 코스에 따른 섬유 손상도를 비교해보시오.

3. 위의 토의문제 1, 2에서 언급한 것 외에 섬유손상도에 영향을 주는 세탁인자를 찾아보시오.

4. 섬유손상도의 두 가지 실험을 하였을 경우, 어느 방법이 더 효과적인지 선택하고, 그 이유를 설명하시오.

실험 7 – 14   엉킴도

목 적   소비자 조사에서 국내에 널리 보급되어 있는 와류식 가정용 전기세탁기를 구매한 소비자의 경우에는 세탁물의 엉킴이 가장 큰 불만으로 나타났다. 특히 기저귀, 긴 소매 셔츠, 긴 바지 등과 같이 길이가 긴 세탁물과 함께 세탁할 경우와 강력 코스로 세탁할 경우에 세탁물이 한데 엉켜 세탁 후에는 한 덩어리로 되어 있는 것을 쉽게 경험할 수 있다. 세탁물이 엉킬 경우 세척성이 불균일해지고, 의류는 꼬임에 의한 장력을 심하게 받아 손상되며, 구김 정도가 심해진다. 그러므로 섬유 종류별, 세탁기 종류별 및 세탁 코스별로 엉킴도를 측정하여, 세척성과 섬유손상도와의 상관관계를 살펴보고 적정 세탁조건을 제시한다.

시 료   면 셔츠(성인용, 수지가공 하지 않은 브로드크로스): 세탁기 종류별 엉킴도 비교
합성섬유와 혼방 셔츠(성인용): 의류의 섬유 종류별 엉킴도 비교
   - 12장~20장, 긴 소매
   - 색깔이 있는 셔츠를 사용할 경우는 엉킨 셔츠 수를 관찰하기 쉽다.
   - 세탁시험보조포 중에서 셔츠를 사용하여도 좋다.
   - 셔츠 대신 청바지를 이용해도 좋다.

시 약   표준세제

기기와 기구   종류별 가정용 전자동 전기세탁기(예: 와류식, 교반식, 드럼식),
체중계, 전기 건조기(또는 세탁물 건조대), 온도계, 시계,

실험방법   **셔츠 이용법(ANSI/AHAM HLW-1-1987)**

① 와류식과 교반식 세탁기의 경우 : 세탁기 안에 넣을 때 셔츠의 앞단추를 채우고, 각각 셔츠의 칼라 부분이 오른쪽으로 향하도록 해 시계 방향으로 연속적으로 세탁조 둘레를 따라서 동그랗게 쌓는다.

② 드럼식 세탁기의 경우 : 셔츠의 칼라 부분이 오른쪽을 향하도록 평행하게 쌓는다.

③ 소정의 세탁조건(셔츠의 개수별, 세탁코스별, 세탁시간별, 수위별, 세탁온도별)

을 선택하여 세탁한다.

④ 세탁을 마친 후, 셔츠를 위에서부터 차례차례 들어올려서 꺼낸다. 이 때 엉킨 셔츠를 분리시키기 위해 흔들면 안 된다. 셔츠가 한 장씩 나오든지 혹은 덩어리로 엉켜 나오든지 꺼내는 경우의 수(r)마다 섞이지 않도록 따로 구분해서 모아 둔다.

⑤ 엉킨 셔츠의 수와 상태를 파악해 다음 식으로 엉킴도(R)를 계산한다. 위와 동일한 방법으로 10회 반복 측정해 통계분석을 한다.

$$\text{엉킴도(\%)} = 100 \frac{X}{n} \left[1 - \frac{f(r-1)}{n-1} - \frac{gL}{X} \right]$$

X : 엉킨 덩어리들 안에 있는 모든 셔츠 수
  (한 장씩 떨어져 나온 셔츠 수는 포함되지 않는다)
n : 시험에 사용한 전체 셔츠 수
r : 세탁기에서 꺼낼 때 구분해 놓은 덩어리 수
  (엉킨 덩어리 수+한 장씩 떨어져 나온 셔츠 수)
L : 각 덩어리들에서 들어올릴 때 엉킴이 쉽게 풀리는 모든 셔츠 수
f : 0.41
g : 0.3

결　과　　(1) 엉킴도 실험결과

세탁조건 :

셔츠 수 :

시험횟수	X	r	L	엉킴도(%), R
1				
2				
3				
4				
5				
6				
7				
8				
9				
10				
계				
평균				
표준편차				
변동계수				

(2) 세탁조건별 엉킴도의 최종 보고

세탁조건＼＼엉킴도	세탁기 종류별			세탁코스 종류별		
	와류식	교반식	드럼식	강력세탁	중간세탁	약한세탁
엉킴도						
표준편차						
변동계수						

토의문제

1. 소정의 세탁조건(셔츠의 개수별, 세탁코스별, 세탁시간별, 수위별, 세탁온도별)을 선택하여 세탁한 후에, 결과를 분석하여 엉킴도에 가장 크게 영향을 미치는 인자를 알아보시오.

2. 엉킴도 시험을 할 때 셔츠에 인공오염포와 손상도 측정용 시험포를 함께 부착해 엉킴도, 손상도, 세척성 사이의 상관관계를 알아보시오.

3. 위의 1과 2의 토의문제의 결과를 토대로 해, 세탁할 때 엉킴방지를 위해 세탁기 소비자와 생산자가 고려해야 할 점을 논의하시오.

4. 엉킨 셔츠 덩어리를 푸는 데 걸리는 시간을 측정해 위의 실험결과와 비교해보시오.

4. 표백과 증백

표 백   대부분의 섬유는 불순물과 노란 색소를 함유하므로, 순백의 직물을 생산하고자 할 때와 섬유의 염색가공을 하기 전에는 반드시 표백 또는 증백공정을 거쳐야만 한다. 또한 흰옷을 입는 도중에 심하게 오염되면 세탁만으로는 오구의 완전 제거가 어려우며, 또한 세탁 도중에 헹굼이 충분하지 않아서 비누성분이 세탁물에 남아 있는 경우에는 점차적으로 의류 전체의 황변을 초래한다. 이렇게 의류의 착용과 세탁이 반복됨에 따라서 착색된 색소 불순물을 산화 혹은 환원의 화학작용으로 분해, 제거해 본래의 백도로 회복시키는 공정을 표백이라 하고, 이 공정을 도와주는 물질을 표백제라고 한다. 표백제는 내의, 와이셔츠 등 흰옷의 표백뿐만 아니라 기저귀·행주·환자복의 살균, 또는 잉크·간장·과즙·혈액 등의 얼룩빼기에도 이용된다.

1) 표백제의 종류

섬유 내의 색소를 파괴하는 화학작용에 따라서 산화표백제와 환원표백제로 나뉜다.

(1) 산화표백제

산화표백제가 생성한 산소와 섬유 내의 색소가 결합해 색소산화물이 생기면 화학작용을 통해 탈색된다. 표백제의 화학적조성에 따라 염소계 또는 산소계 표백제로 분류된다. 염소계 표백제에는 표백분, 아염소산나트륨, 하이포아염소산나트륨(차아염소산나트륨), 유기염소표백제가 있고, 산소계 표백제에는 과산화수소, 과붕산나트륨, 과탄산나트륨, 과초산이 있다.

예) 차아염소산나트륨: $NaOCl \rightarrow NaCl + O$

과산화수소 : $H_2O_2 \rightarrow H_2O + O$

과탄산나트륨 : $2Na_2CO_3 \cdot 3H_2O_2 \rightarrow 2Na_2CO_3 + 3H_2O + 3O$

(2) 환원표백제

환원표백제가 생성한 수소와 섬유 내의 색소가 결합해 색소산화물 중에 있는 산소를 제거하는 화학작용으로 탈색된다. 표백제로는 아황산, 아황산수소나트륨, 하이드로설파이트(롱가리트)가 있다.

예) 하이드로설파이트 : $Na_2S_2O_4 + 4H_2O \rightarrow 2NaHSO_4 + 6H$

2) 표백조건

각 표백제마다 최적의 표백온도·시간·농도·액성이 다르고 적용되는 섬유도 다르므로, 각 표백제의 특징을 알아야만 섬유에 손상없는 최대의 표백효과를 기대할 수 있다. 현재 우리 나라에서 상품화된 의류용 표백제는 모두 산화표백제로서 락스류로 불리는 차아염소산나트륨수용액의 염소계표백제와 과탄산나트륨이 주성분인 흰색 과립형의 산소계표백제가 있다. 표 7-9에는 시중에서 구입할 수 있는 표백제를 중심으로 그 특징과 올바른 사용법, 효과적인 표백조건, 안전성 등을 표시하였다.

증 백

산화 또는 환원의 화학작용으로 표백한 섬유제품을 파란색과 보라색 계열의 형광을 내는 화합물로 처리해 440nm 부근에서의 반사를 증가시켜 백도를 더욱 높이는 것을 형광증백이라고 하고, 이 과정을 도와주는 물질을 형광증백제라고 한다. 형광증백제는 섬유에 대한 친화력이 있어야 하므로 형광염료라고도 불린다. 형광증백제자체로는 형광을 발휘하지 않고 섬유와 결합했을 때에만 형광을 발한다. 그림 7-11에서 보면 미표백포(원면, 발호면, 정련면)에 비해서 표백포는 전체 파장에서 표면반사율이 증가하여 백도가 향상되었으나, 단파장 일부를 흡수하므로 순백이 아니고 엷은 황색기를 띠고 있음을 알 수 있다. 형광증백포는 자외선을 흡수하

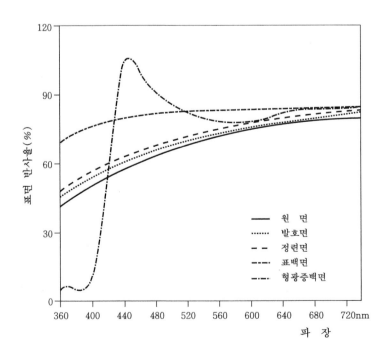

그림 7-11.
미표백포, 표백포,
형광증백포의 표면
반사율스펙트럼

표 7-9.
시판표백제의
종류와 조건

조건 \ 종류	산화표백제			환원표백제
	염소계	산소계		
주성분	차아염소산나트륨	과산화수소	과탄산나트륨	하이드로술파이트
함 량	유효염소량 약 5%	소독용 : 3% H_2O_2 (유효산소 1.5%)	유효산소 약 10%	
형 태	액체	액체	과립	백색 분말
액성 판매시	알칼리성	약산성	약알칼리성	중성
액성 표백시	알칼리성	약알칼리성 (암모니아수 첨가)	약알칼리성	모두 가능
염색물	불가능	불가능	가능	불가능
사용가능섬유	면, 마, 폴리에스테르, 아크릴, 레이온	면, 마, 합성섬유, 양모, 견	면 마, 합성섬유	모든 섬유, 철분에 의해 황변된 의류의 원상회복, 염소계표백제로 표백해 황변된 수지가공 의류의 원상회복
사용불가능섬유	양모,견,나일론, 아세테이트, 스판덱스, 피혁제품, 수지가공 섬유제품, 금속류 (단추, 버클)	금속함유염료염색물, 금속제품(단추, 버클)	양모, 견, 금속 함유염료염색물, 금속제품 (단추, 버클)	금속제품(단추, 버클)
농 도	표백:0.5% (25ml/5L) 얼룩빼기:3% (30ml/1L)	표백: 0.4~0.9%	표백:0.03% (10g/30L) 얼룩빼기:0.5% (10g/2L)	표백: 0.5~1%
온 도	상온(최적 40℃)	40℃	40~60℃	40~50℃
시 간	10~20분	1~2시간	30분	15~30분
주의사항	원액이 피부나 의류에 직접 묻지 않도록 하고, 물에 잘 희석시켜 사용, 금속용기와 철분이 많은 물에서 불가능	원액이 피부나 의류에 직접 묻지 않도록 하고, 물에 잘 희석시켜 사용	표백제를 의류에 직접 뿌리지 말고, 물에 잘 희석시킨 후에 의류를 담금	물에 잘 희석시킨 후에 표백할 의류를 담금, 환기가 잘 되는 장소에서 사용

표 7-10.
표백과 증백에 의한
면직물의 황도지수와
백도지수

면 지 수	원면	발호면	정련면	표백면	형광증백면
황도*	21.2	17.8	17	4	-16.3
백도**	19.8	30.1	34	72.9	114.8

*ASTM D1925
**CIE Ganz

고, 청색계열의 단파장에서 반사율이 증가하여 표백포의 황색기가 사라짐으로써 백도가 향상된다(표 7-10 참고).

1) 증백제의 분류와 적용섬유

형광증백제는 섬유에 대한 염착성에 따라 다음과 같이 용도별로 분류된다.

① 직접염료계 형광증백제 : 셀룰로오스섬유
② 산성염료계 형광증백제 : 단백질섬유와 나일론섬유
③ 염기성염료계 형광증백제 : 양모, 견, 나일론, 아세테이트
④ 분산염료계 형광증백제 : 폴리에스테르, 아크릴, 아세테이트섬유용으로 물에 불용이므로 계면활성제에 분산시키고 고온에서 염색한다.

또한 증백제의 화학적 구조에 따라 분류되기도 하는데, 현재 스틸벤 유도체가 가장 많이 이용되는 증백제이다.

2) 증백제의 사용과 문제점

시판되는 비누나 알칼리성 합성세제의 대부분에는 셀룰로오스섬유용 형광증백제가 포함되어 있으며 중성 합성세제에는 단백질과 나일론에 증백효과가 있는 형광증백제가 포함되어 있다.

형광증백제의 대부분은 내일광성이 나빠서 형광강도가 급격히 감소되므로 직사광선에 노출되는 것을 되도록 피해야 한다. 특히 일광에는 형광증백제 자체가 황색물질로 전환되어 백색물의 황변을 유발시킴으로써 백색직물의 백도를 오히려 저하시킬 수 있다. 스톤워싱 후에 형광증백처리한 청바지를 햇빛 아래에서 착용하면 희끗희끗한 부분들이 누렇게 변해서 청·백색의 대비효과가 떨어지고, 더러운 느낌을 주는 모습을 주변에서 쉽게 볼 수 있다.

실험 7-15 염소계표백제의 유효염소량

목 적 유효염소는 산화력의 척도로서 표백작용에 실제로 작용하는 염소량을 나타내며, 이는 표백제를 첨가하는 데 기초가 된다. 시판되는 차아염소산나트륨용액(염소계 표백제의 주성분)은 가정용, 공업용, 시약용 등 용도에 따라서 여러 가지 농도로 판매되며 사용 중에도 시간이 경과함에 따라 계속 감소하므로, 사용하기 전에 농도를 측정하여 적정량의 표백제를 사용할 수 있도록 한다. 농도는 충분한 양의 산을 가할 때 발생하는 활성염소 또는 유효염소의 %로 표시한다.

시 료 시판되는 가정용 의류표백용 염소계표백제
시약용 혹은 공업용 차아염소산나트륨(하이포아염소산나트륨, $NaOCl$)용액 10ml
– 표백제의 제조일 또는 구입 후 사용기간별로 다양하게 수집

기기와 기구 용량병(250ml 2개, 1L 1개), 삼각플라스크(250ml 4개), 뷰렛(50ml), 뷰렛스탠드, 크램프, 메스실린더(100ml), 깔때기, 피펫(5ml, 10ml 2개, 25ml), 시약병(100ml 2개), 비커(200ml), 흡입구, 화학천칭

시 약 요오드산칼륨(KIO_3) 1g, 요오드화칼륨(KI) 10g, 황산 10ml,
티오황산나트륨(sodium thiosulphate, $Na_2S_2O_3 \cdot 5H_2O$) 25g,
붕사(borax 또는 sodium borate, $Na_2B_4O_7 \cdot 10H_2O$) 4g, 증류수

실험방법 (1) 0.1N 요오드산칼륨 표준용액 제조(JIS K 1207)

① 요오드산칼륨의 무게를 0.85~0.95g 범위 안에서 정확히 잰다(Wg).

② 이를 250ml 용량병에 넣고 눈금 표시까지 증류수로 채운 뒤, 마개를 막고 흔들어서 균일하게 잘 섞는다.

③ 요오드산칼륨 용액의 정확한 노르말농도(N_1)를 아래 식에 따라 계산한다.

$$N_1 = \frac{4W}{35.67}$$

(2) 0.1N 티오황산나트륨 표준용액 제조와 표준화

① 우선 필요한 시약을 만들어 둔다. 10% 요오드화칼륨 용액의 제조는 200ml 비커

에 요드화칼륨을 10g 재어 넣고 증류수 90ml와 고온에서 용해시킨다. 2N 황산 용액의 제조는 시약용 황산 5.5ml를 증류수 94.5ml에 넣고 잘 혼합한다. 제조된 시약을 각각의 시약병에 옮긴 뒤, 레이블을 붙여 둔다.

② 티오황산나트륨 25g과 borax 3.8g의 각 무게를 잰 후, 이들을 1L 용량병에 넣는다. 증류수로 표시된 눈금까지 채운 후 마개를 막고 잘 흔든다. 이 용액을 50ml 뷰렛에 채워 놓는다.

③ (1)에서 만들어 놓은 요오드산칼륨 표준용액을 피펫으로 25ml(V_1) 취해 250ml 삼각플라스크에 옮긴다. 여기에 10% 요드화칼륨 용액 약 10ml와 2N 황산 약 5ml를 첨가한다. 이 때 용액이 자주색으로 변한다.

④ 뷰렛의 티오황산나트륨 용액을 삼각플라스크에 있는 요오드산칼륨 혼합용액 속으로 떨어뜨려, 자주색 용액이 무색으로 변하는 순간까지 계속한다. 이 때 소모된 티오황산나트륨 적정액의 양(V_2 ml)을 측정한다. 적정은 3회 반복하여 평균값을 취한다.

⑤ 티오황산나트륨 용액의 노르말농도(N_2)는 아래 식에 의해 계산한다.

$$N_2 = \frac{N_1 V_1}{V_2}$$

V_1 : 사용한 KIO_3 용액의 양(25.0ml)

(3) 염소계표백제의 유효염소량 측정

① 피펫으로 표백제 10ml를 정확히 취해서 250ml 용량병에 옮긴 후, 증류수로 표시 눈금까지 채우고 흔들어 희석시킨다.

② 잘 흔든 후 피펫으로 희석된 표백제 용액을 25ml를 취해서 250ml 삼각 플라스크에 옮기고, 10% 요오드화칼륨 용액 약 10ml와 2N 황산용액 약 5ml를 넣는다.

③ (2)의 ④에서와 같이 뷰렛에 있는 티오황산나트륨 표준용액으로 표백제 중의 유리된 염소를 적정한다. 3회 반복해 평균 적정액의 양을(V_3 ml) 구한다.

④ 표백제 중의 유효염소량(Cl g/100ml)을 다음의 식으로 계산한다.

1N 염소는 35.5g/1000ml이므로, 유효염소량(Cl %) = 3.55 × N_2 × V_3

결 과

(1) 0.1N 요오드산칼륨 표준용액 제조

KIO_3의 무게 (W)	g
KIO_3의 노르말농도 (N_1)	

(2) 0.1N 티오황산나트륨 표준용액의 표준화

시험횟수	V_2	V_1	N_1	N_2
1				
2		25.0	위의 (1)의 결과	
3				
평 균				

(3) 염소계표백제의 유효염소량

표백제의 상품명, 제조일, 구입 후 사용일: A:

B:

시약용:

시험횟수　표백제	0.1N 티오황산나트륨 표준용액 사용량(V_3 ml)		
	시판 표백제 A	시판 표백제 B	시약용
1			
2			
3			
평균			
유효염소량(Cl %)			

토의문제

1. 의류표백용 염소계표백제를 사용해도 좋은 섬유와 사용해서는 안 되는 섬유를 들어 보시오.

2. 황변한 흰색 나일론 직물의 백도를 높이기 위해 염소계표백제로 표백하였더니 오히 려 더 누렇게 변하였다. 다시 희게 하려면 어떻게 해야 하는지 알아보시오.

3. 시판되는 가정용 의류표백제 중에서 염소계표백제에는 어떠한 것이 있는지 상품명 과 제조회사명, 표준사용량, 사용방법, 제시된 유효염소량, 특징 등을 조사해보시 오. 또한 제품에 표기되어 있는 유효염소량과 실제의 실험결과와 비교해보고 차이 가 있을 경우에는 그 이유를 설명하시오.

실험 7-16   산소계표백제의 유효산소량

목   적   시중에서 구입할 수 있는 산소계표백제로는 과산화수소(액체)와 과탄산나트륨(과
립)을 들 수 있다. 특히 과탄산나트륨을 주성분으로 하는 가정용 의류표백제가 상
품화되어 손쉽게 이용할 수 있다. 표백제는 여러 농도로* 판매되며 사용 중에도
시간이 경과함에 따라서 계속 변하므로, 사용하기 전에 농도를 측정해서 적정량을
사용할 수 있도록 한다. 유효산소량은 물로 변화할 때 발생하는 산소의 용적으로
표시한다.

시   료   과산화수소수(H_2O_2) 10ml – 시약용, 공업용, 소독용
시판 가정용 의류표백용 산소계표백제($2Na_2CO_3 \cdot 3H_2O_2$), 과탄산나트륨(시약용)
– 표백제의 제조일 또는 구입 후 사용기간별로 다양하게 수집

기기와 기구   용량병(1L, 500ml), 삼각플라스크(500ml, 3개), 뷰렛(50ml), 뷰렛스탠드, 크램프,
메스실린더(250ml, 100ml, 50ml), 깔때기, 피펫(10ml, 2개), 흡입구, 화학천칭

시   약   과망간산칼륨($KMnO_4$) 3.2g, 황산 75ml

실험방법   (1) 0.1N 과망간산칼륨 적정용액의 제조(JIS K 1463)

과망간산칼륨 3.1606g을 정확히 달아 증류수에 녹여 1L용량병에 옮긴 후 증류수로
1L 눈금까지 채운다(짙은 자주색을 나타냄). 이 용액을 뷰렛에 옮겨 놓는다.

(2) 표백제의 적정과 활성분의 계산

① 측정하고자 하는 액체 시료인 과산화수소수 10ml를 피펫으로 취해서 무게(Wg)
를 정확하게 잰 다음(혹은 고체 시료인 과탄산나트륨의 경우 약 10g), 500ml
용량병에 옮기고 증류수를 눈금까지 채워 표백제를 희석시킨다.

② ①에서 만든 용액으로부터 다시 10ml를 취하여 500ml 삼각플라스크에 증류수
250ml와 황산수용액* 30ml를 첨가한다.

　　　*황산수용액 = 물(25ml) : 황산(75ml) = 1 : 3

③ (1)에서 준비한 뷰렛 안의 과망간산칼륨 용액을 ②의 용액 안으로 천천히 떨어

뜨려 무색의 용액이 연한 자주색이 될 때까지 적정한다(T ml). 이 때 삼각플라스크는 계속 흔들어 잘 섞이도록 한다.

④ 시료 과산화수소수 중의 과산화수소 농도(H %)를 계산한다.

0.1N KMnO₄ 1ml는 H₂O₂의 0.0017g에 해당하므로,

$$H\,(\%) = \frac{0.00170 \times T \times 0.1}{W \times \frac{10}{500}} \times 100$$

T : 적정에 사용한 과망간산칼륨 용액의 사용량(ml)
W : 시료의 무게(g)

⑤ 위의 ④에서 산출한 표백제 중의 과산화수소 농도(H)로부터 표백제 중의 유효산소량(O %)을 구한다.

$$\frac{O}{H_2O_2} \rightarrow \frac{16}{34} \text{ 이므로,}$$

$$O\,(\%) = H \times \frac{16}{34}$$

결 과

표백제의 상품명, 제조일, 구입 후 사용일 : A :
                                      B :
                               시약용 :

시료의 무게(g) :

시험횟수 \ 표백제	0.1N KMnO₄용액 사용량 (T ml)		
	시판 표백제 A	시판 표백제 B	시약용
1			
2			
3			
평균			
H₂O₂ 농도 (H %)			
유효산소량 (O %)			

토의문제

1. 과산화수소수 중에는 공업용, 시약용, 소독용 등 용도별로 과산화수소수 중의 과산화수소량이 다르게 생산, 판매된다. 각각의 농도를 조사해보고 실험결과와 비교해보시오.

2. 시판되는 가정용 의류표백제 중에서 산소계표백제의 상품명과 제조회사명, 표준사용량, 표백조건, 주의점, 특징 등을 시장조사하시오.

3. 과산화수소의 유효산소량은 구입 직후부터 빠른 속도로 감소하므로 적정한 보관방법을 알아보시오.

실험 7-17   표백과 증백

목 적
섬유의 생산 또는 착용 도중에 섬유에 함유된 불순물과 색소를 제거해 순백의 직물을 만들고자 표백과 증백을 한다. 이 때 백도에 영향을 주는 표백조건(섬유종류, 색소종류, 표백제종류, 표백농도, 표백시간, 표백온도)과 증백효과를 조사해서 효과적인 표백과 얼룩빼기 조건을 제시하고, 표백제의 올바른 사용방법을 시중에 유통되고 있는 표백제의 성능과 비교해본다. 또한 미표백, 표백, 증백 면직물의 표면반사율을 측정해 백도를 비교해본다.

시 료
섬유종류별: 면직물(정련된 광목), 나일론, 양모(또는 견)
– 미표백직물 혹은 황변 직물
색소종류별: 착색물질로 오염된 시판 인공오염포 혹은 제작한 인공오염포
– 각 조별로 실험조건을 달리하여 결과를 토론할 수 있다.

기기와 기구
가정용 전기세탁기, 세척시험기, 세탁시험보조포, 비커(500ml), 메스실린더(100ml, 200ml, 500ml), 유리막대, 온도계, 초시계, 항온 수조, 화학천칭, 분광광도계, 직물 건조대, 집게

시 약
표백제종류별 : 차아염소산나트륨(하이포아염소산나트륨), 과탄산나트륨, 과산화수소, 하이드로술파이트(시판되는 의류용표백제 혹은 시약용), 직접염료계 형광증백제(셀룰로오스섬유용), 결정황산나트륨

실험방법   **A. 표 백**

① 각종 표백조건에 따른 섬유별 표백효과를 관찰하기 위하여, 세 종류의 시료 직물의 무게를 재어 각각 2g씩 잘라 시험편을 준비한다. 한 표백시험 종류당 24매의 시험편이 필요하다.

② 광목을 시험편으로 사용하려면 표백하기 전에 다음의 방법으로 풀기를 빼고 정련해 불순물을 제거한다.

발호) 원면을 액비 1 : 50 o.w.f.로 맞추고, 아밀라제 2%와 비이온계면활성제 0.1% 용액으로 60℃에서 2시간 동안 처리한 후 수세하고 건조한다.

정련) 발호면을 액비 1 : 50, 탄산나트륨 10% o.w.f.의 용액에서 1시간 끓인 후 수세하고 건조한다

③ 표백하기 전에 세 종류의 미표백시료(원면, 발호면, 정련면)를 분광광도계를 이용해 전체 파장에서 표면반사율을 측정해 둔다

④ 네 종류의 표백제를 물 300ml(액비 1 : 50)로 희석해 잘 섞은 후, 동일한 시험편 3매(총 6g)씩을 이용하여, 다음의 표백조건 중 한 가지를 택해 표백한다.

표백조건) 농도 : 표준사용량(0.5%), 1%

　　　　　온도 : 실온(20℃), 50℃

　　　　　시간 : 20분, 1시간

섬유별 시료를 위와 동일한 조건에서 유리막대로 잘 저으면서 표백한다.

⑤ 표백이 끝나면 충분히 수세하고 자연 건조시킨다.

⑥ 건조된 표백포는 분광광도계를 이용해 전체파장에서 표면반사율을 측정한다. 시험포 3매를 측정하여 평균값을 취한다.

B. 얼룩빼기

① 시판 의류용 표백제의 얼룩제거 효과 시험에 이용할 인공오염포를 제작한다(시판되는 착색물질의 오구조성을 갖는 표준인공오염포를 사용하여도 된다). A에서 표백된 면직물을 5cm×10cm 크기로 자른다. 과일즙, 커피, 간장, 김치국물, 토마토케첩, 혈액, 립스틱, 포도주, 잉크, 매직, 고추장, 먹물 등 일상생활 주변에서 볼 수 있는 오구를 택해 면직물을 오구액에 담그거나 오구를 문질러서 동일한 오염정도의 오염포를 만든다. 제작 후 하루 이상 지난 후에 사용한다. 한 표백시험 종류당 10매의 동일한 오염포가 필요하다.

② 시험에 사용할 종류별 오염포 9매씩을 모두 가정용 전기세탁기의 표준코스에서 표준세제로 세탁한다. 이 때 세탁량을 맞추기 위해 세탁시험보조포를 이용한다(실험 7-9 참고). 1매는 세탁 또는 표백한 후에 얼룩제거 정도를 판정할 때에 기준 오염포로 사용하기 위해 따로 남겨 둔다.

③ 건조 후에 세탁에 의한 오구의 제거 정도를 관찰해 기록한다. 대부분 얼룩진 오구는 불균일하게 분포되어 있으므로 표면반사율의 측정보다는 육안으로 다음과 같이 평가한다. 즉,

◎ 얼룩의 완전제거, ○ 희미한 얼룩 남음,

△ 비교적 뚜렷한 얼룩 남음, × 거의 제거되지 않음

④ 시중에 상품화되어 있는 염소계와 산소계표백제로 얼룩빼기용 사용설명 표시에

준해서, 다음의 조건으로 얼룩을 제거한다. 액비 1 : 50(세척된 오염포 3매씩 총 6g : 물 300ml)에서 온도 40℃에서 유리막대로 가끔 저어주면서 담궈 둔다.

염소계표백제 : 시간 20분, 농도 3%(9ml/300ml), 세척된 오염포 3매
산소계표백제 : 시간 60분, 농도 0.5%(1.5g/300ml), 세척된 오염포 3매

⑤ 시간이 경과하면, 충분히 수세한 뒤 위의 ③에서와 동일한 방법으로 두 가지 표백제에 의한 얼룩제거 효과를 평가한다.

C. 증 백

① A에서 염소계 표백제로 표백된 면직물을(3매, 총 6g) 형광증백용 시험편으로 사용한다.
② 500ml 비커, 액비 1 : 50 o.w.f, 농도 0.5% o.w.f.의 형광증백제용액(0.03g/300ml)에 결정황산나트륨 30g(10%)을 첨가하여 시험액을 준비한다.
③ 시료를 준비된 용액에 넣고, 40℃에서 15분 간 처리한다.
④ 처리 후에는 충분히 수세하고 응달에서 자연 건조시킨다.
⑤ 미표백포, 표백포, 증백포를 각 파장별로 표면반사율을 측정하여 표면반사 스펙트럼을 작성한다.

결 과

A. 각종 표백조건에 따른 섬유 종류별 표백효과

조별로 다음의 표백조건(시간, 온도, 농도) 중에서 한 가지 변인만을 선택하여 실험한다.

표백조건 표백제	시간 (분)	온도 (℃)	농도 (%)	표면반사율(%) 또는 K/S값			시험편의 부착		
				면	나일론	양모(견)	면	나일론	양모(견)
차아염소산 나트륨	20	실온	0.5						
	60	50	1.0						
과탄산나트륨	20	실온	0.5						
	60	50	1.0						
과산화수소	20	실온	0.5						
	60	50	1.0						
하이드로 설파이트	20	실온	0.5						
	60	50	1.0						
표 백 전									

B. 시판 표백제의 얼룩빼기 효과

오염 방법	얼룩빼기 판정						시험편의 부착					
	A	B	C	D	E	F	오염포A ( )	오염포B ( )	오염포C ( )	오염포D ( )	오염포E ( )	오염포F ( )
세탁 후												
염소계 표백제												
산소계 표백제												

◎ 얼룩의 완전제거, ○ 희미한 얼룩 남음, △ 비교적 뚜렷한 얼룩 남음, × 거의 제거되시 않음

C. 표백 및 증백포의 표면반사 스펙트럼

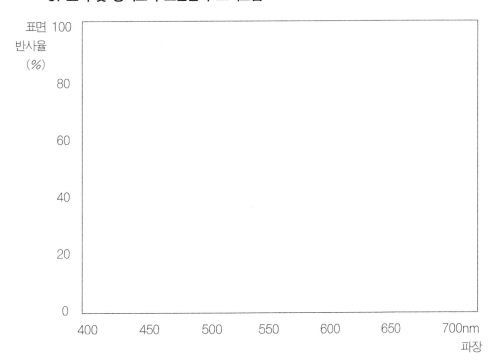

시험편의 부착		
미표백포	표백포	증백포

토의문제

1. 실험 결과를 보면, 차아염소산나트륨표백제로 표백한 후에 오히려 더욱 황변된 섬유 두 종류가 있다. 어떤 섬유이며, 두 섬유의 공통점은 무엇인가?

2. 제작한 인공오염포 중에서 표백제의 도움없이 세탁만으로도 완전하게 제거된 얼룩에는 어떠한 것이 있으며, 표백제를 사용하여도 완벽하게 제거되지 않아 가장 제거하기 힘든 오구 또는 색소는 어떠한 것이 있는가?

3. 표백제를 사용할 때에 물로 희석하지 않고 의류에 직접 뿌릴 경우 일어날 수 있는 현상을 설명하시오.

5. 과탄산나트륨이 주성분인 시판 산소계표백제는 색상이 있는 의류에도 사용할 수 있으나, 특정 염료의 경우 표백이 과도하게 진행되어 탈색이 일어날 수 있다. 시판 산소계표백제로 표백해서는 안 되는 염료는 무엇인가?

6. 표백포와 비교해서 증백포의 표면반사율 스펙트럼의 특징을 설명하시오.

7. 최근 유행하는 검은머리의 탈색(bleach)에 이용되는 표백제의 종류를 알아보시오.

5. 염색견뢰도

빛바랜 텐트나 커튼 또는 복식유물, 겨드랑이 부분이 변색된 셔츠, 구두염색이 묻어난 흰 양말, 세탁 중에 물이 든 흰옷, 표백제에 변색된 의류 때문에 낭패를 보거나 불쾌감을 느껴본 경험은 누구나 갖고 있을 것이다. 소비자들은 색상과 그 밖의 심미적인 면에 많은 비중을 두고 섬유제품을 구입하므로 그것을 사용할 때나 세탁할 때에 본래의 색상을 그대로 유지한다는 것은 소비자 입장에서 매우 중요한 일이다. 소재가 변색했을 경우에는 상품을 교환하거나 변상을 요구할 수도 있으므로, 생산자 입장에서도 제품을 완성하기 전에 염색물의 염색견뢰도를 평가해 두어야만 적정한 용도에 맞추어 이용할 수 있다.

염색견뢰도란 염색물의 염색가공 공정 또는 그 후의 사용 중에 미치는 작용에 대한 염색물의 색의 저항성을 의미한다. 염색물의 변퇴색은 일광, 세탁, 마찰, 표백, 땀, 대기가스, 산 및 알칼리용액 등에 노출되었을 때 일어날 수 있다. 섬유의 염색견뢰도에는 많은 인자들이 상호관련지어 영향을 미치는데, 그 중 주된 인자로는 섬유 중의 잔존세제의 작용, 섬유의 종류, 염료의 종류, 침염(혹은 날염)방법 및 가공방법 등을 들 수 있다.

염색견뢰도의 시험방법은 수십 종류에 이르는데, 이는 크게 변퇴색과 오염의 두 종류로 분류된다. 염색된 시험편의 변퇴색 정도와 시험편에 첨부되는 백포의 오염 정도는 각각 별도로 판정한다(KS K 0903, ISO 105-A01~A03).

복합시험편제작　세탁이나 마찰에 의한 오염 정도를 판정하기 위해서는 우선 염색물 시험편을 가운데 두고 위아래 면에 2장의 첨부 백포를 부착하여 복합시험편을 제작해야 한다. 표 7-11과 같이 1매는 시험편과 같은 종류의 것이어야 하며, 다른 1매의 첨부 백포는 시험편과 다른 종류의 섬유로 된 것을 사용하여야 한다. 시험편이 혼용품의 경우에는, 제1첨부 백포는 혼용률이 가장 많은 섬유와 같은 종류로 된 것으로 하고, 제2첨부 백포는 다음으로 혼용률이 많은 섬유와 같은 종류로 된 것을 한다.

염색견뢰도평가　색상의 차이와 변색정도를 평가하는 방법은 무수히 많으며 변색평가와 판정보고를 위해서는 숙련된 전문인을 필요로 한다. 전문인은 염료에 관한 지식, 변색의 원인, 능숙한 측정기술 및 실험할 때의 문제점을 잘 알고 있어야 한다. 염색견뢰도를 정확히 평가하기 위해서는 기술적인 요인들이 있다. 색상은 일광 아래에서 혹은 세탁할 때에 흐리게 또는 진하게 변할 수 있다. 대부분의 염료들은 같은 색상 중에서 채도만이 낮아져서 색이 탁해지고, 소수의 염료들은 색상 자체가 변하기도

	시 험 편	제 1 첨부 백포	제 2 첨부 백포
	모	모	면
	견	견	면
	면	면	모 또는 견
	마	면	모 또는 견
	레 이 온	레 이 온	모 또는 견
	구리암모늄 섬유	구리암모늄 섬유	모 또는 견
	아세테이트 섬유	아세테이트 섬유	레 이 온
	폴리아미드 섬유	폴리아미드 섬유	모, 견 또는 비스코스레이온
	폴리비닐알코올 섬유	폴리비닐알코올 섬유	레 이 온
	폴리에스테르 섬유	폴리에스테르 섬유	모, 견 또는 면
	폴리아크릴로니트릴 섬유	폴리아크릴로니트릴 섬유	모, 견 또는 면

표 7-11.
시험편과 첨부
백포의 섬유의 종류
(KS K 0905)

하고, 어떤 소재들은 다른 색상으로 색변화가 급격하게 일어나기도 한다. 여러 가지의 색상을 측정히는 기기들은 염색견뢰도 등급의 주관적 평가에 상당히 도움이 될 듯 보이나 실제로는 위에서 언급했던 다양한 과정에 따라 비롯되는 색차효과 때문에 기기이용은 실효를 거두지 못하고 있다. KS, JIS 혹은 AATCC 시험법에서는 기기에 의한 평가방법을 취하지 않고 있으며, 숙련된 전문가에 의해 직접 육안으로 관찰하는 방법을 택하고 있다. 이 때 실험방법에 따라 다양한 표준색표를 이용한다.

1) 변퇴색의 평가

(1) 변퇴색용 표준 회색 색표에 의한 등급 판정방법

염색견뢰도를 판정하는 데 사용되는 표준 회색 색표(Gray Scale)는 무색의 회색 조각들을 명암 순서대로 배열해 놓은 표이다(그림 7-12). 시험 전후의 여러 가지 색상의 시험편에 대해 단일한 색상으로 된 표준 회색 색표에 대어 시험편의 색채와 변퇴색용 표준 회색 색표(a)간의 색차(명암과 색상)를 맞추어본 후 일치하는 조각을 찾아낸다. 시험 전후의 시험편의 변퇴색 정도를 표 7-12 기준에 의하여 판정한다. 색표분류는 5-4-3-2-1 등급체계를 이용하는데 5급의 색표의 경우 최상위를 뜻하며 1급은 최하위를 뜻한다. 또한 색표간의 중간값을 쓸 수 있다(예: 3-4). 일반적인 품질기준은 의류제품인 경우 3-4급 이상으로 규제되고 있다.

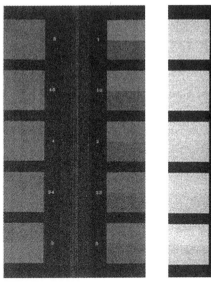
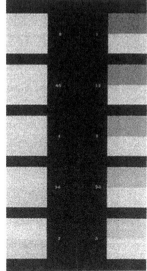

(a) 변퇴색용   (b) 오염용

그림 7-12.
표준 회색 색표
(KS K 0910,
0911)

(2) 기호를 이용한 표시방법

변퇴색이 있는 경우는 변퇴색의 종류를 견뢰도 등급에 표 7-13의 기호로 추가 표시할 수 있으며 종류에 따라서 약간 변색한 경우에는 기호 1개를, 눈에 뜨일 정도로 변색한 경우에는 기호 2개를, 현저히 변색한 경우에는 기호 3개를 붙인다.

변퇴색 평가의 예) 세탁시험 론더오미터법

변퇴색 2급(BB), 오염 3급(모), 2급(면)

표 7-12.
변퇴색의 판정기준

등급(급)	판 정 기 준	색 차
	색의 변화가 변퇴색용 표준 회색 색표의	
1	1호 또는 그 이상의 것	13.6±1.0
1-2	1-2호 정도의 것	9.6±0.7
2	2호 정도의 것	6.8±0.6
2-3	2-3호 정도의 것	4.8±0.5
3	3호 정도의 것	3.4±0.4
3-4	3-4호 정도의 것	2.5±0.35
4	4호 정도의 것	1.7±0.3
4-5	4-5호 정도의 것	0.8±0.2
5	5호 정도의 것	0+0.2

표 7-13.
변퇴색의
종류와 기호

변퇴색의 종류	기호	변퇴색의 종류	기호
노란빛이 날 때	Y	파란빛이 날 때	B1
귤빛이 날 때	O	초록빛이 날 때	G
빨간빛이 날 때	R	밝아질 때	Br
보랏빛이 날 때	V	어두워질 때	D

(3) 평어를 이용한 표시방법

일광견뢰도 이외의 일반 염색견뢰도의 등급은 표 7-14와 같이 평어를 사용하여 표시할 수 있다.

(4) 색차계를 이용한 색차측정법

색차계를 이용하여 시험 전후 염색물의 CIELAB표색계에 의해 색차(ΔE)를 측정하여 값을 비교한다. 표 7-12에서와 같이 색차에 해당되는 변퇴색용 표준 회색 색표의 등급으로 판정할 수도 있다.

2) 오염의 평가

(1) 오염용 표준 회색 색표에 의한 판정방법

시험 전후의 첨부 백포의 색차와 오염용 표준 회색 색표 그림 7-12(b)간의 색차를 비교하여 표 7-15의 기준에 의해 판정한다.

(2) 평어를 이용한 표시방법

오염정도의 등급은 표 7-14와 같이 평어를 사용하여 표시할 수 있다.

표 7-14.
염색견뢰도
등급의 평가

염색견뢰도 등급	견뢰도의 평어	시험편의 변퇴색 또는 시험용 오염 백면포의 오염
1	가	심하다
2	양	다소 심하다
3	미	분명하다
4	우	약간 눈에 띈다
5	수	눈에 띄지 않는다

표 7-15. 오염의 판정기준	등급(급)	판 정 기 준	색 차
	1	오염이 오염용 표준 회색 색표의 1호 또는 그 정도를 초과하는 것	35.2 ± 2.0
	1-2	1-2호 정도의 것	25.6 ± 1.5
	2	2호 정도의 것	18.1 ± 1.0
	2-3	2-3호 정도의 것	12.8 ± 0.7
	3	3호 정도의 것	9.0 ± 0.5
	3-4	3-4호 정도의 것	6.8 ± 0.4
	4	4호 정도의 것	4.5 ± 0.3
	4-5	4-5호 정도의 것	2.3 ± 0.3
	5	5호 정도의 것	0 + 0.2

(3) 색차계를 이용한 색차측정법

색차계를 이용하여 시험 전·후 첨부 백포의 CIELAB표색계에 의해 색차(ΔE)를 측정하여 값을 비교하거나, 표 7-15에서와 같이 색차에 해당되는 오염용 표준 회색 색표의 등급으로 판정한다.

실험 7-18   세탁견뢰도

목 적   염색물이 세탁으로 본래의 색이 변하거나 다른 직물에 오염되는 정도를 평가한다.

시 료   염료종류별 세 가지 시판 또는 제작한 염색물,

예) 배트염료로 염색된 직물 : 인디고 데님,

분산염료로 염색된 직물 : 폴리에스테르 염색물,

산성염료로 염색된 : 양모 혹은 견 염색물

염색견뢰도용 첨부백포(KS K 0905), 다섬교직포

시 약   표준 가루세탁비누, 무수탄산나트륨, 메타규산나트륨, 하이포아염소산나트륨용액,

아세트산

기기와 기구   세탁시험기(론더오미터), 세탁병, 스테인리스 강철 구슬,

시험관 혹은 비커(50~300ml), 항온 수조, 탈수용 기기(원심탈수기, 맹글),

변퇴색용 및 오염용 표준 회색 색표(또는 색차계), 면봉사 바늘

실험방법   A. 세탁시험기법(KS K 0430)

(1) 복합시험편의 제작

① 표 7-16 중에 시험부호가 A-1~5호의 경우 : 시험편의 크기는 10cm×5cm의

표 7-16.
세탁시험기법의
종류와 조건

시험부호	온도 (℃)	세제액				액량 (ml)	스테인리스 강철 구슬 (개)	세탁병 용량 (ml)	시간 (분)
		비누 (g/l)	무수탄산나트륨 (g/l)	차아염소산나트륨 (g/l)	메타규산나트륨 (g/l)				
A-1	40±2	5	–	–	–	100	10	약450	30
A-2	50±2	5	–	–	–	100	10	450	30
A-3	60±2	5	2	–	–	100	10	450	30
A-4	70±2	5	2	–	–	100	10	450	45
A-5	82±2	5	2	10	–	100	10	450	45
A-6	40±2	5	–	–	–	200	10	450	45
A-7	50±2	2	–	–	2	150	50	1150	45

크기로 하고, 이 표면에 5cm×5cm 크기의 첨부 백포 두장을 인접 배열하여 첨
부하고 흰 면봉사로 4변을 꿰맨다.

② 시험부호가 A-6~7의 경우 : 시험편의 크기를 10cm×5cm로 하고, 그 짧은 변
끝에 따라 다섬교직포 한 장을 5×5cm의 크기로 섬유의 줄무늬가 짧은 한 끝
에 평행하게 첨부하고 흰 면봉사로 한쪽 변을 드문드문 꿰맨다. 각 시험편 종
류별로 한 매씩 남겨 두어 세탁 후 염색견뢰도 평가기준으로 사용한다.

(2) 세 탁

① 표 7-16에 표시된 조건 중에서 적당한 한 종류의 시험법을 선택한 후, 규정된
크기의 세탁병 속에 해당 시험액과 스테인리스 강철 구슬을 넣는다. 일반적으
로 A-1 방법이 많이 쓰이며, 삶는 직물(면·마)의 경우에는 A-4 방법으로 한다.

② 세탁병을 배열하여 시험액을 규정온도로 한 다음 (1)에서 만든 복합 시험편을
넣어 밀폐하고 세탁시험기를 규정 시간 동안 작동한다.

③ 시험기의 작동을 멈추고 복합 시험편을 세척병으로부터 꺼내 증류수(26±2℃)
100ml로 1분 간씩 2번 헹군다.

④ 100ml의 묽은 아세트산 용액(26±2℃)에서 1분 동안 중화한 다음 증류수로 충
분히 헹군다.

⑤ 탈수기 또는 탈수기 롤러로 건조한 백면포 사이에 끼워서 5분 간 적당한 무게
로 누르거나 찬 손다리미의 자체 하중으로 눌러서 여분의 수분을 제거한 후,
세 변의 봉사를 뜯고 시험편의 나머지 한 변에 백면포를 단 상태로 60℃ 이하
의 건조기 안에서 건조시킨다.

(3) 평 가

① **표준 회색 색표에 의한 평가** : 시험편은 직사광선을 피해 북창 광선 또는 이
에 상당하는 538럭스 이상의 광원을 사용해 광선을 45˚각도에서 표면에 비추
고, 보는 각도는 시험편 표면에 직각이 되도록 해 색차를 관찰한다. 시험편의
변퇴색과 첨부백포의 오염의 판정은 표-12~15에 따른다.

② **색차계에 의한 평가** : 염색물과 첨부 백포의 세탁 전후의 색차를 측정 비교한다
(표 7-15 참고).

표 7-17. 시험관법의 종류와 조건	시험부호	온도 (℃)	비누 (g/l)	액량 (욕비)	시간 (분)
	B-1	50±2	5	50 : 1	10
	B-2	60±2	5	50 : 1	10
	B-3	60±2	5	50 : 1	20
	B-4	70±2	5	50 : 1	10

B. 시험관법(KS K0430)

(1) 복합시험편의 제작

시험편의 크기는 5cm×4cm로 하고, 5cm×2cm 크기의 첨부 백포 두 장을 표면에 첨부해 이것을 안쪽으로 5cm×2cm가 되게 둘로 접어 흰 면봉사로 세로방향으로 드문드문 꿰맨다. 단, 둘로 접을 수 없는 것은 나란히 배열한 형태라도 된다.

(2) 세　탁

① 시험관에 표 7-17에 표시된 적당한 조건을 선택해 해당되는 한 종류 시험액을 만든 후 복합시험편에 대하여 욕비가 50 : 1이 되게 넣는다. 이 때 두꺼운 천이어서 시험관에 들어가지 않을 경우에는 시험관 대신 적당한 크기의 비커를 사용해도 좋다.

② 시험관을 항온 수조에 넣어 시험액을 규정온도에 이르게 한 다음, 여기에 복합 시험편을 규정 시간 동안 담궈 둔다.

③ 복합 시험편을 꺼내어 A-(2)의 ⑤와 같은 방법으로 수세, 탈수, 건조한다.

(3) 평　가

시험편의 변퇴색 및 첨부 백포의 오염의 판정은 표 7-12~15에 따른다. 다섬교직포의 오염은 가장 오염 정도가 심한 부분의 등급과 그 구성하고 있는 섬유명만을 표시한다. 그러나 필요할 경우에는 각 섬유명과 그 등급을 기입해도 무방하며, 그렇지 않은 것은 제외하고 기입해도 된다. 색차계를 이용하여 색차(ΔE)를 측정하고 비교해본다.

결 과

① 염색물의 변퇴색 판정

세척시험의 종류 :

시료 번호	변퇴색 판정			시험편 부착	
	등급	기호	색차	세 탁 전	세 탁 후
1					
2					
3					

② 첨부 백포의 오염 판정

세척시험의 종류 :

시료 번호	제1 첨부 백포				제2 첨부 백포			
	오염 판정		시험편 부착		오염 판정		시험편 부착	
	등급	색차	세탁 전	세탁 후	등급	색차	세탁 전	세탁 후
1								
2								
3								

토의문제

1. 세탁 후에 표준 회색 색표를 이용해 변퇴색이나 오염도를 판정할 때 쓰이는 광원은 무엇인가?

2. 염색된 T/C직물의 세탁견뢰도를 시험하고자 한다. 이 때 사용해야 되는 제1 또는 제2첨부 백포의 섬유종류는 무엇인가?

3. 직물의 염색 중 섬유종류, 염료종류, 염색조건, 후처리가 염색물의 세탁견뢰도에 미치는 영향을 설명하시오.

4. 파란색 시험편을 이용하여 세탁견뢰도 시험을 한 결과, 제2 첨부 백포가 분홍색으로 오염되었다. 위의 상황이 일어날 수 있는 이유를 설명해보시오.

5. 의류제품에 부착된 섬유의 세탁방법 등에 관한 표시기호를 실제로 조사해보고, 염색물의 견뢰도와 관련된 내용의 세탁조건을 설명하시오.

6. 세제종류, 세탁온도, 세탁시간 등의 세탁조건을 변화시켜 실험해보고, 세탁조건이 세탁견뢰도에 미치는 영향을 분석해보자.

7. 가정용 전기세탁기로 세탁할 때, 염색물과 흰옷을 동시에 넣어 세탁해 흰옷이 물들어 낭패했던 경험들을 이야기해보자.

8. 소비자 단체에 접수된 세탁에 의한 의류사고의 발생, 불만, 해결에 관한 자료 중에서 염색물의 세탁견뢰도와 관련된 부분을 조사해보자.

실험 7-19 일광견뢰도

목 적   염색물의 일광에 대한 변퇴색 정도를 측정한다. 일광견뢰도시험기의 원리를 이해하며, 인공 광원인 카본아크등, 수은등, 제논아크등, 텅스텐등, 형광등 중에서 한국공업규격에서 채택하고 있는 카본아크등에 의한 측정법을 익힌다.

시 료   염색된 직물 3가지 이상(실험 7-18과 동일한 것)

기기와 기구   일광견뢰도시험기(Fade-Ometer), 블랙패널온도계, 광도시험지, 표준퇴색지, 백색 두꺼운 종이(0.5mm), 표준 청색염포, 회색 두꺼운 종이, 변퇴색용 표준 회색 색표(또는 색차계)

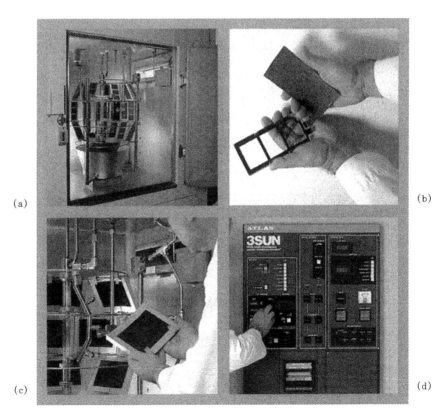

(a)　　(b)　　(c)　　(d)

그림 7-13.
일광견뢰도시험기

(a) 시험기 내부　(b) 시험편 파지구　(c) 청색염포　(d) 시험기 외부

실험방법   카본아크법 (Carbon-Arc Lamp, KS K 0700)

(1) 시험편과 대조편의 준비

① 시험편은 긴 쪽을 경사방향으로 해 6.5cm×7.5cm크기의 직사각형으로 자른다.

② 표준 청색 염포를 제작해서 사용하려고 할 경우에는, 정련 표백된 양모직물(소모사, $114×96/5cm^2$, $200g/1m^2$)을 다음의 표 7-18에서와 같이 염색한다

(2) 조 작

① 시험하기 전에 탄소봉의 끝은 새로 깎은 것을 사용하고, 글로브는 깨끗하고, 흠이 없어야 하며, 급습포와 공기여과기도 깨끗이 한 후 시험기의 작동상태를 점검한다.

② 카본아크등 시험기의 광도를 조절한다.

  ⅰ) 한 장의 광도시험지를 시료 파지구에 마스크하지 않고 삽입한 다음, 새 탄소봉을 사용해 20시간 계속 빛에 노출시킨다.

  ⅱ) 빛에 노출된 시험지는 적어도 2시간 냉암소에 방치한다. 조광되지 않은 반절은 끊어버린다.

  ⅲ) 조광한 광도 시험지와 표준퇴색지의 퇴색과 비교하여 그의 계수를 구한다. 이 때 광도시험지는 표준퇴색지 밑에 세로 방향으로 똑같이 맞춘다.

  예) 20시간 조광한 광도시험지가 16시간 표준퇴색지와 20시간 표준퇴색지와의 중간정도로 퇴색하였다고 하면 이는 18시간 표준퇴색으로 간주하여 계수는 18/20=0.9이다.

표 7-18.
표준 청색 염포의
염료명과 염색농도

일광견뢰도 등급	염료명 및 염색 농도
1	0.8%에서 C.I Acid Blue 104
2	1.0%에서 C.I Acid Blue 109
3	1.2%에서 C.I Acid Blue 83
4	1.2%에서 C.I Acid Blue 121
5	1.0%에서 C.I Acid Blue 47
6	3.0%에서 C.I Acid Blue 23
7	3.0%에서 C.I Solubilized Vat Blue 5 C.I Solubilized Vat Blue 9
8	3.0%에서 C.I Solubilized Vat Blue 8

표 7-19.
표준 청색 염포와
표준퇴색 시간

표준 청색 염포	표준 퇴색 시간	표준 청색 염포	표준 퇴색 시간
L2	5		
L3	10	L6	80
L4	20	L7	160
L5	40	L8	320

③ 시험편과 표준 청색 염포를 시험편 파지구 속의 흑색 마스크에 끼워 삽입한다.

④ 시험편을 삽입한 시료 파지구를 시험편 회전기에 걸어 위, 아래 양끝을 고정한다. 또한 시험편 회전기는 사이가 뜨지 않도록 시험편 파지구를 붙인다. 만일 시험편을 삽입하지 않은 시료 파지구가 있으면 거기에는 전부 백색의 두꺼운 종이를 삽입해 건다.

⑤ 표준 청색 염포를 사용할 때는 시험편과 표준 청색 염포를 시험편 파지구에 걸고 5, 10, 20, 40, 80, 160, 320 표준퇴색 시간 동안 조광하고, 시험편과 표준 청색 염포를 비교한다. 광도 조절이 잘 되어 있는 일광견뢰도시험기에 표 7-19와 같이 표준 퇴색시켜야 한다.

⑥ 표준 청색 염포를 사용하지 않을 때는 광도를 조절한 후에 시험편을 5, 10, 20, 40, 80, 160, 320 표준 퇴색 시간 동안 조광하거나 또는 표준 퇴색될 때까지 조광한다.

(3) 평 가

① 표준 청색 염포에 의한 방법 : 조광을 끝낸 시험편과 표준 청색 염포를 2시간 이상 냉암소에 방치한 후, 회색 두꺼운 종이 위에 나란히 놓는다. 직사일광을 피해 북창 광선 또는 이에 상당하는 538럭스 이상의 광원으로 광선을 45° 각도

표 7-20.
표준 청색 염포에
의한 일광견뢰도
등급 기준

등급	등급 기준
1급	L2 만큼 견뢰하지 않은 것
2급	L2만큼 견뢰하거나 L3미만인 것
3급	L3만큼 견뢰하거나 L4미만인 것
4급	L4만큼 견뢰하거나 L5미만인 것
5급	L5만큼 견뢰하거나 L6미만인 것
6급	L6만큼 견뢰하거나 L7미만인 것
7급	L7만큼 견뢰하거나 L8미만인 것
8급	L8만큼 견뢰한 것

표 7-21.
변퇴색용 표준
회색 색표에 의한
일광견뢰도 등급기준

등급	등급 기준
1급	5 표준 퇴색 시간 미만인 것
2급	5 표준 퇴색 시간 이상 10 표준 퇴색 시간 미만인 것
3급	10 표준 퇴색 시간 이상 20 표준 퇴색 시간 미만인 것
4급	20 표준 퇴색 시간 이상 40 표준 퇴색 시간 미만인 것
5급	40 표준 퇴색 시간 이상 80 표준 퇴색 시간 미만인 것
6급	80 표준 퇴색 시간 이상 160 표준 퇴색 시간 미만인 것
7급	160 표준 퇴색 시간 이상 320 표준 퇴색 시간 미만인 것
8급	320 표준 퇴색 시간 이상인 것

에서 표면에 비추고, 보는 각도는 시험편 표면에 직각이 되도록 한다. 다음의 표 7-20에 따라 판정한다.

② 변퇴색용 표준 회색 색표에 의한 판정 : 조광한 시험편이 표준 퇴색될 때까지 의 표준 퇴색시간으로 등급을 표 7-21과 같이 표시한다.

③ 표준 견본에 의한 방법 : 표준 견본과 비교할 때에는 다음과 같이 판정한다.

합격 : 일광견뢰도가 표준 견본 이상인 것

불합격 : 일광견뢰도가 표준 견본 미달인 것

④ 변색이 되었을 때에는 변색의 종류를 견뢰도 등급의 뒤에다 표 7-13의 기호로 표시한다.

변색 정도가 아주 적을 때에는 기호 1개를, 좀 더 변색되었을 때에는 기호 2 개를, 심할 때는 기호 3개를 붙인다.

보기 : ⅰ) 일광견뢰도 5급(Y)(카본아크 : 표준 청색 염포)

　　　ⅱ) 일광견뢰도 5급(B1, Br)(카본아크 : 표준 퇴색 시간)

⑤ 일광견뢰도의 등급은 1~8급이라는 표시 대신에 표 7-22의 평어를 사용해 표 시해도 좋다.

⑥ 색차계를 이용한 색차측정법 : 색차계를 이용해 시험 전후 시험편의 CIELAB

표 7-22.
일광견뢰도
등급과 평어

일광견뢰도 등급	시험편의 변색 평어	일광견뢰도 등급	시험편의 변색 평어
1	최하(very poor)	5	미(good)
2	하(poor)	6	우(very good)
3	가(fair)	7	수(excellent)
4	양(fair good)	8	최상(outstanding)

표색계에 의한 색차(ΔE)를 측정하여 비교해본다.

결 과

시료 번호	변퇴색 판정			시험편 부착	
	등급	기호	색차	시험 전	시험 후
1					
2					
3					

토의문제

1. 표준 퇴색을 설명하시오.

2. 일광견뢰도시험기에 사용되는 광원이 발산시키는 복사 스펙트럼을 조사해보고, 광원에 따라 염색물의 변퇴색이 다르게 나타나는 이유를 설명하시오. 또한 가장 태양광(sunlight)과 가장 유사한 스펙트럼 분포를 갖는 인공 광원을 쓰시오.

3. 태양광 또는 주광(daylight)이 일광견뢰도시험에 있어서 최적의 광원임에도 불구하고 이를 이용한 측정방법에 문제점이 생기는 이유를 쓰시오.

4. 미국 Atlas사에서는 실외에서 자연광으로 일광견뢰도를 시험할 때, 플로리다주의 마이애미, 아리조나주의 피닉스 등 여러 지역에서 행한다. 이와 같이 지역별 혹은 계절별 일조시간과 일조량, 온도, 습도, 강우량 등의 자연환경이 염색물의 일광견뢰도에 미치는 영향을 설명하시오.

5. 옥외에서 주로 직사광선 아래에서 사용되는 섬유제품에는 어떠한 종류가 있는지 알아보고, 염색물의 일광견뢰도를 높이기 위한 방안을 제시해보시오.

6. 일광견뢰도가 나쁜 염료의 종류를 알아보시오.

실험 7-20   염소표백견뢰도

목 적   염색물의 염소표백에 대한 색의 저항성을 판정한다.

시 료   염색된 직물 3종류(각2~6g): 실험 7-18과 동일한 시료

시 약   하이포아염소산나트륨 (NaOCl, 유효염소 4~6%),
무수아황산수소나트륨(NaHSO₃), 중성비누, 탄산수소나트륨, 수산화나트륨

기기와 기구   론더오미터, 변퇴색용 표준회색 색표(또는 색차계), 다리미, 화학천칭,
pH미터, 용량병(1L), 비커

실험방법   **염소표백견뢰도(KS K 0635)**

(1) 시약의 준비

① 하이포아염소산나트륨을 증류수로 희석해 유효염소 0.3%를 첨가한 후 아래의
완충액으로 조정해 pH 11±0.2 용액으로 만든다.
완충용액 : ⅰ) 1% 탄산수소나트륨과 5% 탄산나트륨용액의 5 : 95(V/V)
혼합용액
ⅱ) 수산화나트륨 10% 용액
② 아황산수소나트륨(무수) 5g에 증류수를 넣어 전체의 양을 1000ml로 한다.
③ 중성비누로 0.5% 비누용액을 만든다.

(2) 염소표백

① 표준견본이 있을 때에는 표준견본과 시험하고자 하는 시험편을 같은 조건 아래
에서 동시에 처리해야 한다.
② 표준견본이 없을 때에는 시험편을 절취한 인접 부분을 따로 보관하고 시험편만
을 채취한다.
③ 시험편을 온도 32±1℃의 증류수로 충분히 적신다. 시험편이 방수처리되어 있
을 때에는 0.5%의 중성 비누액(32±1℃)으로 적시고 증류수로 비누분이 없어
질 때까지 헹군다.

④ 시험편을 짜고 450ml 세척병에 하이포아염소산나트륨(NaOCl) 수용액(욕비1:50)과 시험편을 넣는다. 이 때 하이포아염소산나트륨 수용액의 온도는 32±1℃이어야 한다.

⑤ 위의 세척병을 즉시 론더오미터 또는 이와 동등한 기계에 넣고 온도 32±1℃에서 40~45 r.p.m로 1시간 동안 회전시킨다. 이 때 회전시간은 세척병에 시험편을 넣을 때부터 꺼낼 때까지의 시간을 말한다.

⑥ 시험편을 세척병에서 꺼낸 다음 흐르는 찬물로 5분 동안 충분히 씻어 짠다.

⑦ 적절한 방법으로 물을 짠 다음 건조 시료 중량의 50배 되는 아황산수소나트륨 용액에 시험편을 넣고 온도 32°±1℃에서 가끔 저어주면서 10분 동안 담궈 둔다.

⑧ 그 다음에 시험편을 꺼내어 5분 동안 흐르는 찬물에 씻으면서 가끔 짠다.

⑨ 물을 짠 다음 시험편을 백면포 사이에 넣고 온도 135~150℃의 다리미로 눌러 건조시킨다.

(3) 평 가

변퇴색의 판정은 변퇴색용 표준 회색 색표를 이용하고, 표 7-12과 표 7-13를 따른다. 색차계로 염소표백 전후의 시험편의 색차를 측정한다.

결과

시료번호	변퇴색 판정			시험편 부착	
	등급	기호	색차	시험 전	시험 후
1					
2					
3					

토의문제

1. 시판되는 가정용 염소계표백제에는 어떠한 것이 있는지 알아보시오.
2. 염료의 종류 중에서 염소계 표백제에 견뢰도가 가장 우수한 염료는 어떤 염료인가?
3. 염소표백견뢰도가 특히 우수해야 하는 섬유제품에는 어떠한 것이 있는가?
4. 염소계표백제에 의한 의류사고(변·탈색, 강도저하)의 경험을 토론해보시오.

실험 7-21   산과 알칼리견뢰도

목 적   염색물의 산 및 알칼리 수용액, 가스, 호료에 대한 색의 저항성을 판정한다.

시 료   염색된 직물(실험 7-18과 동일한 시료)

시 약   황산, 아세트산, 타타르산, 암모니아수, 무수탄산나트륨, 수산화칼슘, 호료

기기와 기구   피펫 또는 스포이드, 밀폐용기(4L), 증발접시(7.6cm), 비커(250ml),
유리막대(지름 8mm, 길이 15cm 정도의 것으로 앞 끝이 둥글게 된 것)
유리판(10cm×10cm 이상), 솔, 변퇴색용 표준 회색 색표(또는 색차계)

실험방법   **A. 산 적하법(KS K 0724)**

① 1급 시약의 짙은 황산 50g/L의 수용액, 아세트산 특급시약 300g/L의 수용액,
타타르산(1급시약) 100g/L의 수용액을 준비한다.

② 산 적하견뢰도 시험에는 무기산(황산)을 사용하는 경우와 유기산(아세트산 또
는 타르타르산)을 사용하는 경우가 있으며, 목적에 따라 그 중에서 1종류 또는
2종류를 사용한다.

③ 시험편을 10cm×4cm의 크기로 4장 준비한다.

④ 시험편을 유리판 위에 놓고 피펫 또는 스포이드로 목적에 따라 산 용액을 시험
편 중앙에 2방울 정도 떨어뜨리고, 이것을 유리막대로 시험편에 잘 스며들게
한 다음 그대로 자연 건조시킨다.

⑤ 시험편에 시험액을 떨어뜨린 부분과 떨어뜨리지 않은 부분의 색차를 변퇴색용
표준 회색 색표와 비교해 시험편의 변퇴색 정도를 표 7-12와 표 7-13의 기준
으로 판정한다. 색차계를 이용해 색차(ΔE)를 측정한다.

B. 알칼리법(AATCC 6)

① 10cm×4cm 크기의 시험편을 5장 준비한다.

② 2장의 시험편을 각각 암모니아수(28%) 용액과 10% 탄산나트륨 수용액에 상온
에서 2분 간 담근 후 헹구지 않고 그대로 자연 건조시킨다.

③ 증발접시에 암모니아수 10ml를 담아 밀폐 용기 안에 넣고 시험편을 증발접시 위에 오게 해 유리판에 매달은 후, 24시간 동안 알칼리 가스에 노출시킨다.

④ 시험편 위에 새로 만든 수산화칼슘 호료를 떨어뜨려 말린 후, 마른 분말 가루들을 비벼서 솔로 털어낸다.

⑤ A-⑤와 동일한 방법으로 변퇴색 정도를 판정한다.

결 과   **A. 산 적하법**

시료 번호	산 종류	변퇴색 판정			시험편 부착	
		등급	기호	색차	시험 전	시험 후
1	무기산 (황산)					
	유기산 ( )					
2	무기산 (황 산)					
	유기산 ( )					
3	무기산 (황 산)					
	유기산 ( )					

B. 알칼리법

시료 번호	알칼리 종류	변퇴색 판정		시험편 부착	
		등급	기호	시험 전	시험 후
1	암모니아수				
	탄산나트륨				
2	암모니아수				
	탄산나트륨				
3	암모니아수				
	탄산나트륨				

토의문제

1. 생활 주변에서 염색된 섬유제품이 산과 알칼리의 수용액, 가스 또는 호료와 접할 기회가 언제인지 알아보시오.

2. 시험 결과를 보고, 알칼리 세제를 사용해 세탁하거나 혹은 알칼리 호료를 사용해 날염할 때 등, 각종 알칼리 가공공정이 곤란한 시험편은 어느 것인지 토론하시오.

실험 7-22   땀견뢰도

목 적   염색물의 땀에 대한 색의 변화와 규정된 백포에 오염정도를 판정한다.

시 료   염색된 직물(실험 7-18과 동일한 시료), 첨부 백포

시 약   염화나트륨, 육젖산($CH_3CHOH \cdot COOH$),
L - 히스티닌모노하이드로클로라이드($C_6H_9N_3O_2 \cdot HCl \cdot H_2O$)
탄산암모늄 - 1수화물(결정)

기기와 기구   땀견뢰도시험기(퍼스피로미터 : Perspirometer), 비커, 시험관,
링거, 건조기, 바늘, 봉합사, 변퇴색용 및 오염용 표준 회색 색표

실험방법   A. 퍼스피로미터법(KS K 07 l5)

(1) 인공 땀액의 제조

① **산성 땀액** : 염화나트륨 10g, 육젖산 1g, L-히스티딘 모노하이드로클로라이드
0.5g, 인산일수소나트륨 1g에 증류수를 첨가해 1L가 되게 한다(pH 약 4.5).

② **알칼리성 땀액** : 염화나트륨 10g, 탄산 암모늄 4g, 인산일수소나트륨 1g에 증
류수를 첨가해 1L 되게 한다(pH 약 8.7).

그림 7-14.
땀견뢰도 시험기

(2) 조 작

① 시험편의 크기는 6.4cm×6.4cm 크기의 정사각형으로 한다.

② 표준견본이 있을 때에는 시험편과 함께 동일한 조건에서 동시에 시험한다.

③ 표준견본이 없을 때에는 시험편만을 시험하고, 시험편의 인접 부분을 포함하는 시료는 평가의 기준으로 삼기 위해 따로 보관한다.

④ 시험편과 같은 크기의 시험용 첨부 백포를 시험편의 한쪽 가장자리에 백색 봉합사로 단단히 봉합한다. 날염 직물은 날염된 표면에 시험용 첨부 백포가 접촉하도록 봉합해야 한다.

⑤ 시험편 2개를 만들어 1개는 산성 땀액에, 다른 1개는 알칼리성 땀액에 30분 동안 담궈 놓은 후 때때로 저어준다.

⑥ 시험편을 땀액에서 꺼내 건조할 때, 무게의 2.5~3배가 되도록 링거에서 짜준다.

⑦ 시험편에 동일한 압력을 가하기 위해서, 시험편을 유리판 두 장 사이에 끼우고 퍼스피로미터에 삽입해 4.54kg의 하중을 가한 다음, 온도가 38±1℃인 건조기에 넣고 6시간 이상 방치한다. 이 때 산성 땀액의 시험편과 알칼리성 땀액의 시험편이 겹치지 않도록 조심한다.

(3) 평 가

시험 전후의 시험편의 색차를 변퇴색용 표준 회색 색표와 비교해 시험편의 변퇴색 정도를 나타낸 표 7-12와 오염의 정도를 나타낸 표 7-14를 기준으로 등급을 표시한다.

B. 비커법(JIS L 0845)

양모섬유제품에 이용되며, A의 퍼스피로미터법 중에서 (1)1의 ①과 ②, (2)의 ①~⑥까지의 방법이 동일하다.

C. 시험관법(JIS L 0845)

양모 혹은 섬유제품 검사에 이용되는 방법으로 B방법과 동일하나 비커 대신에 시험관을 사용한다.

결 과   (1) 염색물의 변퇴색 판정

시험 번호	땀액 종류	변퇴색 판정		시험편 부착	
		등급	기호	시험 전	시험 후
1	산				
	알칼리				
2	산				
	알칼리				
3	산				
	알칼리				

(2) 첨부 백포의 오염 판정

시료 번호	땀액 종류	제1 첨부 백포				제2 첨부 백포			
		오염 판정		시험편 부착		오염 판정		시험편 부착	
		등급	기호	시험 전	시험 후	등급	기호	시험 전	시험 후
1	산								
	알칼리								
2	산								
	알칼리								
3	산								
	알칼리								

토의문제

1. 실제로 인체에서 배출되는 땀 성분의 각 조성과 특징에 대해서 알아보시오.

2. 각종 염료 중에서 땀견뢰도가 가장 나쁜 염료의 종류는 무엇인지 알아보시오.

3. 우수한 땀견뢰도가 요구되는 섬유제품은 무엇인가?

실험 7-23   마찰견뢰도

목 적   마찰에 의해 염색물의 표면에서 다른 천으로 오염되는 정도를 판정한다. 수평 왕
복운동과 회전 수직운동으로 마찰하는 AATCC의 크로크미터와, 곡면을 왕복 또는
회전 마찰하는 JIS의 학진형 마찰기의 원리와 각각의 특징을 익힌다.

시 료   염색된 직물(실험 7-18과 동일한 시료), 첨부 백포(마찰용 백면포)

기기와 기구   마찰견뢰도시험기 : 크로크미터(crockmeter), 회전 수직 크로크미터,
　　　　　　　　　　　　　　　학진형 마찰기(Dyeing Abrasion Tester)
오염용 표준 회색 색표, 회색 두꺼운 종이

실험방법   **A. 크로크미터법(KS K 0650)**

① 시험편의 크기를 20cm×10cm의 사각형으로 하고 경사방향을 길게 해서 마찰
방향을 경사방향으로 한다. 건조 시험용과 습윤 시험용 각 2장을 준비한다.

② 마찰용 백면포의 크기는 약 5cm×5cm로 한다.

③ 건조시험은 시험편과 마찰용 백면포를 표준상태에서 4시간 이상 방치한 다음
시험한다.

④ 습윤시험에서의 시험편은 표준상태에 있는 것을 사용하고, 마찰용 백면포는 시
험 전에 실온의 증류수로 적셔 약 100% 습윤상태인 것을 사용해 시험 후 실온
이나 건조기에서 건조시킨다.

⑤ 시험포를 내수 연마지 위에 고정시키고 900g 하중을 가한 마찰자를 건조 또는
습윤상태의 마찰용 백색 면직물로 단단히 싼다.

⑥ 시험편 위에서 10cm 사이를 10초 동안에 10회 왕복 마찰한다.

⑦ 시험 전후의 마찰용 백면포를 두꺼운 회색 종이 위에 같은 방향으로 인접 배
열시켜 그 옆에 오염용 표준 회색 색표를 놓는다.

⑧ 시험 전후의 첨부 백포의 색차와 표준 회색 색표의 색차를 비교해 표 7-14와
표 7-15의 기준으로 판정한다.

(a) 수동형   (b) 전동형   (c) 회전 수직형

그림 7-15.
크로크미터

B. 회전 수직 크로크미터법(AATCC 116)

① 시험편의 크기를 5.1cm×5.1cm의 정사각형으로 하고, 건조 시험용과 습윤 시험
용 각 2장을 준비한다.

② 마찰용 백면포의 크기는 약 6cm×6cm로 한다.

③ 건조시험은 시험편과 마찰용 백면포를 표준상태에서 4시간 이상 방치한 다음
시험한다.

④ 습윤시험에서는 시험편을 표준상태에 있는 것을 사용하고, 마찰용 백면포는 시
험 전에 실온의 증류수로 적셔서 약 100% 습윤상태(함수량 65±2%)인 것을
사용한다.

⑤ 시험포를 내수 연마지 위에 고정시키고 1134g 하중을 가한 마찰자를 건조 또
는 습윤상태의 마찰용 백색 면직물로 단단히 싼다.

⑥ 시험편 위에서 왼쪽으로 20회, 오른쪽으로 20회 회전, 수직 마찰한다.

⑦ A의 ⑦, ⑧과 동일한 방법으로 마찰용 백면포의 오염정도를 평가한다.

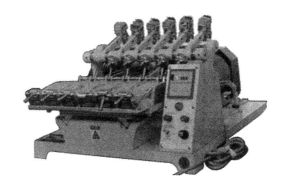

그림 7-16.
학진형 마찰기

C. 학진형 마찰기법(JIS L 0849)

① 시험편과 마찰용 백면포의 크기, 시험조건은 A-①~④와 동일하다.

② 시험대 위에 시험편을 고정하고, 건조 또는 습윤상태의 마찰용 백색 면직물을 200g 하중을 가한 마찰자의 선단에 단단히 싸서 10cm 사이를 1분에 30회 왕복하는 속도로 100회 왕복 마찰시킨다.

③ 마찰용 백면포의 오염판정은 A-⑦,⑧과 동일한 방법으로 한다.

결 과 마찰견뢰도시험기 종류 :

시료 번호	시험 조건	오염 판정		시험편 부착	
		등급	평어	염색물	백포
1	건조				
	습윤				
2	건조				
	습윤				
3	건조				
	습윤				

토의문제

1. 의복을 착용했을 때, 가방을 메고 다닐 때 혹은 카펫이나 의자를 사용할 때처럼 일상생활 주변에서 마찰에 의해 옅은 색의 옷에 오염이 된 실제 경험이 있으면 상황을 설명해보시오.

2. 직물 중의 수분이나 온도가 염색물의 마찰견뢰도에 미치는 영향을 설명하시오.

참고문헌

1. 김노수 · 김상용, 《섬유계측과 분석》, 문운당, 1995.

2. 김성련, 《세제와 세탁의 과학》, 교문사, 1998.

3. 김성련 · 이순원, 《피복관리학》, 교문사, 1984.

4. 남기대, 《계면활성제》 (1) (2), 수서원, 1991.

5. 강윤석, 〈국내 의류용 세제의 최근동향〉, 《한국의류학회지》, 19(1), pp. 161~169, 1995.

7. 조선일보, 〈폐식용유로 재활용 비누 만드는 방법〉, 환경 15면, 1997년 7월 10일.

8. 한국소비자보호원, 《소비자시대》, 〈어느 회사 제품이 좋은가?, 세탁기〉, pp. 4~10, 1994.

6. 한국소비자보호원, 《소비자시대》, 〈의류용 표백제〉, 11995년 11월.

9. 한국의류시험연구원, 〈국산 분말세제의 세탁력에 관한 연구〉, pp. 14~29.

10. 林雅子 外 4人, 《被服管理學 および 實驗》, 文化出版局, 1993.

11. Bell, J. W. *Practical Textile Chemistry*, Chemical Publication Co. Inc., 1956.

12. Cutler, W. G and R. C. Davis, *Detergency-Theory and Test Method, Part I & Part II*, Marcel Dekker, Inc. New York, 1972.

13. Earland, C. & D. J. Raven, *Experiments in Textile and Fiber Chemistry*, Butterworths, 1971.

14. IEC 456, International Standard, *Electric clothes washing machines for household use-Method for measuring the performance*, 1994.

15. ANSI/AHAM HLW-1, *American National Standard Performance Evaluation Procedure for Household Washers*, 1-52, 1987.

16. AS 2040-1990, Australian Standard, *Performance of household electrical apliances-Clothes washing machines.*

17. ISO 7772-1, International Standard, *Assessment of industrial laundry machinery by its effect on textiles-, Part Ⅰ: Washing machines.*

18. AATCC Technical Manual

19. JIS C 9606, JIS K 3371, JIS L 0845

20. KS A, KS C, KS K, KS M

부 록

부록 1
국내 및 국외의 섬유상품 취급표시

■ 국내의 취급상 주의표시 (KS K 0021)

물세탁 방법				
기 호	뜻	기 호	뜻	
95℃ ○	• 물의 온도 95℃를 표준으로 세탁할 수 있음 • 삶을 수 있음 • 세탁기로 세탁할 수 있음(손세탁 가능) • 세제의 종류에 제한을 받지 않음	약 30℃ ○ 중성	• 물의 온도 30℃를 표준으로 세탁기에서 약하게 세탁 또는 손세탁도 할 수 있음 • 세제는 중성세제를 사용함	
60℃ ○	• 물의 온도 60℃를 표준으로 세탁기로 세탁할 수 있음(손세탁 가능) • 세제의 종류에 제한을 받지 않음	손세탁 30℃ 중성	• 물의 온도는 30℃를 표준으로 약하게 손세탁할 수 있음(세탁기 사용불가) • 세제는 중성 세제를 사용함	
40℃ ○	• 물의 온도 40℃를 표준으로 하여 세탁기로 세탁할 수 있음(손세탁 가능) • 세제의 종류에 제한을 받지 않음	(물세탁 안됨 기호)	• 물세탁은 되지 않음	
약 40℃ ○	• 물의 온도 40℃를 표준으로 세탁기에서 약하게 세탁 또는 손세탁도 할 수 있음 • 세제의 종류에 제한을 받지 않음			
짜는 방법				
기 호	뜻	기 호	뜻	
약하게	• 손으로 짜는 경우에는 약하게 짜고, 원심탈수기의 경우에는 단시간에 짜도록 함	(짜면 안됨 기호)	• 짜면 안 됨	
염소 또는 산소 표백여부				
기 호	뜻	기 호	뜻	
염소 표백	• 염소계 표백제로 표백할 수 있음	산소 표백 (X)	• 산소계 표백제로 표백할 수 없음	
염소 표백 (X)	• 염소계 표백제로 표백할 수 없음	염소·산소표백	• 염소계와 산소계 표백제로 표백할 수 있음	
산소 표백	• 산소계 표백제로 표백할 수 있음	염소·산소표백 (X)	• 염소계와 산소계 표백제로 표백할 수 없음	

	건조 방법		
기 호	뜻	기 호	뜻
옷걸이	• 옷걸이에 걸어서 건조시킬 것	뉘어서	• 그늘에 뉘어서 건조시킬 것
옷걸이	• 옷걸이에 걸어 그늘에서 건조시킬 것		• 세탁 후 건조할 때 기계건조를 할 수 있음
뉘어서	• 뉘어서 건조시킬 것		• 세탁 후 건조할 때 기계건조를 할 수 없음

	다림질 방법		
기 호	뜻	기 호	뜻
3 180~210℃	• 온도 180~210℃로 다리미질을 할 수 있음	1 80~120℃	• 온도 80~120℃로 다리미질을 할 수 있음
3 180~210℃	• 헝겊을 덮고 온도 180~210℃로 다리미질을 할 수 있음	1 80~120℃	• 헝겊을 덮고 온도 80~120℃로 다리미질을 할 수 있음
2 140~160℃	• 온도 140~160℃로 다리미질을 할 수 있음		• 다리미질을 할 수 없음
2 140~160℃	• 헝겊을 덮고 온도 140~160℃로 다리미질을 할 수 있음		

	드라이 크리닝		
기 호	뜻	기 호	뜻
드라이	• 드라이 크리닝할 수 있음 • 용제의 종류는 퍼크로로 에틸렌 또는 석유계를 사용함	드라이	• 드라이 크리닝할 수 없음
드라이 석유계	• 드라이 크리닝할 수 있음 • 용제의 종류는 석유계에 한함		

■ International Care Symbols

.Washing

Symbol	Definition	Symbol	Definition
(X in tub)	Do not wash. (Red)	(hand in tub)	Hand wash gently in lukewarm water. (Amber)
40°	Machine wash in lukewarm water (up to 40°C, 100°F) at a gentle setting (reduced agitation). (Amber)	50°	Machine wash in warm water at a gentle setting (reduced agitation) (Amber)
50°	Machine wash in warm water (up to 50°C, 120°F) at a normal setting (Green)	70°	Machine wash in hot water (not exceeding 70°C, 160°F) at a normal setting (Green)
1 (Black)	MASHINE — Very hot (85°C) or boil — Maximum wash — White cotton and Linen articles without special, finishs. HAND WASH — Hand hot (48°C) or boil — Spin or wring. (85°C=185°F) (48°C=119°F)	5 (Black)	MASHINE — Warm (40°C) — Medium wash. HAND WASH — Warm (40°C) — Spin or wring. Cotton, linen and rayon articles where colors are fast to 40°C (104°F) but not at 60°C (140°F)
2 (Black)	MASHINE — Hot (60°C) — Maximum wash. HAND WASH — Hand hot (48°C) — Spin or wring. Cotton, linen, rayon articles without special, finishs where colors are fast to 60°C. (60°C=140°F) (48°C=119°F)	6 (Black)	MASHINE — Warm (40°C) — Minimum wash. HAND WASH — Warm (40°C) — Cold rinse, short spin. Do not wring. Acrylics, acetate, and triacetate including mixtures with wool : polyester/wool blends (40°C=104°F)
3 (Black)	MASHINE — Hot (60°C) — Medium wash. HAND WASH — Hand hot(48°C) — Cold rinse, short spin or drip dry. White rayon : white polyester/Cotton mixtures. (60°C=140°F) (48°C=119°F)	7 (Black)	MASHINE — Warm (40°C) — Minimum wash. HAND WASH — Warm (40°C) — Spin. Do not wring. Wool including blankets and wool mixture with cotton or rayon : silk (40°C=104°F)
4 (Black)	MASHINE — Hand Hot (48°C) — Medium wash. HAND WASH — Hand hot (48°C) — Cold rinse, short spin or drip dry. Colored nylon : polyester : cotton and rayon articles with special finishs : acrylic/Cotton mixtures : colored polyester/Cotton mixtures.(48°C=119°F)	8 (Black)	HAND WASH ONLY — Warm (40°C). Warm rinse. Hand hot final rinse. Drip dry. Washable pleats garments containing acrylics, nylon, polyester or triacetate : glass fiber fabrics (40°C=104°F)

Bleaching

Symbol	Definition	Symbol	Definition
(X triangle)	Do not use clorine bleach. (Red)	(triangle Cl)	Use clorine bleach with care. Follow package direction (Amber)

Drying			
Symbol	Definition	Symbol	Definition
	Dry on flat surface after extracting excess water. (Amber)		Tumble dry at low temperature and remove article from machine as soon as it is dry. Avoid over-drying. (Amber)
	"Drip" dry-hang soaking wet. (Green)		Tumble dry at medium to high temperature and remove article from machine as soon as it is dry. Avoid over-drying. (Green)
	Hang to dry after removing excess water. (Green)		

Ironing			
Symbol	Definition	Symbol	Definition
	Do not iron or press. (Red)		Cool 120°C, 248°F (Black)
	Iron at a low temperature (up to 110°C, 230°F) For example, this is recommended for acrylic. (Amber)		Warm 160°C, 320°F (Black)
	Iron at a medium temperature (up to 150°C, 300°F) For example, this is recommended for nylon. (Amber)		Hot 210°C, 410°F (Black)
	Iron at a high temperature (up to 200°C, 390°F) For example, this is recommended for cotton and linen (Green)		

Dry cleaning			
Symbol	Definition	Symbol	Definition
	Do not dry clean (Red)	P	Underline indicates "sensitive" Reduce cycle and/or heat. (Blue)
	Dry clean. (Green)		Dry clean, tumble at a low safe temperature. (Amber)
A	Dry clean with any solvent. (Blue)	F	Use petroleum or fluorocabon only (Blue)
P	Use any solvent except trichloroethylene (Blue)	F	Underline indicates "sensitive" Reduce cycle and/or heat (Blue)

부록 2
한국산업규격 (KS)에 의한 여자 코트용 직물의 품질 기준

(적용범위: 드라이 클리닝하는 여자 코트용 직물. 단, 안감용은 제외)

시험 항목			기준	시험방법
인장강도 [kg(N)]	보통직물		13.6{133} 이상	KS K 0520(그래브법)
	내프직물	경사	11.3{111} 이상	
		위사	9.1{89} 이상	
실미끄럼 저항도 [kg{N}]	이색염색물		3.2mm 이하	KS K 0606 9.1{89} 하중하에서
	단색염색물		6.3mm 이하	
인열강도[kg{N}]			1.36{13} 이상	KS K 0536
수축률(%)	프레싱		0~2	KS K 0465
	3회 드라이 클리닝 후		0~2	KS K 0471
염색 견뢰도 (급)	산화질소가스 견뢰도	원단(변퇴)	4 이상	KS K 0454
		1회 드라이 클리닝(변퇴)	4 이상	
	드라이 클리닝 견뢰도	변퇴	4 이상	KS K 0644
	마찰견뢰도	건	4 이상	KS K 0650
		습	3 이상	
	땀 견뢰도	변퇴	4 이상	KS K 0715
		오염	3 이상	
	일광견뢰도		4 이상	KS K 0700
듀어러블 프레스성(급)			5.6 참조	KS K 0217
방염도			합격	KS K0580,KS K0581 KS K0582,KS K0583 중 당사자간의 합의에 의해 정함

* 비고 : { }를 표시한 단위와 수치는 국제단위계(SI)에 따른 것으로 참고로 명기한 것이다.
** 5.6 : 듀어러블 프레스성 – 시험편을 3회 드라이 클리닝한 후 KS K 0217에 따라 듀어러블 프레스성을 평가한다. 이 때 듀어러블 프레스성은 드라이클리닝 전 직물보다 0.5급 이상 감소해서는 안 된다.

부록 3
표준정규
분포표

$$P \mid Z \leq z \mid = \int_{-\infty}^{2} \frac{1}{2\pi} \, e^{t^2} dt$$

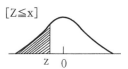

z	.00	.01	.02	.03	.04	.05	.06	.07	.08	.09
.0	.5000	.5040	.5080	.5120	.5160	.5199	.5239	.5279	.5319	.5359
.1	.5398	.5438	.5478	.5517	.5557	.5596	.5636	.5675	.5714	.5753
.2	.5793	.5832	.5871	.5910	.5948	.5987	.6026	.6064	.6103	.6141
.3	.6179	.6217	.6255	.6293	.6331	.6368	.6406	.6443	.6480	.6517
.4	.6554	.6591	.6628	.6664	.6700	.6?36	.6772	.6808	.6844	.6879
.5	.6915	.6950	.6985	.7019	.7054	.7088	.7123	.7157	.7190	.7224
.6	.7257	.7291	.7324	.7357	.7389	.7422	.7454	.7486	.7517	.7549
.7	.7580	.7611	.7642	.7673	.7703	.7734	.7764	.7794	.7823	.7852
.8	.7881	.7910	.7939	.7967	.7995	.8023	.8051	.8078	.8106	.8133
.9	.8159	.8186	.8212	.8238	.8264	.8289	.8315	.8340	.8365	.8389
1.0	.8413	.8438	.8461	.8485	.8508	.8531	.8554	.8577	.8599	.8621
1.1	.8643	.8665	.8686	.8708	.8729	.8749	.8770	.8790	.8810	.8830
1.2	.8849	.8869	.8888	.8907	.8925	.8944	.8962	.8980	.8997	.9015
1.3	.9032	.9049	.9066	.9082	.9099	.9115	.9131	.9147	.9162	.9177
1.4	.9192	.9207	.9222	.9236	.9251	.9265	.9279	.9292	.9306	.9319
1.5	.9332	.9345	.9357	.9370	.9382	.9394	.9406	.9418	.9429	.9441
1.6	.9452	.9463	.9474	.9484	.9495	.9505	.9515	.9525	.9535	.9545
1.7	.9554	.9564	.9573	.9582	.9591	.9599	.9608	.9616	.9625	.9633
1.8	.9641	.9649	.9656	.9664	.9671	.9678	.9686	.9693	.9699	.9706
1.9	.9713	.9719	.9726	.9732	.9738	.9744	.9750	.9756	.9761	.9767
2.0	.9772	.9778	.9783	.9788	.9793	.9798	.9803	.9808	.9812	.9817
2.1	.9821	.9826	.9830	.9834	.9838	.9842	.9846	.9850	.9854	.9857
2.2	.9861	.9864	.9868	.9871	.9875	.9878	.9881	.9884	.9887	.9890
2.3	.9893	.9896	.9898	.9901	.9904	.9906	.9909	.9911	.9913	.9916
2.4	.9918	.9920	.9922	.9925	.9927	.9929	.9931	.9932	.9934	.9936
2.5	.9938	.9940	.9941	.9943	.9945	.9946	.9948	.9949	.9951	.9952
2.6	.9953	.9955	.9956	.9957	.9959	.9960	.9961	.9962	.9963	.9964
2.7	.9965	.9966	.9967	.9968	.9969	.9970	.9971	.9972	.9973	.9974
2.8	.9974	.9975	.9976	.9977	.9977	.9978	.9979	.9979	.9980	.9981
2.9	.9981	.9982	.9982	.9983	.9984	.9984	.9985	.9985	.9986	.9986
3.0	.9987	.9987	.9987	.9988	.9988	.9989	.9989	.9989	.9990	.9990
3.1	.9990	.9991	.9991	.9991	.9992	.9992	.9992	.9992	.9993	.9993
3.2	.9993	.9993	.9994	.9994	.9994	.9994	.9994	.9995	.9995	.9995
3.3	.9995	.9995	.9995	.9996	.9996	.9996	.9996	.9996	.9996	.9997
3.4	.9997	.9997	.9997	.9997	.9997	.9997	.9997	.9997	.9997	.9998
3.5	.9998	.9998	.9998	.9998	.9998	.9998	.9998	.9998	.9998	.9998

부록 4
t-분포표

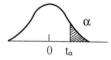

d.f.	α					
	.25	.1	.05	.025	.01	.005
1	1.000	3.078	6.314	12.706	31.821	63.657
2	.816	1.886	2.920	4.303	6.965	9.925
3	.765	1.638	2.353	3.182	4.541	5.841
4	.741	1.533	2.132	2.776	3.747	4.604
5	.727	1.476	2.015	2.571	3.365	4.032
6	.718	1.440	1.943	2.447	3.143	3.707
7	.711	1.415	1.895	2.365	2.998	3.499
8	.706	1.397	1.860	2.306	2.896	3.355
9	.703	1.383	1.833	2.262	2.821	3.250
10	.700	1.372	1.812	2.228	2.764	3.169
11	.697	1.363	1.796	2.201	2.718	3.106
12	.695	1.356	1.782	2.179	2.681	3.055
13	.694	1.350	1.771	2.160	2.650	3.012
14	.692	1.345	1.761	2.145	2.624	2.977
15	.691	1.341	1.753	2.131	2.602	2.947
16	.690	1.337	1.746	2.120	2.583	2.921
17	.689	1.333	1.740	2.110	2.567	2.898
18	.688	1.330	1.734	2.101	2.552	2.878
19	.688	1.328	1.729	2.093	2.539	2.861
20	.687	1.325	1.725	2.086	2.528	2.845
21	.686	1.323	1.721	2.080	2.518	2.831
22	.686	1.321	1.717	2.074	2.508	2.819
23	.685	1.319	1.714	2.069	2.500	2.307
24	.685	1.318	1.711	2.064	2.492	2.797
25	.684	1.316	1.708	2.060	2.485	2.787
26	.684	1.315	1.706	2.056	2.479	2.779
27	.684	1.314	1.703	2.052	2.473	2.771
28	.683	1.313	1.701	2.048	2.467	2.763
29	.683	1.311	1.699	2.045	2.462	2.756
30	.683	1.310	1.697	2.042	2.457	2.750
40	.681	1.303	1.684	2.021	2.423	2.704
60	.679	1.296	1.671	2.000	2.390	2.660
120	.677	1.289	1.658	1.980	2.358	2.617
∞	.674	1.282	1.645	1.960	2.326	2.576

부록 5
$F(\nu_1, \nu_2)$ 분포표

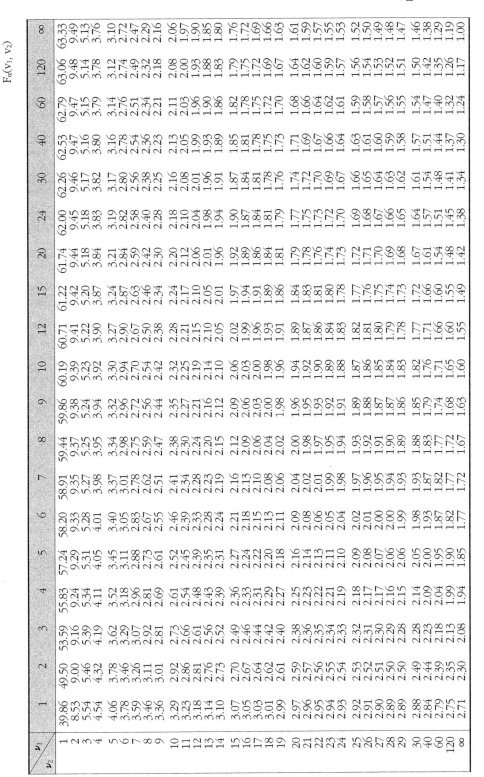

$\nu_2 \backslash \nu_1$	1	2	3	4	5	6	7	8	9	10	12	15	20	24	30	40	60	120	∞
1	39.86	49.50	53.59	55.83	57.24	58.20	58.91	59.44	59.86	60.19	60.71	61.22	61.74	62.00	62.26	62.53	62.79	63.06	63.33
2	8.53	9.00	9.16	9.24	9.29	9.33	9.35	9.37	9.38	9.39	9.41	9.42	9.44	9.45	9.46	9.47	9.47	9.48	9.49
3	5.54	5.46	5.39	5.34	5.31	5.28	5.27	5.25	5.24	5.23	5.22	5.20	5.18	5.18	5.17	5.16	5.15	5.14	5.13
4	4.54	4.32	4.19	4.11	4.05	4.01	3.98	3.95	3.94	3.92	3.90	3.87	3.84	3.83	3.82	3.80	3.79	3.78	3.76
5	4.06	3.78	3.62	3.52	3.45	3.40	3.37	3.34	3.32	3.30	3.27	3.24	3.21	3.19	3.17	3.16	3.14	3.12	3.10
6	3.78	3.46	3.29	3.18	3.11	3.05	3.01	2.98	2.96	2.94	2.90	2.87	2.84	2.82	2.80	2.78	2.76	2.74	2.72
7	3.59	3.26	3.07	2.96	2.88	2.83	2.78	2.75	2.72	2.70	2.67	2.63	2.59	2.58	2.56	2.54	2.51	2.49	2.47
8	3.46	3.11	2.92	2.81	2.73	2.67	2.62	2.59	2.56	2.54	2.50	2.46	2.42	2.40	2.38	2.36	2.34	2.32	2.29
9	3.36	3.01	2.81	2.69	2.61	2.55	2.51	2.47	2.44	2.42	2.38	2.34	2.30	2.28	2.25	2.23	2.21	2.18	2.16
10	3.29	2.92	2.73	2.61	2.52	2.46	2.41	2.38	2.35	2.32	2.28	2.24	2.20	2.18	2.16	2.13	2.11	2.08	2.06
11	3.23	2.86	2.66	2.54	2.45	2.39	2.34	2.30	2.27	2.25	2.21	2.17	2.12	2.10	2.08	2.05	2.03	2.00	1.97
12	3.18	2.81	2.61	2.48	2.39	2.33	2.28	2.24	2.21	2.19	2.15	2.10	2.06	2.04	2.01	1.99	1.96	1.93	1.90
13	3.14	2.76	2.56	2.43	2.35	2.28	2.23	2.20	2.16	2.14	2.10	2.05	2.01	1.98	1.96	1.93	1.90	1.88	1.85
14	3.10	2.73	2.52	2.39	2.31	2.24	2.19	2.15	2.12	2.10	2.05	2.01	1.96	1.94	1.91	1.89	1.86	1.83	1.80
15	3.07	2.70	2.49	2.36	2.27	2.21	2.16	2.12	2.09	2.06	2.02	1.97	1.92	1.90	1.87	1.85	1.82	1.79	1.76
16	3.05	2.67	2.46	2.33	2.24	2.18	2.13	2.09	2.06	2.03	1.99	1.94	1.89	1.87	1.84	1.81	1.78	1.75	1.72
17	3.03	2.64	2.44	2.31	2.22	2.15	2.10	2.06	2.03	2.00	1.96	1.91	1.86	1.84	1.81	1.78	1.75	1.72	1.69
18	3.01	2.62	2.42	2.29	2.20	2.13	2.08	2.04	2.00	1.98	1.93	1.89	1.84	1.81	1.78	1.75	1.72	1.69	1.66
19	2.99	2.61	2.40	2.27	2.18	2.11	2.06	2.02	1.98	1.96	1.91	1.86	1.81	1.79	1.76	1.73	1.70	1.67	1.63
20	2.97	2.59	2.38	2.25	2.16	2.09	2.04	2.00	1.96	1.94	1.89	1.84	1.79	1.77	1.74	1.71	1.68	1.64	1.61
21	2.96	2.57	2.36	2.23	2.14	2.08	2.02	1.98	1.95	1.92	1.87	1.83	1.78	1.75	1.72	1.69	1.66	1.62	1.59
22	2.95	2.56	2.35	2.22	2.13	2.06	2.01	1.97	1.93	1.90	1.86	1.81	1.76	1.73	1.70	1.67	1.64	1.60	1.57
23	2.94	2.55	2.34	2.21	2.11	2.05	1.99	1.95	1.92	1.89	1.84	1.80	1.74	1.72	1.69	1.66	1.62	1.59	1.55
24	2.93	2.54	2.33	2.19	2.10	2.04	1.98	1.94	1.91	1.88	1.83	1.78	1.73	1.70	1.67	1.64	1.61	1.57	1.53
25	2.92	2.53	2.32	2.18	2.09	2.02	1.97	1.93	1.89	1.87	1.82	1.77	1.72	1.69	1.66	1.63	1.59	1.56	1.52
26	2.91	2.52	2.31	2.17	2.08	2.01	1.96	1.92	1.88	1.86	1.81	1.76	1.71	1.68	1.65	1.61	1.58	1.54	1.50
27	2.90	2.51	2.30	2.17	2.07	2.00	1.95	1.91	1.87	1.85	1.80	1.75	1.70	1.67	1.64	1.60	1.57	1.53	1.49
28	2.89	2.50	2.29	2.16	2.06	2.00	1.94	1.90	1.87	1.84	1.79	1.74	1.69	1.66	1.63	1.59	1.56	1.52	1.48
29	2.89	2.50	2.28	2.15	2.06	1.99	1.93	1.89	1.86	1.83	1.78	1.73	1.68	1.65	1.62	1.58	1.55	1.51	1.47
30	2.88	2.49	2.28	2.14	2.05	1.98	1.93	1.88	1.85	1.82	1.77	1.72	1.67	1.64	1.61	1.57	1.54	1.50	1.46
40	2.84	2.44	2.23	2.09	2.00	1.93	1.87	1.83	1.79	1.76	1.71	1.66	1.61	1.57	1.54	1.51	1.47	1.42	1.38
60	2.79	2.39	2.18	2.04	1.95	1.87	1.82	1.77	1.74	1.71	1.66	1.60	1.54	1.51	1.48	1.44	1.40	1.35	1.29
120	2.75	2.35	2.13	1.99	1.90	1.82	1.77	1.72	1.68	1.65	1.60	1.55	1.48	1.45	1.41	1.37	1.32	1.26	1.19
∞	2.71	2.30	2.08	1.94	1.85	1.77	1.72	1.67	1.63	1.60	1.55	1.49	1.42	1.38	1.34	1.30	1.24	1.17	1.00

$\alpha = 0.05$

ν_2 \ ν_1	1	2	3	4	5	6	7	8	9	10	12	15	20	24	30	40	60	120	∞
1	161.4	199.5	215.7	224.6	230.2	234.0	236.8	238.9	240.5	241.9	243.9	245.9	248.0	249.1	250.1	251.1	252.2	253.3	254.3
2	18.51	19.00	19.16	19.25	19.30	19.33	19.35	19.37	19.38	19.40	19.41	19.43	19.45	19.45	19.46	19.47	19.48	19.49	19.5?
3	10.13	9.55	9.28	9.12	9.01	8.94	8.89	8.85	8.81	8.79	8.74	8.70	8.66	8.64	8.62	8.59	8.57	8.55	8.5?
4	7.71	6.94	6.59	6.39	6.26	6.16	6.09	6.04	6.00	5.96	5.91	5.86	5.80	5.77	5.75	5.72	5.69	5.66	5.6?
5	6.61	5.79	5.41	5.19	5.05	4.95	4.88	4.82	4.77	4.74	4.68	4.62	4.56	4.53	4.50	4.46	4.43	4.40	4.3?
6	5.99	5.14	4.76	4.53	4.39	4.28	4.21	4.15	4.10	4.06	4.00	3.94	3.87	3.84	3.81	3.77	3.74	3.70	3.6?
7	5.59	4.74	4.35	4.12	3.97	3.87	3.79	3.73	3.68	3.64	3.57	3.51	3.44	3.41	3.38	3.34	3.30	3.27	3.23
8	5.32	4.46	4.07	3.84	3.69	3.58	3.50	3.44	3.39	3.35	3.28	3.22	3.15	3.12	3.08	3.04	3.01	2.97	2.93
9	5.12	4.26	3.86	3.63	3.48	3.37	3.29	3.23	3.18	3.14	3.07	3.01	2.94	2.90	2.86	2.83	2.79	2.75	2.71
10	4.96	4.10	3.71	3.48	3.33	3.22	3.14	3.07	3.02	2.98	2.91	2.85	2.77	2.74	2.70	2.66	2.62	2.58	2.54
11	4.84	3.98	3.59	3.36	3.20	3.09	3.01	2.95	2.90	2.85	2.79	2.72	2.65	2.61	2.57	2.53	2.49	2.45	2.40
12	4.75	3.89	3.49	3.26	3.11	3.00	2.91	2.85	2.80	2.75	2.69	2.62	2.54	2.51	2.47	2.43	2.38	2.34	2.30
13	4.67	3.81	3.41	3.18	3.03	2.92	2.83	2.77	2.71	2.67	2.60	2.53	2.46	2.42	2.38	2.34	2.30	2.25	2.21
14	4.60	3.74	3.34	3.11	2.96	2.85	2.76	2.70	2.65	2.60	2.53	2.46	2.39	2.35	2.31	2.27	2.22	2.18	2.13
15	4.54	3.68	3.29	3.06	2.90	2.79	2.71	2.64	2.59	2.54	2.48	2.40	2.33	2.29	2.25	2.20	2.16	2.11	2.07
16	4.49	3.63	3.24	3.01	2.85	2.74	2.66	2.59	2.54	2.49	2.42	2.35	2.28	2.24	2.19	2.15	2.11	2.06	2.01
17	4.45	3.59	3.20	2.96	2.81	2.70	2.61	2.55	2.49	2.45	2.38	2.31	2.23	2.19	2.15	2.10	2.06	2.01	1.96
18	4.41	3.55	3.16	2.93	2.77	2.66	2.58	2.51	2.46	2.41	2.34	2.27	2.19	2.15	2.11	2.06	2.02	1.97	1.92
19	4.38	3.52	3.13	2.90	2.74	2.63	2.54	2.48	2.42	2.38	2.31	2.23	2.16	2.11	2.07	2.03	1.98	1.93	1.88
20	4.35	3.49	3.10	2.87	2.71	2.60	2.51	2.45	2.39	2.35	2.28	2.20	2.12	2.08	2.04	1.99	1.95	1.90	1.84
21	4.32	3.47	3.07	2.84	2.68	2.57	2.49	2.42	2.37	2.32	2.25	2.18	2.10	2.05	2.01	1.96	1.92	1.87	1.81
22	4.30	3.44	3.05	2.82	2.66	2.55	2.46	2.40	2.34	2.30	2.23	2.15	2.07	2.03	1.98	1.94	1.89	1.84	1.78
23	4.28	3.42	3.03	2.80	2.64	2.53	2.44	2.37	2.32	2.27	2.20	2.13	2.05	2.01	1.96	1.91	1.86	1.81	1.76
24	4.26	3.40	3.01	2.78	2.62	2.51	2.42	2.36	2.30	2.25	2.18	2.11	2.03	1.98	1.94	1.89	1.84	1.79	1.73
25	4.24	3.39	2.99	2.76	2.60	2.49	2.40	2.34	2.28	2.24	2.16	2.09	2.01	1.96	1.92	1.87	1.82	1.77	1.71
26	4.23	3.37	2.98	2.74	2.59	2.47	2.39	2.32	2.27	2.22	2.15	2.07	1.99	1.95	1.90	1.85	1.80	1.75	1.69
27	4.21	3.35	2.96	2.73	2.57	2.46	2.37	2.31	2.25	2.20	2.13	2.06	1.97	1.93	1.88	1.84	1.79	1.73	1.67
28	4.20	3.34	2.95	2.71	2.56	2.45	2.36	2.29	2.24	2.19	2.12	2.04	1.96	1.91	1.87	1.82	1.77	1.71	1.65
29	4.18	3.33	2.93	2.70	2.55	2.43	2.35	2.28	2.22	2.18	2.10	2.03	1.94	1.90	1.85	1.81	1.75	1.70	1.64
30	4.17	3.32	2.92	2.69	2.53	2.42	2.33	2.27	2.21	2.16	2.09	2.01	1.93	1.89	1.84	1.79	1.74	1.68	1.62
40	4.08	3.23	2.84	2.61	2.45	2.34	2.25	2.18	2.12	2.08	2.00	1.92	1.84	1.79	1.74	1.69	1.64	1.58	1.51
60	4.00	3.15	2.76	2.53	2.37	2.25	2.17	2.10	2.04	1.99	1.92	1.84	1.75	1.70	1.65	1.59	1.53	1.47	1.39
120	3.92	3.07	2.68	2.45	2.29	2.17	2.09	2.02	1.96	1.91	1.83	1.75	1.66	1.61	1.55	1.50	1.43	1.35	1.25
∞	3.84	3.00	2.60	2.37	2.21	2.10	2.01	1.94	1.88	1.83	1.75	1.67	1.57	1.52	1.46	1.39	1.32	1.22	1.00

α = 0.025

ν_2 \ ν_1	1	2	3	4	5	6	7	8	9	10	12	15	20	24	30	40	60	120	∞
1	647.8	799.5	864.2	899.6	921.8	937.1	948.2	956.7	963.3	968.6	976.7	984.9	993.1	997.2	1001	1006	1010	1014	1018
2	38.51	39.00	39.17	39.25	39.30	39.33	39.36	39.37	39.39	39.40	39.41	39.43	39.45	39.46	39.46	39.47	39.48	39.49	39.50
3	17.44	16.04	15.44	15.10	14.88	14.73	14.62	14.54	14.47	14.42	14.34	14.25	14.17	14.12	14.08	14.04	13.99	13.95	13.90
4	12.22	10.65	9.98	9.60	9.36	9.20	9.07	8.98	8.90	8.84	8.75	8.66	8.56	8.51	8.46	8.41	8.36	8.31	8.26
5	10.01	8.43	7.76	7.39	7.15	6.98	6.85	6.76	6.68	6.62	6.52	6.43	6.33	6.28	6.23	6.18	6.12	6.07	6.02
6	8.81	7.26	6.60	6.23	5.99	5.82	5.70	5.60	5.52	5.46	5.37	5.27	5.17	5.12	5.07	5.01	4.96	4.90	4.85
7	8.07	6.54	5.89	5.52	5.29	5.12	4.99	4.90	4.82	4.76	4.67	4.57	4.47	4.42	4.36	4.31	4.25	4.20	4.14
8	7.57	6.06	5.42	5.05	4.82	4.65	4.53	4.43	4.36	4.30	4.20	4.10	4.00	3.95	3.89	3.84	3.78	3.73	3.67
9	7.21	5.71	5.08	4.72	4.48	4.32	4.20	4.10	4.03	3.96	3.87	3.77	3.67	3.61	3.56	3.51	3.45	3.39	3.33
10	6.94	5.46	4.83	4.47	4.24	4.07	3.95	3.85	3.78	3.72	3.62	3.52	3.42	3.37	3.31	3.26	3.20	3.14	3.08
11	6.72	5.26	4.63	4.28	4.04	3.88	3.76	3.66	3.59	3.53	3.43	3.33	3.23	3.17	3.12	3.06	3.00	2.94	2.88
12	6.55	5.10	4.47	4.12	3.89	3.73	3.61	3.51	3.44	3.37	3.28	3.18	3.07	3.02	2.96	2.91	2.85	2.79	2.72
13	6.41	4.97	4.35	4.00	3.77	3.60	3.48	3.39	3.31	3.25	3.15	3.05	2.95	2.89	2.84	2.78	2.72	2.66	2.60
14	6.30	4.86	4.24	3.89	3.66	3.50	3.38	3.29	3.21	3.15	3.05	2.95	2.84	2.79	2.73	2.67	2.61	2.55	2.49
15	6.20	4.77	4.15	3.80	3.58	3.41	3.29	3.20	3.12	3.06	2.96	2.86	2.76	2.70	2.64	2.59	2.52	2.46	2.40
16	6.12	4.69	4.08	3.73	3.50	3.34	3.22	3.12	3.05	2.99	2.89	2.79	2.68	2.63	2.57	2.51	2.45	2.38	2.32
17	6.04	4.62	4.01	3.66	3.44	3.28	3.16	3.06	2.98	2.92	2.82	2.72	2.62	2.56	2.50	2.44	2.38	2.32	2.25
18	5.98	4.56	3.95	3.61	3.38	3.22	3.10	3.01	2.93	2.87	2.77	2.67	2.56	2.50	2.44	2.38	2.32	2.26	2.19
19	5.92	4.51	3.90	3.56	3.33	3.17	3.05	2.96	2.88	2.82	2.72	2.62	2.51	2.45	2.39	2.33	2.27	2.20	2.13
20	5.87	4.46	3.86	3.51	3.29	3.13	3.01	2.91	2.84	2.77	2.68	2.57	2.46	2.41	2.35	2.29	2.22	2.16	2.09
21	5.83	4.42	3.82	3.48	3.25	3.09	2.97	2.87	2.80	2.73	2.64	2.53	2.42	2.37	2.31	2.25	2.18	2.11	2.04
22	5.79	4.38	3.78	3.44	3.22	3.05	2.93	2.84	2.76	2.70	2.60	2.50	2.39	2.33	2.27	2.21	2.14	2.08	2.00
23	5.75	4.35	3.75	3.41	3.18	3.02	2.90	2.81	2.73	2.67	2.57	2.47	2.36	2.30	2.24	2.18	2.11	2.04	1.97
24	5.72	4.32	3.72	3.38	3.15	2.99	2.87	2.78	2.70	2.64	2.54	2.44	2.33	2.27	2.21	2.15	2.08	2.01	1.94
25	5.69	4.29	3.69	3.35	3.13	2.97	2.85	2.75	2.68	2.61	2.51	2.41	2.30	2.24	2.18	2.12	2.05	1.98	1.91
26	5.66	4.27	3.67	3.33	3.10	2.94	2.82	2.73	2.65	2.59	2.49	2.39	2.28	2.22	2.16	2.09	2.03	1.95	1.88
27	5.63	4.24	3.65	3.31	3.08	2.92	2.80	2.71	2.63	2.57	2.47	2.36	2.25	2.19	2.13	2.07	2.00	1.93	1.85
28	5.61	4.22	3.63	3.29	3.06	2.90	2.78	2.69	2.61	2.55	2.45	2.34	2.23	2.17	2.11	2.05	1.98	1.91	1.83
29	5.59	4.20	3.61	3.27	3.04	2.88	2.76	2.67	2.59	2.53	2.43	2.32	2.21	2.15	2.09	2.03	1.96	1.89	1.81
30	5.57	4.18	3.59	3.25	3.03	2.87	2.75	2.65	2.57	2.51	2.41	2.31	2.20	2.14	2.07	2.01	1.94	1.87	1.79
40	5.42	4.05	3.46	3.13	2.90	2.74	2.62	2.53	2.45	2.39	2.29	2.18	2.07	2.01	1.94	1.88	1.80	1.72	1.64
60	5.29	3.93	3.34	3.01	2.79	2.63	2.51	2.41	2.33	2.27	2.17	2.06	1.94	1.88	1.82	1.74	1.67	1.58	1.48
120	5.15	3.80	3.23	2.89	2.67	2.52	2.39	2.30	2.22	2.16	2.05	1.94	1.82	1.76	1.69	1.61	1.53	1.43	1.31
∞	5.02	3.69	3.12	2.79	2.57	2.41	2.29	2.19	2.11	2.05	1.94	1.83	1.71	1.64	1.57	1.48	1.39	1.27	1.00

$\alpha=0.01$

ν_1 / ν_2	1	2	3	4	5	6	7	8	9	10	12	15	20	24	30	40	60	120	∞
1	4052	4999.5	5403	5625	5764	5859	5928	5981	6022	6056	6106	6157	6209	6235	6261	6287	6313	6339	6366
2	98.50	99.00	99.17	99.25	99.30	99.33	99.36	99.37	99.39	99.40	99.42	99.43	99.45	99.46	99.47	99.47	99.48	99.49	99.50
3	34.12	30.82	29.46	28.71	28.24	27.91	27.67	27.49	27.35	27.23	27.05	26.87	26.69	26.60	26.50	26.41	26.32	26.22	26.13
4	21.20	18.00	16.69	15.98	15.52	15.21	14.98	14.80	14.66	14.55	14.37	14.20	14.02	13.93	13.84	13.75	13.65	13.56	13.46
5	16.26	13.27	12.06	11.39	10.97	10.67	10.46	10.29	10.16	10.05	9.89	9.72	9.55	9.47	9.38	9.29	9.20	9.11	9.02
6	13.75	10.92	9.78	9.15	8.75	8.47	8.26	8.10	7.98	7.87	7.72	7.56	7.40	7.31	7.23	7.14	7.06	6.97	6.88
7	12.25	9.55	8.45	7.85	7.46	7.19	6.99	6.84	6.72	6.62	6.47	6.31	6.16	6.07	5.99	5.91	5.82	5.74	5.65
8	11.26	8.65	7.59	7.01	6.63	6.37	6.18	6.03	5.91	5.81	5.67	5.52	5.36	5.28	5.20	5.12	5.03	4.95	4.86
9	10.56	8.02	6.99	6.42	6.06	5.80	5.61	5.47	5.35	5.26	5.11	4.96	4.81	4.73	4.65	4.57	4.48	4.40	4.31
10	10.04	7.56	6.55	5.99	5.64	5.39	5.20	5.06	4.94	4.85	4.71	4.56	4.41	4.33	4.25	4.17	4.08	4.00	3.91
11	9.65	7.21	6.22	5.67	5.32	5.07	4.89	4.74	4.63	4.54	4.40	4.25	4.10	4.02	3.94	3.86	3.78	3.69	3.60
12	9.33	6.93	5.95	5.41	5.06	4.82	4.64	4.50	4.39	4.30	4.16	4.01	3.86	3.78	3.70	3.62	3.54	3.45	3.36
13	9.07	6.70	5.74	5.21	4.86	4.62	4.44	4.30	4.19	4.10	3.96	3.82	3.66	3.59	3.51	3.43	3.34	3.25	3.17
14	8.86	6.51	5.56	5.04	4.69	4.46	4.28	4.14	4.03	3.94	3.80	3.66	3.51	3.43	3.35	3.27	3.18	3.09	3.00
15	8.68	6.36	5.42	4.89	4.56	4.32	4.14	4.00	3.89	3.80	3.67	3.52	3.37	3.29	3.21	3.13	3.05	2.96	2.87
16	8.53	6.23	5.29	4.77	4.44	4.20	4.03	3.89	3.78	3.69	3.55	3.41	3.26	3.18	3.10	3.02	2.93	2.84	2.75
17	8.40	6.11	5.18	4.67	4.34	4.10	3.93	3.79	3.68	3.59	3.46	3.31	3.16	3.08	3.00	2.92	2.83	2.75	2.65
18	8.29	6.01	5.09	4.58	4.25	4.01	3.84	3.71	3.60	3.51	3.37	3.23	3.08	3.00	2.92	2.84	2.75	2.66	2.57
19	8.18	5.93	5.01	4.50	4.17	3.94	3.77	3.63	3.52	3.43	3.30	3.15	3.00	2.92	2.84	2.76	2.67	2.58	2.49
20	8.10	5.85	4.94	4.43	4.10	3.87	3.70	3.56	3.46	3.37	3.23	3.09	2.94	2.86	2.78	2.69	2.61	2.52	2.42
21	8.02	5.78	4.87	4.37	4.04	3.81	3.64	3.51	3.40	3.31	3.17	3.03	2.88	2.80	2.72	2.64	2.55	2.46	2.36
22	7.95	5.72	4.82	4.31	3.99	3.76	3.59	3.45	3.35	3.26	3.12	2.98	2.83	2.75	2.67	2.58	2.50	2.40	2.31
23	7.88	5.66	4.76	4.26	3.94	3.71	3.54	3.41	3.30	3.21	3.07	2.93	2.78	2.70	2.62	2.54	2.45	2.35	2.26
24	7.82	5.61	4.72	4.22	3.90	3.67	3.50	3.36	3.26	3.17	3.03	2.89	2.74	2.66	2.58	2.49	2.40	2.31	2.21
25	7.77	5.57	4.68	4.18	3.85	3.63	3.46	3.32	3.22	3.13	2.99	2.85	2.70	2.62	2.54	2.45	2.36	2.27	2.17
26	7.72	5.53	4.64	4.14	3.82	3.59	3.42	3.29	3.18	3.09	2.96	2.81	2.66	2.58	2.50	2.42	2.33	2.23	2.13
27	7.68	5.49	4.60	4.11	3.78	3.56	3.39	3.26	3.15	3.06	2.93	2.78	2.63	2.55	2.47	2.38	2.29	2.20	2.10
28	7.64	5.45	4.57	4.07	3.75	3.53	3.36	3.23	3.12	3.03	2.90	2.75	2.60	2.52	2.44	2.35	2.26	2.17	2.06
29	7.60	5.42	4.54	4.04	3.73	3.50	3.33	3.20	3.09	3.00	2.87	2.73	2.57	2.49	2.41	2.33	2.23	2.14	2.03
30	7.56	5.39	4.51	4.02	3.70	3.47	3.30	3.17	3.07	2.98	2.84	2.70	2.55	2.47	2.39	2.30	2.21	2.11	2.01
40	7.31	5.18	4.31	3.83	3.51	3.29	3.12	2.99	2.89	2.80	2.66	2.52	2.37	2.29	2.20	2.11	2.02	1.92	1.80
60	7.08	4.98	4.13	3.65	3.34	3.12	2.96	2.82	2.72	2.63	2.50	2.35	2.20	2.12	2.03	1.94	1.84	1.73	1.60
120	6.85	4.79	3.95	3.48	3.17	2.96	2.79	2.66	2.55	2.47	2.34	2.19	2.03	1.95	1.86	1.76	1.66	1.53	1.38
∞	6.63	4.61	3.78	3.32	3.02	2.80	2.64	2.51	2.41	2.32	2.18	2.04	1.88	1.79	1.70	1.59	1.47	1.32	1.00

부록 6
주요 직물
조직의
일반적
특성과
직물명

조 직	일반적 특성	직물 명
평 직	경사와 위사가 한 가닥씩 교차된 것으로 1/1으로 조직되어 있으며 단위넓이 내의 조직점이 많아 표면이 평탄하고 튼튼하다. 단, 실의 자유도가 떨어져 구김이 잘 생기고 광택이 적다. 변화평직으로 경사나 위사의 밀도나 굵기를 다르게 하여 만든 불균형평직이 있으며, 경사나 위사 혹은 둘 다 2 이상의 실을 사용하여 평직으로 제직한 바스켓직이 있다. 이들은 평직보다 조직점이 적어 구김이 적고 고밀도의 두꺼운 직물을 만들 수 있다.	균형평직 : 광목, 당목, 옥양목, 홈스펀, 깅엄, 샴브레이, 하브다에, 친츠, 소창, 로온, 명주, 샬리, 고즈, 오갠디, 오갠저, 보일, 시폰, 자미사, 은조사 노방 불균형평직 : 포플린, 태피타, 브로드, 산뚱 바스켓직 : 옥스포드, 덕, 캔버스, 범포
능 직	직물의 표면에 사선으로 능선이 나타나는 조직으로 사문직이라 한다. 평직보다 조직점이 적어 광택이 있고 유연하며 구김이 적고 내구성이 좋아 실용적이다. 능선의 각도와 색사의 배합에 따라 다양한 효과를 낼 수 있다.	양면능직 : 서지, 샤크스킨, 헤링본, 하운트투스 경표면능직 : 진, 데님, 개버딘, 캘버리
수 자 직	경사나 위사 어느 한 쪽의 올이 길게 떠서 직물 표면을 덮고 있는 조직으로, 조직점이 연속되어 있지 않고 분산되어 있다. 조직점이 적어 부드럽고 촉감이 좋으며 표면이 매끄러워 광택이 우수하나 마찰에 대한 저항력이 약하다.	목공단, 공단, 양단, 비니션, 뉴똥
문 직 물	• 여러 조직을 배합하거나 색사를 사용하여 직물에 무늬를 나타낸 직물로, 사용된 직기에 따라 도비직(Dobby)과 자카드직(Jarquard)으로 분류한다. • 비교적 간단한 무늬형성에는 도비장치가 사용되며, 일완전 디자인을 완성하기 위해 25개 이상의 다른 경사 배열이 필요한 큰 무늬 디자인은 자카드직기로 제직한다.	도비직 : 허커백, 와플크로스, 새눈직 자카드직 : 데머스크, 브로케이드, 테피스트리, 양단

조 직	일반적 특성	직 물 명
크레이프직	직물의 표면이 깔깔하여 특별한 감촉을 주는 직물로 신축성과 드레이프성이 우수하고 구김이 덜 간다. 강연사를 사용하거나 조직점을 변화하여 직물표면에 요철을 주기도 하고 제직 시 장력의 변화를 주거나 특수가공처리에 의하여 얻어진다.	조오셋, 아문젠, 시어서커, 플리세, 엠보싱
익직물	지경과 익경의 두 경사가 위사를 얽어매어 형성된, 공간이 많은 직물로, 주로 여름철 옷감이나 모기장과 커튼에 많이 이용된다.	사직 : 갑사, 숙고사, 생고사, 진주사 여직 : 항라
파일직	• 파일직은 첨모직이라 하며 짧은 섬유를 지표면에 수직으로 밀생시킨 일종의 입체적 직물이다. 파일의 형태에 따라 고리(loop)형과 컷파일(cut pile)로 분류하기도 한다. • 이중직 제직 방법으로 형성되는 것으로 경파일과 위파일 및 테리직이 있고, 바탕천에 바늘을 이용하여 파일을 심는 너프트 파일직과 접착제를 사용하여 짧은 섬유를 첨모시킨 플로크파일직이 있다. 또한 장식사인 셔닐사를 이용한 것과 편성물 제조 방식으로 만든 편성파일직이 있다.	위파일 : 우단(velveteen), 코드로이(corduroy) 경파일 : 벨벳 테리직 : 타월 편성파일 : 벨루어 터프트파일 : 카펫 플로크파일 셔닐사파일
위편성물	위편성물은 평편 및 환편기로 한 가닥의 실로 고리를 만들어 가로방향(코스 방향)으로 연결하여 형성된 것으로, 신축성이 크고 생산성이 높으나 필링과 전선현상이 잘 생기는 단점이 있다.	평편(jersey), 고무편(rib), 펄편(purl), 이중편성편(interlock)
경편성물	경편성물은 직물의 경사처럼 배열된 다수의 경사를 바늘로 좌우에 있는 경사를 코로 얽어서 편성한 것으로 제편속도가 가장 빠르다. 위편성물에 비해 신축성이 적어 봉제가 용이하고 형태안정성이 우수하며 전선현상이 일어나지 않는 장점이 있다.	트리코, 밀러니즈, 라셀

부록 7

용해도법에 사용되는 시약과 섬유의 용해도(I)

KS K 0210

섬유＼시약	100% 아세톤	20% 염산	59.5% 황산	70% 황산	5%차염소 산나트륨	90% 개미산
아세테이트	S	I	S	S	I	S
아크릴	I	I	I	I	I	I
면	I	I	SS	S	I	I
헤어	I	I	I	I	S	I
아마	I	I	SS	S	I	I
모드아크릴	S 또는 I	I	I	I	I	I
나일론	I	S	S	S	I	S
올레핀	I	I	I	I	I	I
폴리에스테르	I	I	I	I	I	I
저마	I	I	SS	S	I	I
레이온	I	I	S	S	I	I
견	I	PS	S	S	S	PS
모	I	I	I	I	S	I

＊S : 용해
  PS : 부분 용해(용해도법 적용 불가능)
  SS : 부분 용해(보정계수로 보정이 필요함)
  I : 불용

부록 7-1
각종 섬유의 각종 시약에 대한 용해성(1)

섬유명 \ 용제·온도	60% 황산 상온	60% 황산 온	70% 황산 상온	70% 황산 온	진한 황산 상온	진한 황산 온	진한 질산 상온	진한 질산 온	산화구리 암모니아 상온	산화구리 암모니아 온	20% 염산 상온	20% 염산 온	35% 염산 상온	35% 염산 온	빙초산 상온	빙초산 온	5% 수산화나트륨 비등	5% 수산화나트륨	차아염소산나트륨 상온	차아염소산나트륨 온	100% 아세톤 상온	100% 아세톤 온
면	I	①	S	①	S	①	I		S	①	I		I		I	△	I		I		I	△
마	I	①	S	①	S	①	I		S	②	I		I		I	△	I		I		I	△
견	S	①	S	①	S	①	I	팽윤	S	○	SS	③	S	①	I	△	S	③	I	①	I	△
양모	I	③	I	③	SS	③	I		I		I		I		I	△	S	②	S	②	I	△
비스코스 레이온 구리암모늄 레이온	S	①	S	○	S	○	I		S	○	I		S	①	I	△	I		I		I	△
아세테이트	S	①	S	○	S	○	S	○	I		I		S	○	S	□○	CS	③	I		S	□○
트리아세테이트	CS	③	S	②	S	①	S	①	I		I		SS	③	S	□○△	I		I		S	□△
나일론 6	S	①	S	○	S	○	S	○	I		S	○	S	○	S	△○	I		I		I	△
나일론 66	S	①	S	○	S	○	S	○	I		S	○	S	○	S	△○	I		I		I	△
비닐론(포르말화)	S	①	S	○	S	○	S	○	I		S	○	S	○	I	△	I		I		I	△
아크릴	I		I		S	○	S	○	I		I		I		I	△	I		I		I	△
아크릴계	I		I		S	○	CS	③	I		I		I		I	△	I		I		※S	○ (40~50°C)
폴리에스테르	I		I		S	○	I		I		I		I		I	△	I		I		I	△
폴리염화비닐	I		I		I		I		I		I		I		I	△	I		I		SS	△⑤
비닐리덴	I		I		I		I		I		I		I		I	△	I		I		I	△
폴리프로필렌	I		I		I		I		I		I		I		I	△	I		I		I	△
폴리우레탄	※		※		※		※		I		I		※		※	△	I		I		I	△

부록 7-2
각종 섬유의 각종 시약에 대한 용해성(2)

섬유명 \ 용제명	80% 아세톤		디메틸포름아미드		65% 티오시안산칼륨 70~75°C	테트라히드로푸란		디옥산		모노클로로벤젠 비등	기실렌 비등	니트로벤젠 비등	페놀·사염화에탄		m-크레졸		염화메틸렌	
면	I	△	I	△	I	I	△	I	△	I	I	I	I	△	I	△	I	△
마	I	△	I	△	I	I	△	I	△	I	I	I	I	△	I	△	I	△
견	I	△	I	△	I	I	△	I	△	I	I	I	I	△	I	△	I	△
양모	I	△	I	△	I	I	△	I	△	I	I	I	I	△③ 녹아짐	I	△	I	△
비스코스 레이온 구리암모늄 레이온	I	△	I	△	I	I	△	I	△	I	I	I	I	△	I	△	I	△
아세테이트	S	□○	S	□○	S	S	□①	S	□②	I	I	S	S	□②	S	□②	SS	△③
트리아세테이트	SS	△③	S	□○	I	SS	△③	S	□③	I	I	S	S	□①	S	□②	S	□○
나일론 6	I	△	S	△①	I	I	△	I	△	I	I	S	S	□①	S	□① 녹아짐	I	△
나일론 66	I	△	I	△	I	I	△	I	△	I	I	S	SS	△③	I	△③ 녹음	I	△
비닐론(포르말화)	I	△	I	△ 40~50°C ○□	I	I	△	I	△	I	I	I	I	△③ 녹아짐	I	△	I	△
아크릴	SS	△③	S	S	CS	CS	△③	※ I	□③ 녹아짐	S 녹아짐 ③	S 녹아짐 ③	※S	S	65~70°C □②	S	□②	S	△③
아크릴계	I	△	I	△	I	I	△	※ I	□③ 녹아짐	I	I	S	S	80~90°C	△	80~90°C ○△	I	△
폴리에스테르	I	△	S	△ 50~60°C	S	S	□○	S 70~75°C	□② 70~75°C	S 75~80°C ○	O	O	S 30~35°C	△○	S	○△	S	△○
폴리염화비닐	I	△	S	□○	S	S	□○	S 65~70°C	△③ 65~70°C	O	O	① 35~40°C	S	△○	S	○△	S	○△
비닐리덴	I	△	I	△	I	I	△	I	△	I	I	S	I	△	I	△③ 녹아짐	I	△
폴리프로필렌	I	△	I	△	I	I	△	I	△	I	I	S	S	△③ 녹음	S	△③ 녹아짐	SS	△③
폴리우레탄	I	△	S	△○	I	I	△	I	△③ 녹음	S	I	①	※ 녹음	△②	S	△ ※ ②	I	△ 녹음

I : 3분간 처리해서 불용해   CS : 상당 용해   ※ : 타임에 따라 용해성이 일치하지 않는다.
SS : 약간 용해   S : 용 해
온 : 상 온   □ : 상당 용해   ○ : 용 해   ① : 1분간   ② : 2분간   ③ : 3분간
비 : 비 등   △ : 약간 용해   즉 시

부록 8
섬유의
연소감별법

유형 섬유	불꽃 가까이 가져갈 때	불꽃 속에 넣었을 때	불꽃 속에서 꺼냈을 때	재
면	녹지 않으며 오그라들지도 않는다.	녹지 않으며 잘 탄다. 종이 타는 냄새	계속 잘 탄다.	소량의 부드러운 재
마	녹지 않으며 오그라들지도 않는다.	녹지 않으며 잘 탄다. 타는 속도가 면보다 느리다. 종이 타는 냄새	계속 잘 탄다.	소량의 부드러운 재
양모	오그라든다.	지글지글 녹으면서 서서히 탄다. 머리카락 타는 냄새	천천히 타며 저절로 꺼지는 경우가 많다.	부풀은 부드러운 재
견	오그라든다.	지글지글 녹으면서 서서히 탄다. 깃털 타는 냄새	천천히 타며 저절로 꺼지는 경우가 많다.	부풀은 부드러운 재
레이온	녹지 않으며 오그라들지도 않는다.	잘 탄다. 종이 타는 냄새	계속 잘 탄다.	소량의 부드러운 재
아세테이트	녹는다.	녹으면서 탄다. 약한 식초냄새	계속 녹으면서 탄다.	불규칙한 검은 덩어리. 쉽게 부서진다.
나일론	녹으면서 오그라든다.	녹으면서 서서히 탄다. 독특한 냄새	불꽃이 없어지며 저절로 꺼지는 경우가 많다.	검게 굳은 덩어리
폴리에스테르	녹으면서 오그라든다.	녹으면서 서서히 탄다. 약간 달콤한 냄새	힘들게 타며 저절로 꺼지는 경우가 많다.	검게 굳은 덩어리
아크릴	녹으면서 오그라든다.	녹으면서 잘 탄다. 독특한 냄새	녹으면서 계속 탄다.	검고 불규칙한 덩어리. 쉽게 부서진다.
모드아크릴	녹으면서 오그라든다.	녹으면서 서서히 탄다. 독특한 냄새	저절로 꺼진다.	검고 불규칙한 덩어리

부록 9
섬유의 현미경 사진

(1) 면

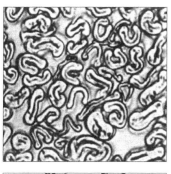

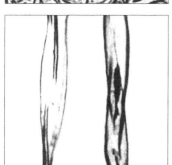

(2) 머어서화 면

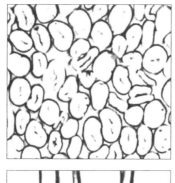

(3) 아 마

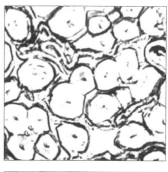

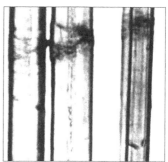

(4) 대 마

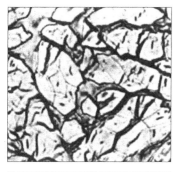

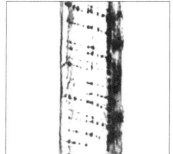

(5) 황 마

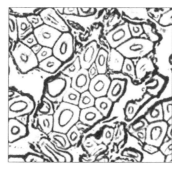

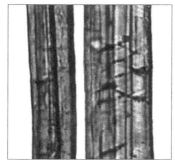

(6) 저 마

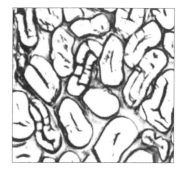

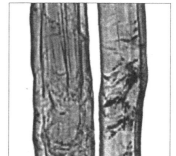

(7) 가잠견　　　　　　　(8) 야잠견　　　　　　　(9) 양 모

(10) 모헤어　　　　　　　(11) 캐시미어　　　　　　(12) 비스코스레이온

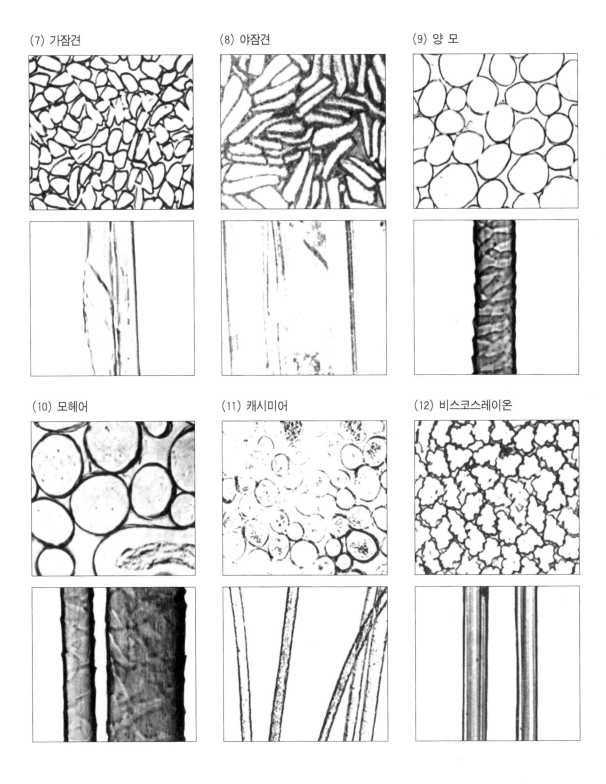

(13) 큐프라암모니움 레이온

(14) 아세테이트

(15) 나일론

(16) 폴리에스테르

(17) 아크릴 (습식)

(18) 모드아크릴

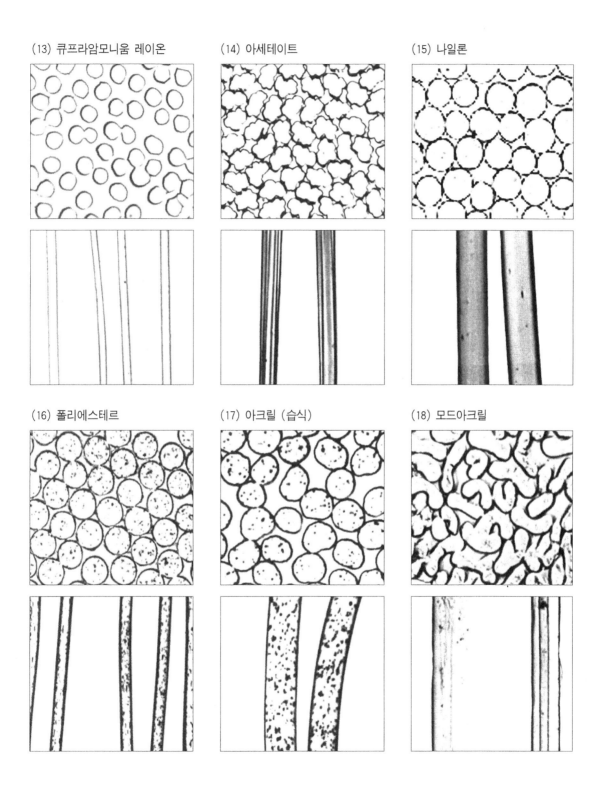

(19) 스판덱스　　　　　　(20) 비니온　　　　　　(21) 폴리프로필렌

(22) 유리섬유　　　　　　(23) 금속섬유　　　　　　(24) 석 면

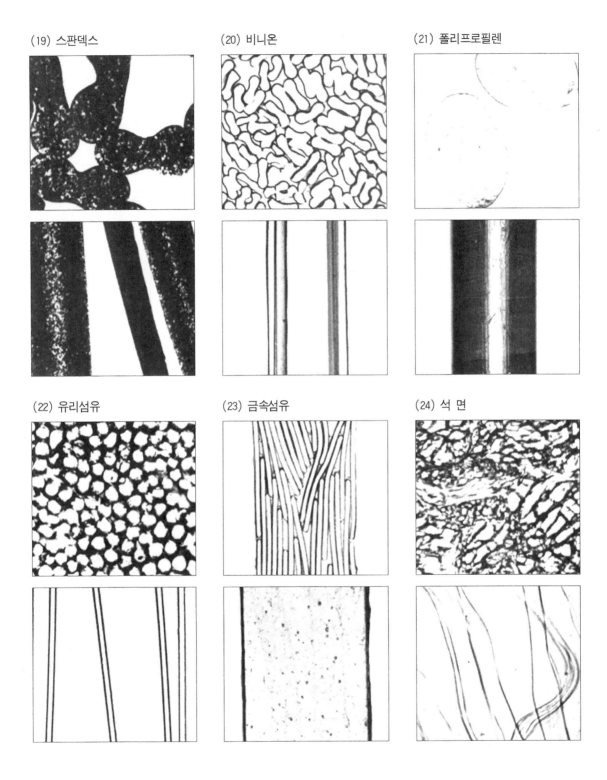

부록 10
KN-101-SUMMER의 계수들

■ X_i, $\overline{X}_i$, σ_i 표

Block	i		X_i	SUMMER SUIT N = 156 $\overline{X}_i$	σ_i
	0				
1	1		LT	0.6286	0.0496
	2	log	WT	0.8713	0.0977
	3		RT	66.4557	5.4242
2	4	log	B	−1.1052	0.1081
	5	log	2HB	−1.5561	0.1635
3	6	log	G	−0.0662	0.1079
	7	log	2HG	−0.0533	0.1769
	8	log	2HG5	0.3536	0.1678
4	9		LC	0.3271	0.0660
	10	log	WC	−0.9552	0.1163
	11		RC	51.5427	8.8275
5	12		MIU	0.2033	0.0181
	13	log	MMD	−1.3923	0.1707
	14	log	SMD	0.9155	0.1208
6	15	log	T	−0.3042	0.0791
	16	log	W	1.2757	0.0615

■ C_i 표

	KOSHI			SHARI			FUKURAMI			HARI	
i	C_i	R	i	C_i	R	i	C_i	R	i	C_i	R
0	4.6089		0	4.7480		0	4.9217		0	5.3929	
4	0.7727	.712	14	0.9162	.605	1	−0.4652	.455	4	0.8702	.672
5	0.0610	.714	12	−0.2712	.631	2	−0.1793	.489	5	0.1494	.681
6	0.2802	.760	13	0.1304	.637	3	0.0852	.495	12	−0.3662	.738
7	−0.1172	.767	4	0.4260	.702	16	0.2770	.564	13	0.1592	.747
8	0.1110	.774	5	−0.1917	.711	15	−0.0591	.567	14	0.1347	.755
12	−0.2272	.804	1	0.2012	.723	6	0.0567	.570	8	0.2345	.776
14	0.1208	.817	2	0.1632	.731	8	−0.0944	.577	7	−0.0938	.779
13	0.0472	.816	3	0.1385	.739	7	0.0361	.578	6	0.0643	.781
10	−0.1139	.823	11	−0.2252	.751	12	−0.1157	.589	9	−0.1153	.786
11	−0.1164	.828	9	0.0828	.753	14	−0.0560	.592	10	−0.0846	.789
9	−0.0193	.828	10	−0.0486	.754	13	−0.0635	.595	11	−0.0506	.790
2	0.1154	.833	8	0.1237	.757	10	0.1411	.611	16	0.0918	.796
3	0.0955	.839	7	−0.0573	.759	11	0.0440	.612	15	0.0067	.796
1	−0.0031	.839	6	0.0400	.759	9	−0.0388	.613	2	−0.1115	.802
16	0.0549	.844	16	0.0824	.764	4	−0.0209	.614	1	0.0156	.803
15	0.0245	.845	15	0.0001	.764	5	0.0201	.614	3	0.0194	.803

*주의(1) : 여기에 사용된 대수값은 상용대수값을 의미한다.

(2) : 군 1, 2, 3과 5에 속해 있는 역학적 특성치들은 경사와 위사방향의 평균값이다. 각 샘플에 대하여, 두 방향에 대한 역학적 특성치들의 평균값을 계산한 후 평균값을 대수값으로 변환하여 X_i 값을 얻었다.

부록 11
HV-THV 변환식의 계수들

■ 동복지에 대한 식, KN − 301 − WINTER − THV

$C_0 = 3.1466$

i	Y_i	C_{i1}	C_{i2}	M_{i1}	M_{i2}	σ_{i1}	σ_{i2}
1	KOSHI	0.6750	− 0.5341	5.7093	33.9032	1.1434	12.1127
2	NUMERI	− 0.1887	0.8041	4.7537	25.0295	1.5594	15.5621
3	FUKURAMI	0.9312	− 0.7703	4.9798	26.9720	1.4741	15.2341
RMS *		0.333					
R **		0.900					

* Root mean square of regression error.

**회귀식에 의한 값과 실험치간의 상관계수.

■ 하복지에 대한 식, KN − 301 − SUMMER − THV

$C_0 = 3.2146$

i	Y_i	C_{i1}	C_{i2}	M_{i1}	M_{i2}	σ_{i1}	σ_{i2}
1	KOSHI	− 0.0004	0.0066	4.6089	22.4220	1.0860	11.1468
2	NUMERI	1.1368	− 0.5395	4.7480	24.8412	1.5156	14.9493
3	FUKURAMI	0.5309	− 0.3741	4.9217	25.2704	1.0230	10.1442
4	HARI	0.3316	-0.4997	5.3929	30.7671	1.2975	14.1213
RMS *		0.354					
R **		0.849					

* Root mean square of regression error.

**회귀식에 의한 값과 실험치간의 상관계수.

부록 12
세탁시험
보조포의
형태와
제작방법
(KS K 9608)

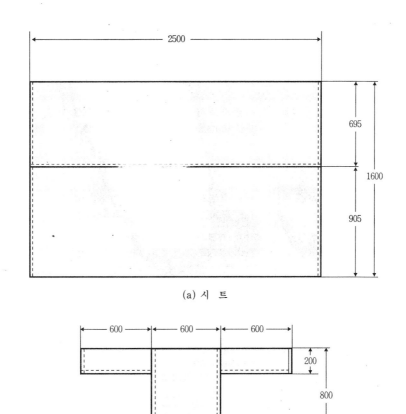

(a) 시 트

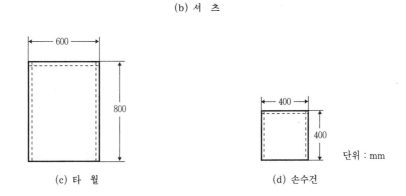

(b) 셔 츠

(c) 타 월

(d) 손수건

단위 : mm

*① 재질 : 면 100%, 밀도 : 37×27/cm², 실 : 경사 32번수 위사 30번수, 무게 : 100±10g/m²
　② 봉제 : 솔기 부분을 두번접어박기를 하여 올이 풀리지 않도록 한다.

부록 13
국내외 섬유관련 시험기관 및 시험용 표준기준물 제작 보급처

번호	관계기관	주 소	표준 기준물
1	한국의류시험검사원 (KATRI)	서울 특별시 동대문구 용두동 232-22 Tel: 02)925-2451, Fax: 02)925-2462	1. 염색견뢰도 시험용 첨부백포: 나일론, 견, 면, 폴리에스테르, 레이온 2. 표준 가루세탁비누 3. 다섬교직포(6종류의 섬유)
2	한국원사직물시험 검사소(FITI)	서울 특별시 동대문구 제기동 892-64 Tel: 02)962-2901, Fax: 02)965-5862	
3	한국섬유기술연구소 (KOTITI)	서울 특별시 강남구 역삼동 819-5 Tel: 02)567-7591, Fax: 02)557-3739	
4	미국 애틀라스사	Atlas Electric Devices, 4114 N. Ravenwood Ave. Chicago, Illinois 60613, U.S.A., Fax: 312) 327-5787	일광견뢰도 시험용 광도시험지, 표준퇴색지, 표준청색염포
5	스위스 연방재료 및 엠파 시험연구소	Swiss Federal Lab. for Materials Testing & Research EMPA Testing Materials, Movenstrasse 12, CH-9015 St. Gallen, Switzerland, Fax: 071)32-01057	표준 인공오염포: EMPA 101, 104, 114, 116 등
6	일본 세탁과학협회	東京都 大田區下丸子 2-22-2 Fax: 03)3756-3030	표준 인공오염포: 습식
7	일본 유화학협회	東京都 中央區 日本橋 3-13-11 Tel : 03) 3271-7463 Fax: 03) 3271-7464	1. 표준 인공오염포: 비극성 2. 세척시험용 카본블랙
8	미국 시험포제작소	Testfabrics, Inc, P.O. Box 420, Moddlesex, NJ 08846, U.S.A. Fax: 908)469-1147	1. 표준 인공오염포: CS-1, CS-8등 2. 표준 섬유제품:섬유 종류별, 직물 또는 편성물 조직별, 혼방제품등 수백종의 시험포 3. 다섬교직포(6~13종류 섬유)
9	미국 ETC 시험연구소	ETC Testing Laboratories, Inc., AHAM Laundry Stores Cortland Industrial Park Route 11, Cortland, NY 13045, Tel: 607)753-6713	섬유손상도 시험용 데이크런 폴리에스테르 마쿼셋
10	덴마크 Dansk 기술연구소	Dansk Teknologisk Institut(DTI) Bekædning og Textil, Postboks 141, DK-2630 Taastrup, Denmark Tel : +45 43 50 42 80 Fax: +45 43 50 72 45	섬유손상도 시험용(ISO법) 표준직물

부록 14
국내외 섬유관련 인터넷 사이트

기 구 명	인 터 넷 주 소
한국산업기술정보원(KINITI)	http://www.kiniti.re.kr/
한국생산기술연구원(KITECH) 섬유센터	http://textile.kitech.re.kr/
한국산업기술정책연구소	http://www.itep.re.kr/
대구 한국섬유개발연구원(KTDI)	http://www.textile.or.kr/
한국 견직연구원(KSRI)	http://cecc-1.gsnu.ac.kr/~ksri/
한국섬유개발연구원	http://www.kaia.or.kr
한국섬유기술연구소	http://www.shinbiro.com/~kotiti
한국원사직물연구소	http://www.fiti.re.kr
한국의류시험연구소	http://www.katri.re.kr
한국염색기술연구소	http://www.dyetec.or.kr
기술표준원	http://www.ats.go.kr
한국섬유산업관 (Korean Textile Directory)	http://www.textile.co.kr/
한국어패럴산업관 (Korean Apparel Directory)	http://www.apparel.co.kr/
한국패션산업관 (Korean Fashion Directory)	http://www.fashion.co.kr/
한국섬유산업연합회(KOFOTI)	http://www.ktnet.co.kr/
대한방직협회	http://www.swak.org
한국화섬협회	http://www.kcfa.or.kr
미국 섬유화학염색자협회	http://www.aatcc.org
American Textile Manufacturers Institure	http://www.atmi.org
Cotton Incorporated - The Cotton Online Resource	http://www.cottoninc.com
Industrial Fabrics Association International(IFAI)	http://www.ifai.com
Knitted Textile Association (KTA)	http://www.kta-usa.org
Taiwan Textile Web - 대만섬유협회	http://www.textiles.org.tw
TEXTILES FROM FRANCE-프랑스 섬유산업연합회	http://www.textile.fr
The American Textile Partnership-미국섬유업협회	http://www.amtex.sandia.gov
The Textile Institute	http://www.texi.org
미국 상무부에서 정한 섬유품목 분류표	http://www.ita.doc.gov/industry/textiles/cats.htm
국제표준화기구 (ISO)	http://www.iso.ch
국제전기기술위원회 (IEC)	http://www.iec.ch
구주연합(EU)	http://europa.eu.int
한국표준협회(KSA)	http://www.ksa.or.kr
미국표준협회(ANSI)	http://www.ansi.org
영국표준협회 (BSI)	http://www.bsi.org.uk
유럽표준화기구 (CEN)	http://www.cenorm.be
호주표준협회(AS)	http://www.standards.com.au
덴마크표준협회 (DS)	http://www.ds.dk
캐나다표준협회(SCC)	http://www.scc.ca
프랑스표준협회(AFNOR)	http://www.afnor.fr
일본표준협회(JISC)	http://www.aist.go.jp
독일표준협회(DIN)	http://www.din.de

부록 15
ISO법 섬유손상도 측정용 시험편 제작방법(ISO 7772-1)

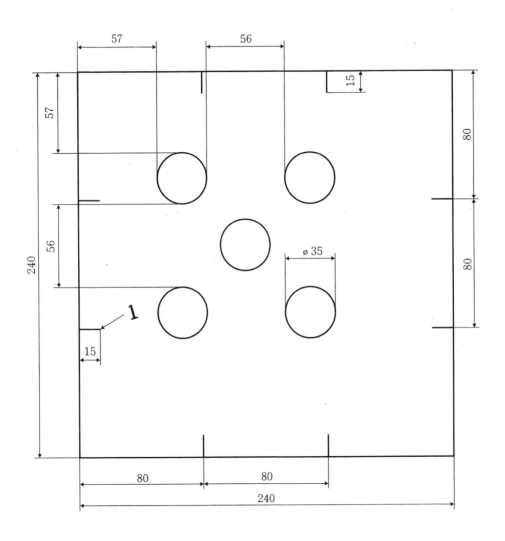

* 번호 1번과 굵은 선은 절개선 위치를 표시한다.

** 단위 : ㎜

부록 16
ISO법 섬유손상도 측정용 보조포와 시험편 부착방법(ISO 7772-1)

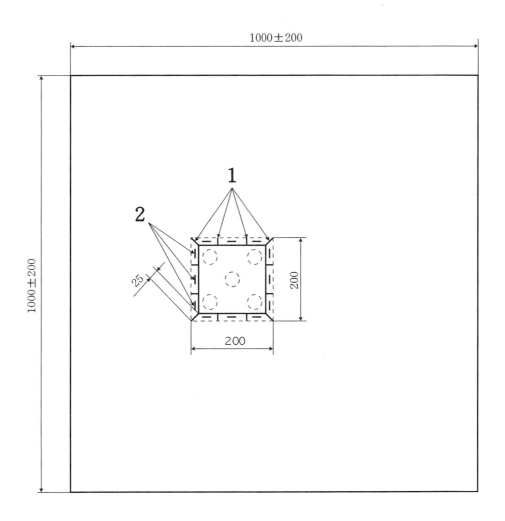

*   번호 1의 굵은 선 표시 : 절개선

** 번호 2의 굵은 선 표시 : 시험편을 보조포에 부착하기 위한 바느질선(스테이플 또는 핀)

*** 단위 : ㎜

부록 17
ISO법 섬유손상도 측정용 손상포의 예(ISO 7772-1)

* 평가 : 세탁 후 손상포의 섬유손상도 = 88
  (5개의 구멍 안에 끊어지지 않은 경·위사의 총 올수 : 17+19+18+17+17=88개)

부록 18
관련규격

	실 험	세부 실험법	KS	관 련 규 격
서론	실험의 환경조건	실험실의 상대습도 측정(건습구습도계법)		ASTM E 337
		섬유의 수분율 측정(오븐밸런스법)	K0221	ASTM D I576
옷감의 구조와 성분	옷감의 구조	옷감의 계측 (길이)	K0507	ISO3933, 5025, FS 5010, ASTM D 3775
		옷감의 계측 (무게)	K0514 K0515 K0516	ASTM D 3776, ISO 3801, IWS 13
		옷감의 계측 (밀도)	K0511 K0512 K0513	ISO 7211, 7212, ASTM D3775, IWS 169
		옷감의 계측 (두께)	K0506 K0424 K0622	ISO 5084, 9073-1, ASTM D 374, 1777, 5729, 5736, IWS 20
	의류 소재의 성분	섬유감별(연소법, 현미경법, 용해법)	K0303-0309 K0316-0322 K0360-0365 K0367	ASTM D 276, AATCC 20
		섬유혼용률 측정법	K0210	ASTM D629, AATCC20A. ISO1833, 5088, IWS TM155

	실 험	세부 실험법	KS	관 련 규 격
내구성	인장강신도	래블스트립법	KS K 0520	ASTM D 1682, 2256, 1578, ISO 5081, 5082
		그래브법		
	인열강도	텅법	KS K 0536	ASTM D 1424, 2261, 2262, ISO 9073-4
		트래피조이드법	KS K 0537	
		펜들럼법	KS K 0535	
	파열강도	볼 버스팅법	KS K 0350	ASTM D 3486, 3787, 3940, 3387, ISO 2960
		수압법	KS K 0351	
	마모강도	평면마찰	KS K 0540	ASTM D 3884, 3885, 3886, 4157, 4158, AATCC 93
		굴곡마찰	KS K 0820	
	봉합강도		KS K 0530	ASTM D 1683

	실 험	세부 실험법	KS	관 련 규 칙
외 관	마모강도	캔틸레버법	KS K 0539	ASTM D 1388
		하트 루프법	KS K 0538	
	드레이프성	FRL법	KS K 0815	
	방 추 성	개각도법	KS K 0550	KS K 0551, ASTM D 1295, AATCC 128, ISO 2313
	수 축 률	상온수 침지법		KS K 0600, 0602, 0423, 0802, 0518, 0812, 0603, 0810, 0465, 0471, AATCC 96, 135, ASTM D 1284, 1905
		비누액법	KS K 0603	
	필 링 성	브러시 스펀지법	KS K 0501	KS K 0502, 0504, 0500, ASTM D 3511, 3512
		ICI 박스법	KS K 0503	

	실 험	세부 실험법	KS	관 련 규 칙
쾌 적 성	함 기 성	두께	KS K 0506	ASTM D1777-64, ISO 5084
		무게	KS K 0514	ISO 3801
		작은 시험편법		
	통 기 성	프라지어법	KS K 0570	ASTM D 737, JIS L 1096
	열전달계수	직물 또는 편성물 보온성 시험법	KS K 0466	ISO 5085-1~2
	보 온 성	직물의 보온율 측정방법	KS K 0560	ASSTM D 1518, JIS L 1018
	흡 습 성	오븐법	KS K 0220	ASTM D 1576
	흡 수 성	적하법		AATCC 39
		침강법		
	흡 수 량	정적흡수시험법		AATCC 21
		동적흡수시험법	KS K 0339	AATCC 70
	투 습 성	증발법 / 흡습법	KS K 0594	
	발 수 성	스프레이 시험법	KS K 0590	ISO 4920, ASTM D 2721, AATCC 22, JIS L 1092
	내 수 성	저수압법	KS K 0591, 0592	ISO 811, AATCC 127, 35, 42, ASTM D 583, 2434
		고수압법	KS K 0531	
		우수시험법	KS K 0593	

	실 험	세부 실험법	KS	관 련 규 칙
세제	PH측정	PH 미터법	KS K 0011	
	내산성과 내경수성	내경수성	KS K 0011	ISO 5085-1~2
	표면장력	적용법	KS K 0011	
		윤환법		
	기포력과 거품안정성	로즈마일즈법	KS K 0011	
세탁	오염포의 제작	천연오염포의 제작방법	KS K 0011	
		인공오염포의 제작방법	KS K 0011	
	세탁성	가전용 전기세탁기 이용법	KS K 0011	JIS K 3371, AATCC 130 ANSI/AHAM-1
		터그오토미터 이용법		
		론더오미터 이용법		
	헹굼도	메틸렌블루법	KS K 0011	ISO 7771-1 ANSI/AHAM-1
	잔유세제량과 제거율	메틸렌블루법	KS K 0011	ANSI/AHAM-1
	재오염성			ANSI/AHAM-1, AATCC 151
	섬유손상도	ANSI법		ANSI/AHAM-1
		ISO법		ISO 7771-1
	엉킴도	셔츠 이용법		ANSI/AHAM-1
표백과 증백	염소계표백제의 유효염소량			JIS K 1207
	산소계표백제의 유효염소량			JIS 1463
	표백과 증백	표백		AATCC 110
		얼룩빼기		
		증백		
염색견뢰도	세탁견뢰도	세탁시험기법	KS K 0011	AATCC 61
		시험관법		
	일광견뢰도	카본아크법	KS K 0011	KS K 0218, 0458, ISO 105-B01, B02, AATCC 16A, 16E
	염소표백견뢰도	염소표백견뢰도	KS K 0011	KS K 0459, 0716, 0718, ISO 105-N01, N02, AATCC 281
	산과 알칼리견뢰도	산적하법	KS K 0011	AATCC 6, KS K 0729, ISO 105-E05, E06
		알칼리법		
	땀견뢰도	퍼스피로미터법	KS K 0011	JIS L 0845, ISO 105-E04, AATCC 15
		비커법		
		시험관법		
	땀견뢰도	크로크미터법	KS K 0011	AATCC 116, JIS L 0849, ISO 105-D02, X12, AATCC 8
		회전 수직 크로크미터법		
		산적하법		

● 찾아보기

✳ 저자 소개

김은애
서울대학교 의류학과
서울대학교 대학원 의류학과
미국 University of Maryland,
Textiles & Consumer Economics(박사)
현재 연세대학교 생활과학대학
　　　의류환경학과 교수

박명자
한양대학교 의류학과
서울대학교 대학원 의류학과
미국 University of California at Davis,
Div. of Textile Science(박사)
현재 한양대학교 생활과학대학
　　　의류학과 교수

신혜원
서울대학교 의류학과
서울대학교 대학원 의류학과
서울대학교 대학원 의류학과(박사)
현재 동국대학교 사범대학
　　　가정교육과 교수

오경화
서울대학교 의류학과
서울대학교 대학원 의류학과
미국 University of Maryland,
Textiles & Consumer Economics(박사)
현재 중앙대학교 사범대학
　　　가정교육학과 교수

의류소재의 이해와 평가 -의류시험법-

1997년 9월 5일 초판 발행
2011년 8월 30일 3쇄 발행

지은이 김은애·박명자·신혜원·오경화
펴낸이 류 제 동
펴낸곳 ㈜교문사

우편번호 413-756
주소 경기도 파주시 교하읍 문발리
　　　출판문화정보산업단지 536-2
전화 031-955-6111(代)
FAX 031-955-0955
등록 1960. 10. 28 제406-2006-000035호

홈페이지 www.kyomunsa.co.kr
E-mail webmaster@kyomunsa.co.kr
ISBN 978-89-363-0410-2(93590)

값 15,000원